海洋声学导论

张　宇　宋忠长　主编

本书由厦门大学本科教材资助项目资助出版

科学出版社
北　京

内 容 简 介

本书从海洋的声学特性出发，介绍海洋中的声传播理论，重点阐述海洋中的声折射、声反射、声散射、混响、噪声以及声呐方程等内容。本书共分为8章，第1章简述海洋声学的发展历史及学科应用；第2章介绍海洋的声学特性，讨论海洋中的声速和声吸收；第3章介绍海洋中的声传播理论，包括波动声学理论和射线声学理论，以及海洋生物复杂介质的声传播理论；第4章和第5章分别介绍海洋中的声折射和海洋层状介质中的声传播，包括典型深海与浅海条件下的声传播，以及多层介质中的声传播及水声超材料；第6章介绍海洋中的声散射和混响，包括目标强度和海洋混响理论，以及海豚目标探测；第7章介绍海洋中的噪声，包括舰船噪声、海洋环境噪声与海洋生物噪声；第8章联系各章要素，介绍声呐方程的建立及应用，并讨论生物声呐方程。其中，海豚复杂介质的声学特性、不均匀介质声传播理论，以及生物声呐方程等是本书的特色。

本书可作为海洋物理、海洋技术、水声工程等专业的本科生、研究生教材，也可供高等院校与科研院所其他相关专业的学生以及科研工作者参考。

图书在版编目（CIP）数据

海洋声学导论 / 张宇，宋忠长主编. —北京：科学出版社，2024.6

ISBN 978-7-03-077751-5

Ⅰ. ①海… Ⅱ. ①张… ②宋… Ⅲ. ①海洋学-声学-研究 Ⅳ. ①P733.2

中国国家版本馆 CIP 数据核字（2024）第 019018 号

责任编辑：朱 瑾 习慧丽 / 责任校对：周思梦
责任印制：吴兆东 / 封面设计：无极书装

科学出版社 出版
北京东黄城根北街 16 号
邮政编码：100717
http://www.sciencep.com

涿州市般润文化传播有限公司印刷
科学出版社发行 各地新华书店经销

*

2024 年 6 月第 一 版 开本：720×1000 1/16
2025 年 1 月第二次印刷 印张：14 1/2
字数：300 000

定价：148.00 元

（如有印装质量问题，我社负责调换）

前　言

随着海洋科学的不断发展，国家对具有海洋声学专业背景的人才需求日益迫切，对学科交叉融合的要求也日益提高。本书将海洋声学基础知识与有关科研成果结合，助力学生夯实基础理论、增强创新意识并提高实践能力，服务我国海洋科技创新型人才培养，服务国家人才战略。

本书是作者结合多年来在厦门大学海洋与地球学院开展的水声教学实践及海洋科学研究编写而成，同时也参考了原海洋物理教研室的自编讲义，可供海洋物理、海洋技术、水声领域的本科生、研究生学习阅读，也可供相关科研工作者参考。

本书从海洋的声传播特性及声传播理论出发，探讨声波在海洋中的传播规律、目标散射，从而引出海洋混响和水下噪声，最终归纳出声呐方程。为帮助学生理解重要公式，本书在公式推导中尽量详尽，且可溯源，使具有相关理工科基础的学生能够跟随教材进行推导和理解，从而夯实理论基础，避免“知其然，而不知其所以然”的问题。同时，为拓展学生学科交叉思维和提高学生创新能力，本书在每章融入有关科研进展，帮助读者在建立坚实的理论基础的同时，将其应用于实际海洋声学问题的解决。此外，本书涉及生物、材料、仿生等多学科交叉内容，可促进多学科交叉人才的培养。

作者编写思路得到许天增教授的指导，厦门大学海洋仿生声学与技术实验室很多同志也提出宝贵建议，在此表示衷心感谢。由于篇幅限制，且作者学识有限、编撰经验不足，本书仍有许多需要推敲和改进之处，竭诚欢迎读者批评指正。

作　者

2024 年 5 月 26 日，于厦大西村

目　录

第1章 绪 论

海洋面积约占地球表面总面积的 70.8%。海洋是一个巨大的资源宝库，是地球生命之源，关乎人类的生存与可持续发展。但人们对海洋的了解远比不上对月球表面的认识。在海洋远距离探测中，声学技术具有突出的优势。因此，海洋声学在海洋学和声学中都占有重要地位。海洋声学是研究声波在海洋中的传播规律，以及利用声波探测海洋的科学。水声学是声学的一个重要分支，研究声波在水下辐射、传播、接收等有关的声学现象与规律，以及解决与水下目标探测与信息传输有关的声学工程与技术问题。可见，海洋声学与水声学密切关联。海洋声学又是海洋物理学的一个重要方向，它的发展促进了海洋学科的发展。而海洋声学技术是海洋技术的重要组成部分，对信息处理、数字技术要求很高。总的来说，海洋声学是交叉性极强的一门学科，与海洋科学、物理学、信息科学、材料科学等都能交叉融合，它既经典，又能不断产生新的方向。

众所周知，光波和无线电波在水下衰减很大，在海水中传播距离十分有限。例如，频率为 10 kHz 的无线电波在水中传播 3 m 的距离，强度就减少了 10 dB。那么，要在海洋进行长距离的探测、信息传输、导航等，声波是迄今为止所能采用的最为有效的能量方式。低频声波甚至可以实现数千千米的远距离传播。此外，作为一种介质波，声波的传播会受到海水介质、海洋表面与海底界面的影响，了解其声场特性及规律将有助于发展海水介质与海洋界面的探测及参数反演技术。因此，在认识海洋、开发海洋和维护国家安全中，声学技术得到了广泛的应用。

海洋中有许多有趣的声学现象。海水温度、盐度、压力等会影响声波的传播速度，即声速。因此，水声技术可以获得大面积水体的平均温度和流速。类似于超声断层成像，海洋声层析技术可以对海域温度分布和流场进行反演成像。此外，深海声道使得声波能够进行长距离传播，这体现了声波的折射效应。深海声道的形成与海水温度和压力的垂直分布有关。在海洋上层，当水深增大时，声速随着温度降低而下降；但在海洋下层，当恒温水深增大时，声速也增大，二者之间形成了一个低声速的声道轴。由于折射作用，声波在传播中弯向低声速区域，使声能集中在声道内，可以传播很远的距离。声波在浅海传播时，还会受到海底和海面界面反射和散射等的影响，将沿着多个途径到达声接收系统。这种多途现象是浅海声传播的典型现象。浅海的有限水深甚至会使低于某个频率的声波难以长距离传播。海洋生物集群，如鱼群、虾群等，也会对声波起散射作用，这体现了声波的散射效应。通过研究生物集群的目标散射特性并测量其散射强度，能够推算出生物集群的生物量，从而开展渔业声学评估。此外，海豚、抹香鲸等齿鲸类动物利用回声定位能够在黑暗的水下探测、识别和追捕猎物。大黄鱼等石首鱼科的鱼鳔振动发声、枪虾产生的空化噪声等进一步体现了海洋生物发声的广泛性及有关机制的多样性。从这些海洋中的声学现象可以看出，声波在海水介质中的传播受到多种海洋要素的影响。因此，通过海洋声学的学习，可以掌握海洋声传播理论，分析海洋要素的影响并揭示典型条件下的声传播规律，从而透过现象看本质，提升我们对复杂海洋环境下的声学理论分析与技术实践能力。

一门学科的发展总是来自实践要求的不断提升，海洋声学也不例外。1827 年，瑞士物理学家 J. D. 克拉顿和法国数学家 J. K. F. 斯特姆在日内瓦湖测量了水中的声速，得出水中的声速在 1500 m/s 左右。1912 年，英国轮船“泰坦尼克号”与冰山相撞失事，这说明了水声导航、定位设备对航海安全的重要性。水声设备能够及时发现冰山移动、暗礁等，将有助于防止灾难发生。英国科学家理查德森（L. F. Richardson）提出水下回声定位方案，即船舶发射水下声波，接收冰山、暗礁等反射回波，来实现目标探测。在第一次世界大战期间，潜艇的出现使海面舰艇、船只受到极大威胁。协约国大量的舰船被德国潜艇击沉，如何发现水下潜艇就成为迫切需要解决的问题。1918 年，法国物理学家朗之万利用石英-钢换能器和真空管放大器，实现了回声探测水下目标，为寻找潜艇提供了重要手段，由此发明了声呐。声呐的发明体现了水声换能器和微弱信号放大的电子技术对水声技术发展的重要性。第一次世界大战后，水声技术由于水下应用需求而持续发展，1925 年研制出用于船舶导航的回声测深仪。在第二次世界大战中，声呐成为舰船与潜艇不可缺少的探测设备，而水声学也迅速发展成为一门独立的重要学科。海洋声学得以发展，深化了人们对海洋中声传播规律的认识。在第二次世界大战后，水声技术随着电子技术和信息科学得到突飞猛进的发展，在海洋开发、资源勘探、海底测绘等方面发挥了重要作用，从而极大地推动了海洋声学技术的发展。可见，海洋声学作为一门基础应用学科，还需深入研究，使其具有完善的理论并得以广泛应用。

各海洋国家如美国、英国、俄罗斯等都很重视海洋、水声等方面的研究。海洋声学对我国国防和国民经济的重要作用是显而易见的。声呐是利用水下声信息进行探测、识别、定位、导航和通信的系统，是 SONAR（sound navigation and ranging）的音译。声呐按照工作方式，可分为主动声呐和被动声呐。目前，声呐技术已被广泛应用于海洋开发、环境监测、海底地貌监测等。例如，主动声呐可以通过主动发射声信号并接收目标回声来探测目标，而目标（如水下航行器）则通过装设水声吸声材料来减弱回波散射。在水中目标探测方面，民用探鱼声呐向水体中的鱼群发射指向性声波束，根据鱼群的后向散射回波来判断鱼群的位置、范围和密集程度。在水下测深方面，主动声呐向海底发射指向性声脉冲，通过测量声波由海底反射回到水听器的时间，由声速推算出水深。多波束测深系统利用发射换能器阵列向海底发射宽扇区声波，利用接收换能器阵列进行窄波束接收，该设备一次探测就能给出垂面内众多水深值，从而描绘出海底地形的三维特征。侧扫声呐向侧方发射扇形脉冲，脉冲垂直于声呐路径且具有较宽的垂直角，沿着移动方向的海底反射声强，形成波束覆盖宽度的海底图。合成孔径声呐是一种高分辨率的水下成像声呐，利用小孔径基阵的移动，通过对不同位置接收信号的相关处理，获得移动方向上大的合成孔径，从而得到方位方向上的高分辨率成像。在海洋地质调查方面，海底地层剖面仪通过分析接收记录的反射波返回时间、振幅、频率等信息，获得地层介质的厚度、类型等特征。在海洋水文要素观测方面，声学多普勒流速剖面仪向水中发射声波，并接收水中散射体的散射回波，通过分析其多普勒频移计算流速。海洋声层析在观测区域两侧进行声信号互易收发，由声传播的时间和时间差分别反演出观测海区的平均水温与流速。这些海洋声学探测技术可以把海洋温度、盐度、流速等环境要素转化成水声信息，具有实时、快速和连续测量等优点。在水声通信方面，水声通信机对声波进行调制与解调，利用水声传输信道进行水面船只与水下航行器之间的信息传输。深海声道的发现及低频声波在其中进行超远距离传播，使得远程水声通信成为水声学研究的重要问题之一。

利用主动声呐进行水下探测与通信并不是人类独有的发明。海豚、抹香鲸等齿鲸类动物经过长期自然选择已经进化出优异的生物声呐。在指向性声场调控、宽频带工作和精准目标识别等方面，现有人工声呐尚无法与海豚声呐相媲美。海豚声呐系统拥有小尺寸声源，但可形成强指向性声波束，能在水下精准定位百米处厘米大小的目标，并对毫米厚度差异的目标进行准确辨别。海豚声的产生是多相复杂介质声传播的物理过程，并通过气囊、头骨和不均匀组织等声学结构的联合作用调控指向性声波束。此外，海豚能够自适应调节发声增益，甚至在其上颌骨等声学结构断裂、缺失的条件下仍可以进行回声定位。尤其是，海豚软组织的声速、密度与海水接近，其声阻抗与水相匹配，从而能高效地传输声能。因此，海豚声呐突破了现有人工声呐的诸多限制，其复杂介质声传播机制及仿生技术是海洋声学领域的研究前沿，在民用和国防领域有广阔的应用前景。可见，海洋仿生涉及海洋物理、水声学、海洋生物、仿生学、人工智能等多学科交叉，其研究目标是阐明生物优异感知原理，研发仿生结构、材料与智能算法，开展仿生技术应用，为海洋探测技术和高端设备研发提供新原理和新方法。

被动声呐虽然没有声发射部分，但是可以接收目标声源辐射的水下噪声（如机械噪声、螺旋桨噪声等）进行监测。在养殖方面，利用鱼类的声音特性可以发展智能养殖监测技术。鱼类的声感知功能在其索饵、洄游、集群、生殖等行为中具有重要作用。大黄鱼能够发声，其声信号峰值频率与鱼鳔大小有关。大黄鱼耳石结构使其具备灵敏的听觉特性。基于大黄鱼的发声与声敏感特性，我国早就有敲罟作业围捕大黄鱼这种简便而又有效的捕鱼方法。有关声学诱鱼和驱鱼技术也可应用于海洋捕捞中。被动声呐设备可以监视鱼群洄游特性，并根据鱼类声音特性估计鱼的生长状况。在海洋灾害监测方面，被动声呐还能通过测量台风、强降雨、地震、火山爆发等产生的水下噪声，进行位置与强度估计。在海洋生物资源利用和保护方面，小型声学信标可以跟踪鱼类等海洋生物，研究其生物习性，辅助远洋捕捞。利用海豚被动声学监测技术，分析海豚声信号特性、信号分类及其与生物学行为的相关关系，对于珍稀物种的保护应用有积极意义。

可见，海洋声学已经深入军事和民用的各个领域，有着广阔的应用前景。海洋声学技术不仅关乎海洋科技创新与资源开发利用，还是国家安全和军事科技前沿较量的核心。我国的海洋、水声工作者需再接再厉，大力开展海洋声学基础研究和应用技术研发，以适应实践的需要，从而更好地满足国家战略和区域经济发展需求。

从海洋声学的角度，需要研究声波在海水中传播、折射、散射等有关的声学现象与规律，并研究海洋环境噪声、混响等干扰影响。声学、连续介质力学（弹性力学、流体力学等）、数学物理方法是海洋声学的理论基础。海洋水文状况、地形与地质分布等海洋环境要素对声传播有重要的影响，因此海洋声学与物理海洋学、海洋地质学等也是关系密切的。

海洋声学基于数学物理方法，结合声学基础的声传播理论，应用于海水介质，重点介绍海水中的声速与吸收、折射、反射、散射、混响、水下噪声等内容。本书讲述海洋声学导论：通过介绍海水的声学特性，初步构建描述海洋中声传播的基础理论；介绍海洋中的声折射，描述典型深海传播条件下的声场规律；介绍海洋层状介质中的声传播，分析浅海声场的声强特性及海面、海底对声传播的影响；介绍海洋中的声散射，描述典型目标的声散射及目标强度；介绍海洋中的混响，构建海洋混响理论；介绍水下噪声，描述海洋中的环境噪声、舰船噪声频谱特性；介绍声呐方程，把前述海洋中的声传播特性通过能量形式联系起来，讨论声呐方程的应用。特别地，以海洋声学为基础，探讨海豚等生物复杂介质的声传播特性、规律、生物噪声及生物声呐方程是本书特色。本书希望通过对这些知识的介绍，使初学者掌握声波在海洋中传播的基本特性及其规律，在课程学习中紧密结合科研，具备一定的解决海洋声学问题的能力。

本书采用以下的章节设置。

第 1 章，绪论。介绍海洋声学的定义、发展简史、应用及有关内容。

第 2 章，海洋的声学特性。介绍海洋中的声速，讨论海洋中声速的变化和基本结构；介绍海洋中的声吸收，讨论纯水的超吸收、海水中电解质引起的声吸收及海水中气泡引起的声吸收；介绍海底的声学特性及海洋生物组织的声学特性。

第 3 章，海洋中的声传播理论。介绍波动声学基础，讨论波动方程和定解条件；初步介绍非均匀介质波动方程的微扰求解法；介绍射线声学基础，讨论射线声学基本方程和应用条件；介绍海水分层介质中的射线声学，讨论声射线弯曲及轨迹、水平传播距离、传播时间和强度计算；初步介绍海洋生物复杂介质的波动声学特性。

第 4 章，海洋中的声折射。介绍正声速梯度、负声速梯度、声速跃变、深海声道等典型声速剖面引起的声折射，讨论深海表面声道、反声道、深海跃变层、深海声道的声传播特性；分析表面声道反转深度、跨度、声传播时间和声强特性，反声道波动声学的 WKB 近似，深海跃变层声强衰减，以及深海声道的声传播时间、会聚区和声影区等；初步介绍径向声速梯度海水介质中的声传播。

第 5 章，海洋层状介质中的声传播。介绍海面对声传播的影响；介绍硬底浅海均匀声场简正波理论和虚源描述，讨论两者之间的联系，分析浅海均匀声场的声强特性；分析海底对声传播的影响；初步介绍声波在多层介质中的传播和水声超材料。

第 6 章，海洋中的声散射和混响。介绍海洋中声波的散射，讨论悬浮颗粒、气泡、不规则形状目标、水生生物等引起的声散射，讨论亥姆霍兹积分法求解散射声场；介绍目标强度，讨论简单形状物体和鱼类的目标强度，目标强度的实验测量；介绍海洋中的混响，讨论体积混响、海面混响和海底混响理论，并比较三种混响的特性；初步介绍海豚目标探测的特性。

第 7 章，海洋中的噪声。介绍海洋中的噪声频谱分析；介绍舰船噪声，讨论舰船的辐射噪声、自噪声频谱特性；介绍海洋环境噪声，讨论海洋中的自然噪声、深海环境噪声谱和海洋环境噪声指向性；初步介绍大黄鱼噪声、鼓虾噪声、海豚噪声等海洋生物噪声的频谱特性。

第 8 章，声呐方程。联系各章声学要素，介绍声源级、目标强度、传播损失、噪声等声呐参数，讨论组合声呐参数；建立主动声呐方程和被动声呐方程，介绍声呐方程的应用；初步介绍海豚声源级、指向性指数、目标强度、探测阈值并建立生物声呐方程。

第 2 章　海洋的声学特性

大量海上实践表明，同样的水声系统在不同海区、不同季节的使用效果通常有显著的差异，甚至在早晨和午后都有较大不同，这与海洋声学参数的时空变化密切相关。因此，了解海洋的声学特性十分必要。海洋中的声速和声吸收系数是海洋声学的基本参数，影响着声波的相位和能量。海洋中声波的传播速度受到温度、盐度和压力等海洋环境要素的影响。海洋中的声吸收与声波的频率、海水的黏滞性、热传导及多种化学弛豫过程有关，也受到海水中气泡的影响。类似地，海洋生物（如海豚、抹香鲸等齿鲸类动物）组织也体现了声学参数的空间变化特性。本章主要介绍海洋中的声速和声吸收，目的是探究海洋中声传播的复杂环境，为海洋中的声传播理论学习提供基本介质信息；也初步介绍海底及海洋中生物（以齿鲸类动物为例）组织的声学特性，这对于描述生物声学效应的声传播理论至关重要。

2.1　海洋中的声速

首先讨论海洋声学特性的一个重要物理参量——声速。由于折射效应，海洋中声速分布对声波的传播有重要影响。在讨论海洋中的声折射现象之前，需要先了解海洋中的声速及其分布状况与基本结构。

2.1.1　海洋中声速的变化

根据声学基础的物态方程[1]，可将声传播过程看作绝热过程，可认为压强 P 仅是密度 ρ 的函数：

$$P = P(\rho) \tag{2.1}$$

则声波微扰满足 $\mathrm{d}P = \left(\dfrac{\mathrm{d}P}{\mathrm{d}\rho}\right)_{\mathrm{s}} \mathrm{d}\rho$。由于 P 和 ρ 的变化同向，因此 $\left(\dfrac{\mathrm{d}P}{\mathrm{d}\rho}\right)_{\mathrm{s}} > 0$，以 c^2 表示，即 $c^2 = \left(\dfrac{\mathrm{d}P}{\mathrm{d}\rho}\right)_{\mathrm{s}}$。对于一般流体，$c^2$ 满足：

$$c^2 = \frac{\mathrm{d}P}{\rho\left(\dfrac{\mathrm{d}\rho}{\rho}\right)_{\mathrm{s}}} \tag{2.2}$$

考虑到介质质量一定，则 $d(\rho V)=\rho dV+Vd\rho=0$，即 $\left(\frac{d\rho}{\rho}\right)_s=-\left(\frac{dV}{V}\right)_s$，代入式（2.2），得

$$c^2=\frac{dP}{-\left(\frac{dV}{V}\right)_s\rho}=\frac{1}{\beta_s\rho}=\frac{K_s}{\rho} \tag{2.3}$$

式中，$\frac{dV}{V}$ 为体积相对增量；$\beta_s=\frac{-\left(\frac{dV}{V}\right)_s}{dP}$ 为绝热压缩系数；$K_s=\frac{1}{\beta_s}=\frac{dP}{-\left(\frac{dV}{V}\right)_s}$ 为绝热体积弹性系数。

由式（2.3）可得，在理想介质小振幅声传播条件下，声波在流体中的纵波传播速度可表示为

$$c=\frac{1}{\sqrt{\beta_s\rho_0}} \tag{2.4}$$

对于理想气体，$\beta_s=\frac{1}{\gamma P_0}$，其中 γ 为气体比热比，为常量。对于 0℃空气介质，$\gamma=1.402$、标准大气压 $P_0=1.013\times10^5$ Pa、密度 $\rho_0=1.293$ kg/m^3，$\beta_s=7.04\times10^{-6}$ m^2/N，则声速 $c=\sqrt{\frac{\gamma P_0}{\rho_0}}\approx331$ m/s。对于 20℃水介质，$\rho_0=998$ kg/m^3、$\beta_s=4.58\times10^{-10}$ m^2/N，则声速 $c\approx1480$ m/s。对于海水介质，温度（T）、盐度（S）、压力①（P）对绝热压缩系数和密度均有影响，其中温度对声速的影响最为显著。温度升高使绝热压缩系数和密度减小，因而声速增大，这使得在一定条件下可以根据海水的温度分布来分析海水的声速分布。盐度升高使密度增大，而绝热压缩系数减小，但由于绝热压缩系数减小对声速增大的作用超过密度增大对声速减小的作用，因而声速增大。压力增大使绝热压缩系数减小，导致声速增大。在实际应用中，可以通过测量海水的温度、盐度和压力，并利用经验公式来计算海水的声速[2]：

$$c=c_0+\Delta c_T+\Delta c_S+\Delta c_P+\Delta c_{STP} \tag{2.5}$$

式中，参考声速 c_0 为常数；Δc_T、Δc_S、Δc_P 分别为温度、盐度和压力引起的声速扰动项；Δc_{STP} 为这三个要素组合引起的声速扰动项。在大量海上测量的基础上，当前研究已得到多个声速经验公式，以下给出两个常用的声速经验公式。

（1）Wood 公式[3]：

$$c=1450+4.21T-0.037T^2+1.14(S-35)+0.175P \tag{2.6}$$

---

① 本章提到的压力是指静压力。

式中，T 的单位为℃；S 取千分比（‰）；P 以大气压 atm 为单位，1 atm=1.013×10^5 N/m^2。

（2）Del.Grosso 公式[4]：

$$
\begin{aligned}
c=&1448.6+4.6187T-0.052T^2+1.25(S-35)-0.11(S-35)T+0.0027\times10^{-5}(S-35)T^4\\
&-2\times10^{-7}(S-34)^4(1+0.577T-0.0072T^2)+0.16P
\end{aligned}
\tag{2.7}
$$

式中，T 的单位为℃；S 取千分比（‰）；P 以 kgf①/cm^2 为单位，1 kgf/cm^2=9.8×10^4 N/m^2。

声速经验公式表明，海洋中的声速随着温度、盐度和压力的增大而增大，如图 2.1 所示，这与式（2.4）的分析是一致的。

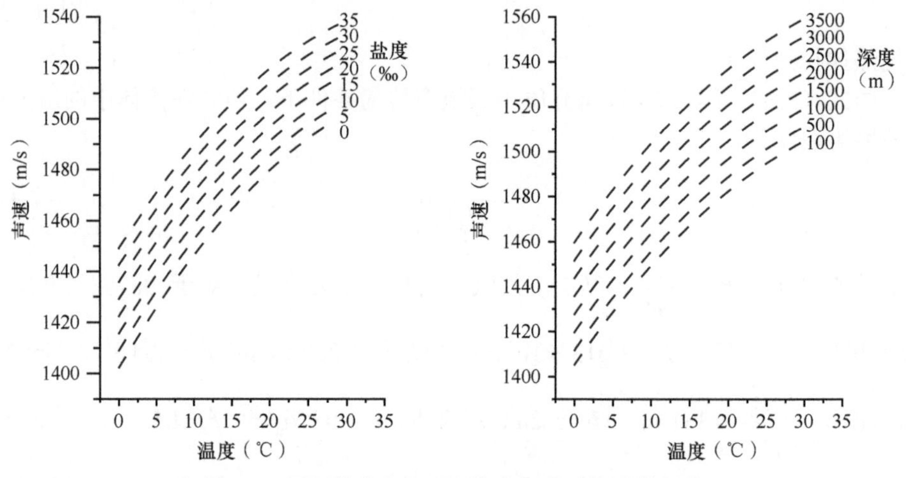

图 2.1　不同盐度和深度下海水温度对声速的影响

海洋中的声速分布与温度、盐度的分布有关。图 2.2 显示了南太平洋西岸深海温度和盐度剖面图[5]。可见，该海域等温线和等盐线大致呈水平分布，即温度、盐度、压力主要是随深度而变化。因此，海洋中声速也近似为水平层状，即声速在水平方向变化不显著，但随着深度而变化。

根据海洋中的声速水平分层特性，理论上可将声速简化为深度的函数，从而建立海水声速的“分层介质”模型：

$$
c(x,y,z)=c(z)=c\left[T(z),S(z),P(z)\right] \tag{2.8}
$$

式中，x、y 为水平坐标，z 为垂直深度坐标。声速随深度的变化率，即声速梯度 $G_c=\dfrac{\mathrm{d}c}{\mathrm{d}z}$，对声传播有重要影响。将声速 $c(z)$ 对深度 z 求导，可得声速梯度为

① 1 kgf=9.806 65 N。

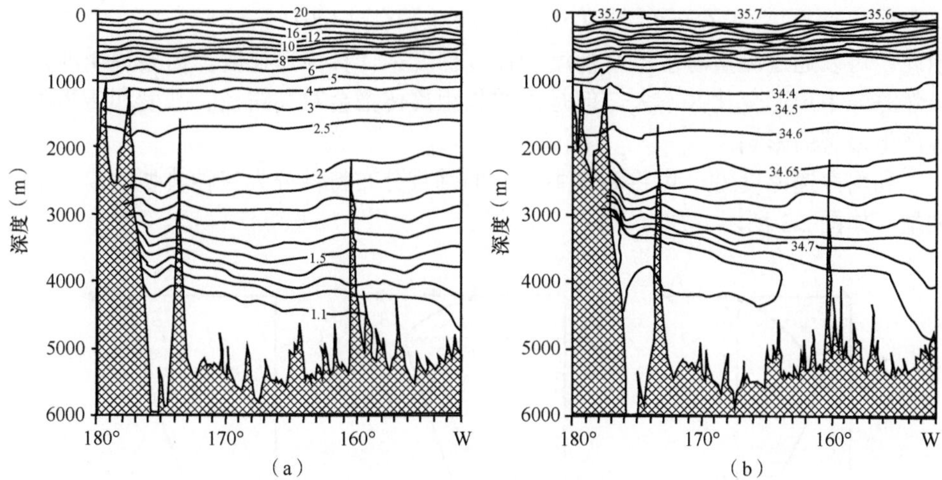

图 2.2　南太平洋西岸深海温度（℃）剖面图（a）和盐度（‰）剖面图（b）[5]

$$G_c = \frac{\mathrm{d}c}{\mathrm{d}z} = \frac{\partial c}{\partial T}\frac{\mathrm{d}T}{\mathrm{d}z} + \frac{\partial c}{\partial S}\frac{\mathrm{d}S}{\mathrm{d}z} + \frac{\partial c}{\partial P}\frac{\mathrm{d}P}{\mathrm{d}z} \tag{2.9}$$

式中，$a_T = \frac{\partial c}{\partial T}$、$a_S = \frac{\partial c}{\partial S}$、$a_P = \frac{\partial c}{\partial P}$ 分别表示声速对温度、盐度和压力的变化率，可以由声速经验公式确定。例如，根据 Wood 公式（2.6），可得

$$\begin{aligned} a_T &= 4.21 - 0.074T \\ a_S &= 1.14 \\ a_P &= 0.175 \end{aligned} \tag{2.10}$$

式中，a_T、a_S、a_P 的单位分别为 m/(s·℃)、m/(s·‰)、m/(s·atm)。可见，温度每升高 1℃，声速增大约 4.21 m/s；盐度每升高 1‰，声速增大 1.14 m/s；而压力每增加 1 atm（即水深增大 10 m），声速增大仅为 0.175 m/s。由此可见，温度变化对声速影响最大。但是，在上千米的深海中，由于温度、盐度近似不变，所以声速随着深度（压力）增大而增大。

类比于声速梯度 G_c（单位为 s^{-1}），可以定义 $G_T = \frac{\mathrm{d}T}{\mathrm{d}z}$（单位为℃/m）、$G_S = \frac{\mathrm{d}S}{\mathrm{d}z}$（单位为‰/m）、$G_P = \frac{\mathrm{d}P}{\mathrm{d}z}$（单位为 atm/m）分别为温度梯度、盐度梯度和压力梯度，则声速梯度满足：

$$G_c = a_T G_T + a_S G_S + a_P G_P \tag{2.11}$$

式中，压力梯度 $G_P = \rho g \approx 0.1$ atm/m 为常量（10 m 水深的压力约为 1 atm，即 1 m 水深的压力约为 0.1 atm）。可见，只要知道温度梯度和盐度梯度，就可以根据式（2.11）求出声速梯度。例如，根据 Wood 公式（2.6），可得声速梯度为

$$G_c = (4.21-0.074T)G_T + 1.14G_S + 0.0175 \tag{2.12}$$

因此，可以通过测量海水温度梯度和盐度梯度来计算声速梯度。需要说明的是，虽然海洋中声速变化并不大，但是声波长距离传播会对其路径、强度和传播时间等产生显著的影响。

利用声速梯度 G_c，可将海洋中声速的垂直分布特性分为三种典型的声速剖面类型，如图 2.3 所示。

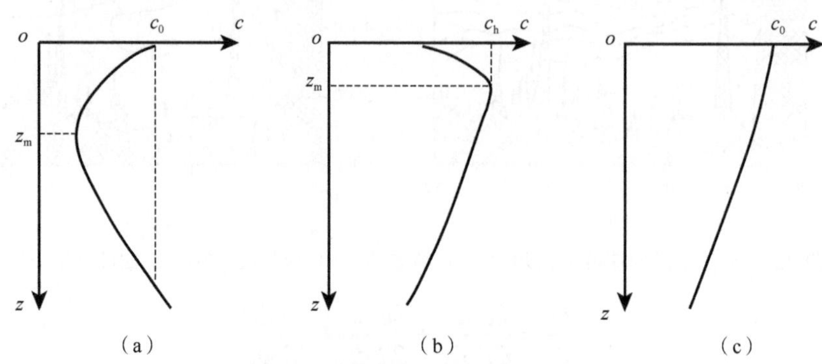

图 2.3　三种典型的声速剖面图

第一类为深海声道声速分布。随着海水深度 z 的增大，温度下降使声速先减小，随着深度继续增大，温度不变而压力增大，从而声速增大。这导致声速在某一深度 z_m 处为最小值，G_c 在该深度以上小于 0，而在该深度以下大于 0。

第二类为表面声道声速分布。在秋冬季节，水面温度较低，又或由于风浪搅拌海表温度均匀分布。压力随着深度的增大而增大。这些因素导致声速随着深度增大而增大，从而形成正声速梯度分布或表面声道声速分布（$G_c>0$），并在某一深度 z_m 处出现声速的极大值 c_h。随着深度继续增大，温度降低导致声速减小，从而形成负声速梯度（$G_c<0$）。

第三类为反声道声速分布。海洋上层海水受到太阳强烈照射，温度较高，导致声速 c_0 较大。然而，随着深度的增大，温度降低导致声速单调减小，从而形成负声速梯度（$G_c<0$）。

2.1.2　海洋中声速的基本结构

海洋中的声速受到温度、盐度、压力垂直分布的影响，呈现一定结构。深海声速剖面呈现典型的“三层结构”，即表面等温层、跃变层（季节跃变层和主跃层）和深海等温层，如图 2.4（a）所示。海洋表面受到太阳辐照，水温较高，又由于风浪搅拌和浪潮对流，形成声速较高的海洋表面等温层。在表面层以下，海水不受日照影响，其温度随着深度增大而下降，因而呈现负温度梯度或负声速梯度特性，这一区域为主跃层。主跃层上层存在一个随季节明显变化的季节跃变层，其声速梯度随着季节引起的温度变化而变化。随着深度进一步增大，深海内部水温较低而且稳定，形成深海等温层。在深海等温层内，声速由于压力增大而呈现正声速梯度特性。在表面等温层和深海等温层之间，声速出现极小值，从而形成较为稳定的深海声道。“三层结构”反映了深海声速分布的基本结构。在低纬度海域，如纬度低于 30°N 或 30°S，主跃层较深，并且季节跃变层随着季节而发生变化。而在高纬度海域，如纬度高于 50°N 或 50°S，主跃层和表面等温层不明显，整个水层都为深层冷水，则正声速梯度可以延伸到海洋表面，如图 2.4（b）所示。

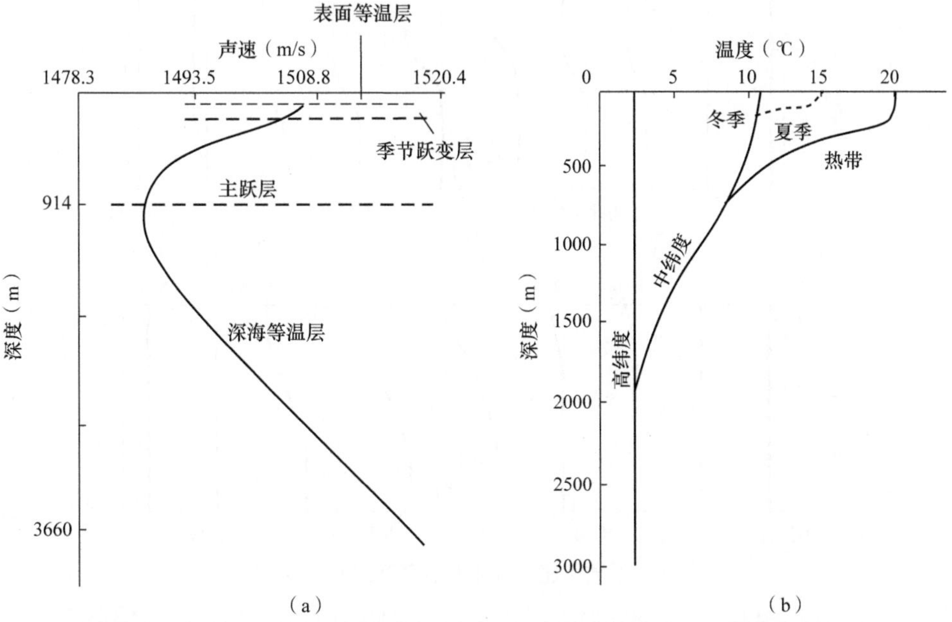

图 2.4　深海典型声速剖面的分层结构（a）和温度剖面随季节的变化（b）

海洋中的声速剖面往往随着温度呈现季节变化、日变化和纬度变化。图 2.5 是百慕大海区温度剖面随月份的变化[6]。日照长短不同导致海水温度呈现垂直分

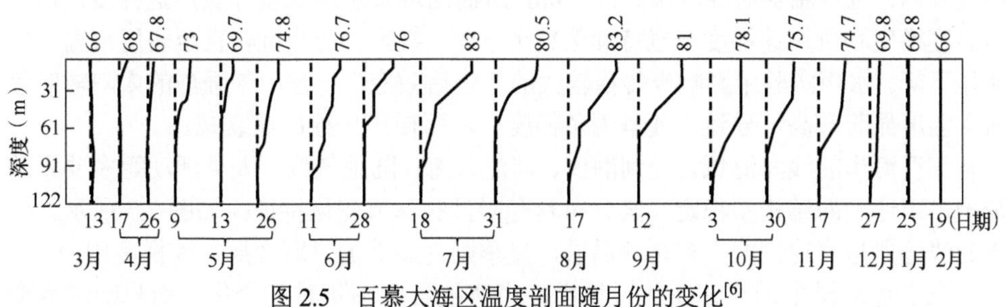

图 2.5　百慕大海区温度剖面随月份的变化[6]

虚线表示 66°F

布差异。夏季既有表面等温层，又有表面负梯度层，而冬季则有很深的表面等温层。可以看出，季节变化对海洋表层温度和声速剖面的影响较大，而对海洋深处的温度和声速剖面的影响较小。

由于太阳辐照和风浪搅拌等条件的变化，海洋上层的温度剖面也可能呈现日变化，如图 2.6 所示。

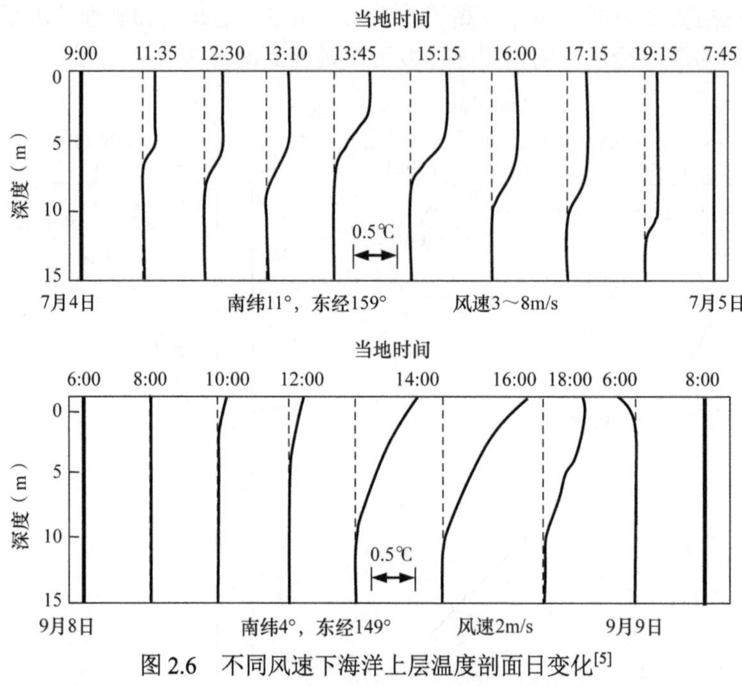

图 2.6　不同风速下海洋上层温度剖面日变化[5]

在高风速条件下，早晨和夜间的海洋表面温度低，声速小且较为均匀[5]，中午海洋表面温度高且受风浪的搅拌作用，出现明显的高声速表面等温层。在低风速条件下，早晨海洋表层缺乏混合，水温低于海洋内部水温，从而出现正温度梯度和正声速梯度。随着表层水深增大，正声速梯度逐渐消失。中午太阳照射导致海洋表面温度升高，且水温随着深度增大而下降，从而出现负温度梯度和负声速梯度。这种负温度梯度和负声速梯度一直持续至整个下午，甚至部分夜间，直至表层水温出现明显下降。水声实验中影响声传播较大的“午后效应”，是中午强烈的太阳辐射使海水温度显著升高，导致声速呈现负梯度，从而使声传播严重衰减。

靠近海岸的浅海海域，受到潮汐、河流入海、陆地气候、人类活动等多要素的影响，声速剖面结构不稳定，其分布具有明显的季节变化特征，如图 2.7 所示。冬季的浅海典型声速剖面大多是等温层，夏季则为显著的负跃变层声速梯度剖面[7]。

在上述海洋中的声速变化讨论中，声速被看成不随时间变化，而只随深度变化的确定性函数 $c(z)$。事实上，海水温度的微观结构会随着时间与空间而起伏变化。引起温度起伏的原因多种多样，包括湍流、海面波浪、涡旋、内波等。例如，温度起伏在午后靠近海面时最大，这导致声速起伏 Δc 并使声传播产生显著变化。可见，海水温度的随机不均匀性是引起声速起伏的重要因素。

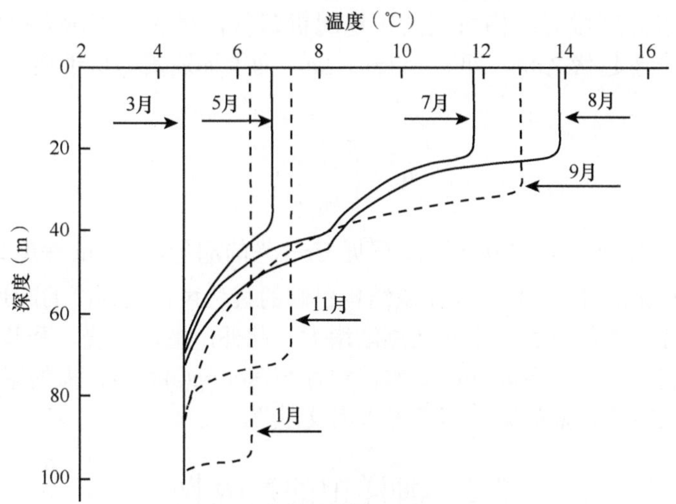

图 2.7　浅海典型温度剖面[7]

海水温度在一定时间内可视为平稳，在空间上可视为均匀和各向同性。温度起伏特性一般用温度均方差和温度微结构的尺寸来表示。其中，温度均方差是相对于平均温度的温度偏差的平方平均值，满足：

$$\overline{\Delta T^2} = \overline{\left(\frac{T - T_0}{T_0}\right)^2} \tag{2.13}$$

式中，T_0 为温度平均值；$\overline{\Delta T^2}$ 为温度均方差。海水温度微结构近似为有一定大小的温度随机分布的水团。如图 2.8 所示，声源 S 发射声波，当声波通过这些水团时，会产生折射和散射，使接收点 R 处接收到的声信号有起伏。水团温度分布的空间特性可以用温度起伏的空间相关函数 $R(\xi)$来描述，其中 ξ 为所求相关函数的两点间距

图 2.8　声波通过随机分布水团示意图

离。理论研究常用两种归一化的温度空间相关函数，即指数函数和高斯函数：

$$R(\xi) = \mathrm{e}^{-|\xi|/a} \text{ 和 } R(\xi) = \mathrm{e}^{-\xi^2/a^2} \tag{2.14}$$

式中，a 为水团的尺寸（即空间相关半径）。

考虑海水温度微观结构引起的声速随机起伏，声速可表示为确定性的声速与随机性的声速起伏之和，即 $c = c(z) + \Delta c$。为了描述其随机性质，引入声速均方差：

$$\overline{\mu}^2 = \left(\frac{\overline{\Delta c}}{c_0}\right)^2 \tag{2.15}$$

式中，c_0 为平均声速。通常 $\overline{\mu}^2$ 很小，根据 Urick[6]的测量，在 5 m 深度处，$\overline{\mu}^2 = 8\times 10^{-10}$、$a\approx 500$ cm。可见，海水温度微结构引起的直达声在近距离的起伏是很小的，然而随着传播距离的增大，声起伏逐渐增大。此外，地理位置、季节和昼夜变化也会引起声起伏。本书主要介绍海水确定性声速 $c=c(z)$对声传播的影响，而海水声速随机起伏对声传播的影响请读者参考文献[6]。

2.2 海洋中的声吸收

一般来说，海水介质中声传播的声强衰减由以下几种原因引起：①海水的黏滞、热传导及其他弛豫过程引起的声强衰减，也称为吸收衰减；②海洋中气泡、泥沙、浮游生物等悬浮粒子及不均匀介质对声波的散射引起的声强衰减；③声波的波阵面在传播过程中不断扩大而引起的声强衰减，也称几何衰减或扩展损失；④海水中声速不均匀而引起的声强异常衰减。

本节介绍描述海水声强衰减特性的重要物理参量——声吸收系数。相对于纯水的声吸收，海水的声吸收与海水电解质、气泡散射等因素密切相关，是水声学中的重要课题之一。对于浅海声吸收来说，除了要考虑上述因素，还需要考虑海面、海底等界面反射和散射引起的声强衰减。

2.2.1 纯水的超吸收

根据声学基础的经典声吸收理论[1]，介质的黏滞作用使部分声能转变为热能，这种损耗导致的声强衰减称为介质的黏滞吸收。此外，声波使介质质点形变导致的膨胀和压缩形成了温度梯度，相邻区域之间的温度梯度引起的热传导使声能转化为热能，这种损耗导致的声强衰减称为介质的热传导吸收。

在黏滞吸收过程中，介质中相邻质点的运动速度不同而导致相对运动，产生内摩擦力，从而使声能转变为热能。单位面积上的黏滞力与速度梯度成正比，即 $T' = \eta\dfrac{\partial v}{\partial x}$（$\eta$ 为黏滞系数），故黏滞流体介质的压强增量应包括声压 p 和黏滞应力

p'两部分：

$$p=-K_{\mathrm{s}}\frac{\mathrm{d}V}{V}=-K_{\mathrm{s}}\frac{\partial\xi}{\partial x}$$
$$p'=-T'=-\eta\frac{\partial v}{\partial x} \tag{2.16}$$

式中，ξ 和 v 分别为质点振动位移和速度；K_{s} 为绝热体积弹性系数。将式（2.16）代入运动方程 $\rho_0\frac{\partial v}{\partial t}=-\frac{\partial p}{\partial x}$，可得黏滞流体介质中的波动方程：

$$\rho_0\frac{\partial^2\xi}{\partial t^2}=K_{\mathrm{s}}\frac{\partial^2\xi}{\partial x^2}+\eta\frac{\partial^3\xi}{\partial x^2\partial t} \tag{2.17}$$

又 $\xi(x,t)=\xi_1(x)\mathrm{e}^{\mathrm{j}\omega t}$，代入式（2.17）可得

$$-\rho_0\omega^2\xi_1=(K_{\mathrm{s}}+\mathrm{j}\omega\eta)\frac{\partial^2\xi_1}{\partial x^2} \tag{2.18}$$

令 $K=K_{\mathrm{s}}+\mathrm{j}\omega\eta=K_{\mathrm{s}}(1+\mathrm{j}\omega H)$，即 $H=\eta/K_{\mathrm{s}}$，式（2.18）可写为

$$-\rho_0\omega^2\xi_1=K\frac{\partial^2\xi_1}{\partial x^2} \tag{2.19}$$

式（2.19）又可写为

$$-k'^2\xi_1=\frac{\partial^2\xi_1}{\partial x^2} \tag{2.20}$$

式中，$k'=\omega\sqrt{\frac{\rho_0}{K}}$ 为波数。由于 K 是复数，因而 k' 也为复数，可表达为

$$k'=\frac{\omega}{c}-\mathrm{j}\alpha_\eta \tag{2.21}$$

即 $c=\frac{1}{\mathrm{Re}\left(\frac{k'}{\omega}\right)}$，$\alpha_\eta=\mathrm{Im}\left(\omega\sqrt{\frac{\rho_0}{K}}\right)$。将波数 $k'=\omega\sqrt{\frac{\rho_0}{K}}$ 代入上式，使实部和虚部分别相等，可解得

$$c=\sqrt{\frac{K_{\mathrm{s}}}{\rho_0}}\sqrt{\frac{2(1+\omega^2H^2)\left(\sqrt{1+\omega^2H^2}-1\right)}{\omega^2H^2}}$$
$$\alpha_\eta=\omega\sqrt{\frac{\rho_0}{K_{\mathrm{s}}}}\sqrt{\frac{\sqrt{1+\omega^2H^2}-1}{2(1+\omega^2H^2)}} \tag{2.22}$$

由于黏滞力相对于弹性力来说很小，即 $\frac{\omega\eta}{K_{\mathrm{s}}}=\omega H\ll 1$。对于水介质，在 20℃时，$\eta$

$\approx$0.001 (N·s)/m^2、$\rho_0\approx$998 kg/m^3、$c\approx$1480 m/s，则 $\omega H\approx 4.6\times 10^{-13}\,\omega$，对于 1 kHz 以下频率的声波显然满足 $\omega H \ll 1$。则上解可简化为

$$\begin{aligned} c &\approx \sqrt{\frac{K_s}{\rho_0}} = \frac{1}{\sqrt{\beta_s \rho_0}} \\ \alpha_\eta &\approx \frac{\omega^2 \eta}{2\rho_0 c^3} \end{aligned} \tag{2.23}$$

又 $\eta = \frac{4}{3}\eta' + \eta''$，其中 η' 为切变黏滞系数，η'' 为容变黏滞系数。如果忽略 η''，则 η 可近似为 $\eta = \frac{4}{3}\eta'$，故黏滞声吸收系数为

$$\alpha_\eta = \frac{2\omega^2 \eta'}{3\rho_0 c^3} \tag{2.24}$$

可见，黏滞声吸收系数 α_η 与频率 f①平方成正比。

在热传导吸收过程中，理想流体的温度随体积即时变化。当体积达到极小值时，流体温度极大。反之，当体积达到极大值时，流体温度极小。然而，对于实际流体，介质存在热传导，相邻的压缩区和膨胀区之间的温度梯度会导致热量交换，且过程不可逆，从而使声能转化成热能。通过热传导作用的波动方程，可得热传导声吸收系数为[1]

$$\alpha_\chi = \frac{\chi(\gamma - 1)\omega^2}{2\rho_0 C_P c^3} = \frac{\omega^2 \chi}{2\rho_0 c^3}\left(\frac{1}{C_V} - \frac{1}{C_P}\right) \tag{2.25}$$

式中，χ 为热传导系数；C_V 为定容比热容；C_P 为定压比热容；$\gamma = \frac{C_P}{C_V}$ 为定压比热容和定容比热容的比值。由此可见，热传导声吸收系数也与频率平方成正比。

考虑了上述黏滞声吸收和热传导声吸收效应，结合式（2.24）和式（2.25），经典声吸收系数公式为[8, 9]

$$\alpha = \frac{\omega^2}{2\rho_0 c_0^3}\left[\frac{4}{3}\eta' + \chi\left(\frac{1}{C_V} - \frac{1}{C_P}\right)\right] \equiv Af^2 \tag{2.26}$$

公式（2.26）称为斯托克斯-基尔霍夫（Stokes-Kirchhoff）公式。然而，实验却发现对于大部分气体和液体的声吸收系数，测量值要比由公式（2.26）计算的值大得多，即实测声吸收系数比经典声吸收系数大几倍到几十倍，甚至几百倍。此外，对于大多数的流体，声吸收系数和频率平方成比例的关系也存在偏离，即 $A=\alpha/f^2$

① $\omega = 2\pi f$

并非常数，而是随频率的增大而减小，而且有显著的频散现象，即声速随着频率增大而显著变化。

由经典吸收理论得出的声吸收系数计算值与实测值并不符合。这表明η中的容变黏滞系数不可忽略，需要考虑介质内部分子微观过程的弛豫吸收。当声波经过时，介质状态的变化引起介质热动平衡的破坏，并在其内部建立新的平衡态。这种由旧平衡态向新平衡态的转移过程，称为弛豫过程。建立新平衡态所需要的时间称为弛豫时间 τ。在弛豫过程中有规声振动转变为无规热运动产生的附加能量耗散，即声波的附加吸收，称为弛豫吸收。

1948 年，Hall[10]提出了关于水介质结构的弛豫吸收理论。根据 Hall 理论，水由两类状态的分子组成：第一类状态的分子所占体积较大，而具有的能量较低；第二类状态的分子所占体积较小，而具有的能量较高。在一定的平衡态下，这两类分子的分配有一定比例。当声波引起介质压缩时，温度升高，单位质量水的能量将增加，即压缩过程中部分第一类分子将变为第二类分子。这个压缩过程需要一定时间。相反地，在介质疏松过程中，部分第二类分子将变为第一类分子，完成这个新平衡态的过渡也需要一定时间。在此弛豫过程中同样数目的分子所占的体积必然会改变，这将使水的压缩系数也发生改变，因此压缩系数与时间有关。在简谐声波的条件下，可把绝热压缩系数写为

$$\beta_s = \beta_\infty + \frac{\beta_i}{1 + j\omega\tau_p} = \beta_\infty + \frac{\beta_i}{1 + \omega^2 {\tau_p}^2} - j\frac{\omega\beta_i\tau_p}{1 + \omega^2 {\tau_p}^2} \tag{2.27}$$

在 $\omega\tau_p \ll 1$ 条件下，有

$$\beta_s \approx \beta_\infty + \beta_i - j\omega\tau_p\beta_i = \beta_0 - j\omega\tau_p\beta_i \tag{2.28}$$

式中，β_∞为非弛豫（$f\to\infty$）的绝热压缩系数；$\beta_i=\beta_0-\beta_\infty$为分子体积变化引起的压缩系数变化量；$\beta_0$ 为$f\to 0$ 时的压缩系数；τ_p 是弛豫时间。由式（2.28）可得

$$\sqrt{\beta_s} = \sqrt{\beta_0 - j\omega\tau_p\beta_i} \approx \sqrt{\beta_0}\left(1 - \frac{\omega\tau_p\beta_i}{2\beta_0} j\right) = \sqrt{\beta_0} - \frac{\omega\tau_p\beta_i}{2\sqrt{\beta_0}} j \tag{2.29}$$

故在 $\omega\tau_p \ll 1$ 条件下，纯水中的声速和内分子过程的声吸收系数分别为

$$c = \frac{1}{\mathrm{Re}\left(\sqrt{\rho_0\beta_s}\right)} = \frac{1}{\sqrt{\rho_0\beta_s}} \tag{2.30}$$

$$\alpha_R = \mathrm{Im}\left(\omega\sqrt{\rho_0\beta_s}\right) \approx \omega\sqrt{\rho_0}\frac{\omega\tau_p\beta_i}{2\sqrt{\beta_0}} = \frac{\rho_0 c_0 \omega^2}{2}(\beta_0 - \beta_\infty)\tau_p \tag{2.31}$$

可见，纯水中的声吸收系数与频率平方成正比。

基于 Hall 理论的计算结果见图 2.9 中的曲线 A。该计算结果与不同的实际测量结果符合得较好。图 2.9 中曲线 A 和曲线 B 的垂直方向之差代表了纯水的超吸收。

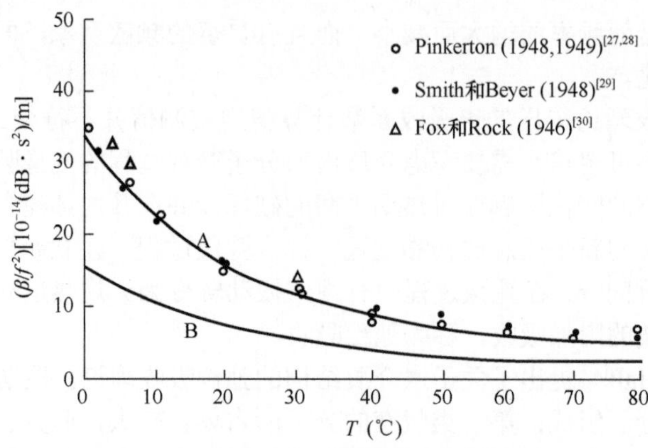

图 2.9 纯水中的声吸收系数随温度的变化[10]

曲线 A 为 Hall 理论计算结果；曲线 B 为经典声吸收计算结果[11]；散点为实际测量结果

2.2.2 海水中电解质引起的声吸收

在超声频段，海水的声吸收与淡水有相似的频率特性。然而，当频率低于 1000 kHz 时，海水的声吸收系数比淡水大得多，如图 2.10 所示。海水中包含的电解质主要是 NaCl、$MgCl_2$、$MgSO_4$ 等。在声波作用下，海水中这些电解质化学反应的弛豫过程会引起海水介质对声能的超吸收，从而造成声吸收的增加。电解溶液中的弛豫声吸收机制是复杂的。通过对声学参数（如声速、频率、衰减系数等）的测量，揭示介质分子运动引起的能量转换、衰减特性及弛豫过程等，可在微观声学层面进行研究。

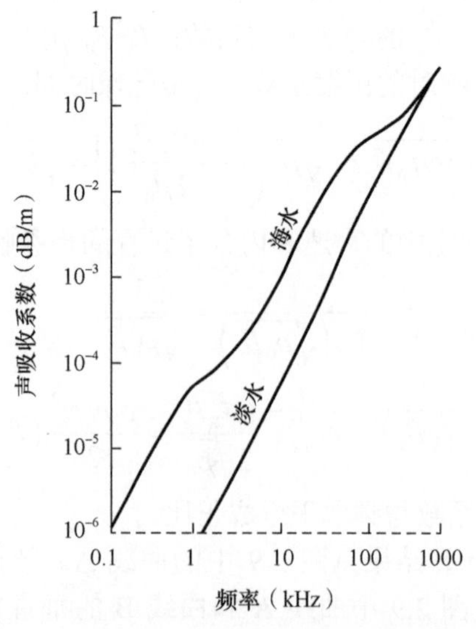

图 2.10 淡水和海水声吸收系数的频率特性[11]

在 100 kHz 频段附近，海水中 $MgSO_4$ 化学反应的弛豫过程引起超吸收。1949 年 Liebermann[12]提出，$MgSO_4$ 水溶液存在下列反应 $MgSO_4 \rightleftharpoons Mg^{2+} + SO_4^{2-}$。在一定压力和温度下，上述的电离具有平衡态。然而，在声波作用下，$MgSO_4$ 化学反应的平衡被破坏，达到新的动态平衡，而新平衡态的建立需要一定的弛豫时间。这种化学反应的弛豫过程导致声波的超吸收。

在 2～25 kHz 频段，Schulkin 和 Marsh[13]根据距离 22 km 以内的多次测量结果，总结出下述声吸收系数的半经验公式：

$$\alpha = \left(A_1 \frac{S f_{\mathrm{r}} f^2}{f_{\mathrm{r}}^2 + f^2} + A_2 \frac{f^2}{f_{\mathrm{r}}} \right)(1 - 6.33 \times 10^{-2} H) \tag{2.32}$$

式中，α 的单位为 dB/km；$A_1 = 1.89 \times 10^{-2}$；$A_2 = 2.72 \times 10^{-2}$；$S$ 为盐度（‰）；f 为声波频率（kHz）；$f_{\mathrm{r}} = 21.9 \times 10^{6 - \frac{1520}{T+273}}$，为弛豫频率（kHz），等于弛豫时间的倒数，且与温度有关；T 为温度（℃）；H 为距离水面深度。由此可见，声吸收系数随压力增大而减小。深度每增大 1 km，声吸收系数减小 6.33%。

在 5 kHz 频率以下，声吸收系数相对于式（2.32）明显增大，这表明海水还存在包括硼酸在内的其他化学弛豫现象。Thorp[14]给出了低频段声吸收系数的经验公式：

$$\alpha = \frac{0.102 f^2}{1 + f^2} + \frac{40.7 f^2}{4100 + f^2} + 3.06 \times 10^{-4} f^2 \tag{2.33}$$

式中，α 的单位为 dB/km；f 的单位为 kHz。其中，第一项为硼酸的弛豫吸收，第二项为 $MgSO_4$ 的弛豫吸收，第三项为纯水的声吸收。

因此，海水的声吸收系数与声波频率、温度、压力、盐度等因素有关，但盐度的影响相对较小。对于不同声波频率，应选择不同的经验公式计算海水的声吸收系数。

2.2.3　海水中气泡引起的声吸收

海水含有大量的小气泡，它们大部分集中在海表面 10 m 以内的区域。大气泡容易浮起破裂而消失，小气泡则易溶解或兼并而消失，因此中等大小的气泡浓度最大。实验表明，半径为 0.1～0.18 mm 的气泡具有代表性。海水中气泡形成的主要原因大致有：①海洋中生物的活动。生物的呼吸与游动、枪虾的攻击行为等产生气泡。②波浪的作用。海浪将空气卷入水中，产生大量的气泡，从而在海表面形成气泡层。气泡层的厚度、气泡的浓度及半径等取决于水文气象条件。③舰船尾流。航行中的舰船螺旋桨会产生气泡群，这种气泡群有所谓“尾流”之称。舰船尾流能保持较长时间，且延伸较远。

声波在海水中传播过程中遇到气泡，会激发气泡的振动，从而产生热吸收和散射效应。气泡的声散射将在第 6 章介绍，这里主要讨论气泡的声吸收。假设小气泡（其半径远小于波长，即 $r_0 \ll \lambda$）在声波作用下产生径向振动。由于气泡很小，可把气泡径向振动视为脉动小球的受迫振动。气泡体积收缩使气温升高，向海水介质放热。然而，气泡体积膨胀使气温下降，从而海水介质吸热。那么，气泡周期性地收缩与膨胀，在声阻作用下将入射声能转变成热能耗散在介质中。显然，当声波频率偏离气泡共振频率时，气泡振动和热交换较小，没有明显的声吸收。然而，当声波频率接近气泡共振频率时，气泡振动和热交换较大，产生显著的声吸收效应。为了描述上述物理过程，假设小气泡与谐振腔相似，相当于一个弹性元件。根据声学基础的电-力-声类比[1]，气泡振动系统可等效于由同振质量（m_s）、力顺（C_m）和力阻（R_m）组成的串联回路，如图 2.11 所示。

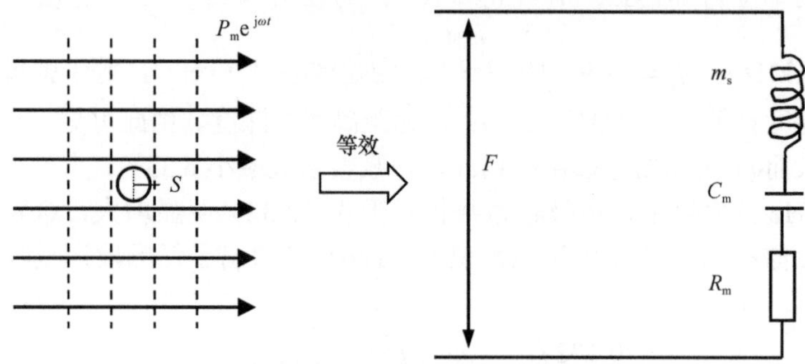

图 2.11　气泡振动的机电类比图

气泡振动满足：

$$m_s \ddot{\xi}_r + R_m \dot{\xi}_r + \frac{\xi_r}{C_m} = P_m S e^{j\omega t} \tag{2.34}$$

式中，ξ_r 为气泡径向振动位移；$m_s = 3V_0\rho_0 = 4\pi r_0^3 \rho_0$ 为同振质量；$C_m = \dfrac{1}{12\pi\gamma P_0 r_0}$ 为气泡的力顺；$R_m = 2m_s\theta f_0$ 为热耗阻；ρ_0 为周围介质的密度；r_0 为气泡半径；V_0 为气泡体积；γ为气体定压比热容与定容比热容之比；θ 为阻尼对数减量，$\theta = T\delta = \theta_0 + 3.5\times10^{-5} f_0$（$\delta$ 为阻尼系数，T 为振动周期，θ_0 为气泡散射引起的衰减，f_0 为共振频率），一般 θ_0 在水声频段与后一项相比可忽略不计，故 $\theta \approx 3.5\times10^{-5} f_0$；$S = 4\pi r_0^2$ 为气泡表面积；P_m 为入射声压；$F = P_m S e^{j\omega t}$ 为作用于小气泡的总谐振压力。

气泡的同振质量（m_s）可由脉动声源的辐射阻抗求得。已知球面波可写为

$$p = \frac{A}{r} e^{j(\omega t - kr)} \tag{2.35}$$

根据运动方程中质点速度和声压的关系 $\dfrac{dv}{dt} = \dfrac{-\partial p}{\rho \partial r}$，将式（2.35）代入速度和声压

的关系式中，可得

$$v_r = -\frac{1}{\mathrm{j}\omega\rho_0}\frac{\partial p}{\partial r} = \frac{A}{r\rho_0 c_0}\left(1+\frac{1}{\mathrm{j}kr}\right)\mathrm{e}^{\mathrm{j}(\omega t - kr)} \tag{2.36}$$

又由球源表面边界条件，表面质点速度等于表面振动速度，有

$$(v_r)_{r=r_0} = u = u_\mathrm{a}\mathrm{e}^{\mathrm{j}(\omega t - kr_0)} \tag{2.37}$$

式中，u_a 为表面振动速度的幅值。

将式（2.36）代入式（2.37）得

$$A = \frac{\rho_0 c_0 k r_0^2}{1+(kr_o)^2}u_\mathrm{a}(kr_0 + \mathrm{j}) = |A|\mathrm{e}^{\mathrm{j}\theta} \tag{2.38}$$

式中，$|A| = \dfrac{\rho_0 c_0 k r_0^2 u_\mathrm{a}}{\sqrt{1+(kr_0)^2}}$，$\theta = \arctan\left(\dfrac{1}{kr_0}\right)$。

气泡作为脉动球源在振动时受到的声场反作用力为

$$F_r = -Sp_{r=r_0} \tag{2.39}$$

将式（2.35）和式（2.38）代入式（2.39）可得

$$F_r = \left(-\rho_0 c_0 \frac{k^2 r_0^2}{1+k^2 r_0^2}S - \mathrm{j}\rho_0 c_0 \frac{kr_0}{1+k^2 r_0^2}S\right)u \tag{2.40}$$

式中，第一项为辐射阻 $R_r = \rho_0 c_0 \dfrac{k^2 r_0^2}{1+k^2 r_0^2}S$；第二项为辐射抗 $X_r = \rho_0 c_0 \dfrac{kr_0}{1+k^2 r_0^2}S$。

根据 $kr_0 \ll 1$，有

$$X_r = \rho_0 c_0 \frac{kr_0}{1+k^2 r_0^2}S \approx \rho_0 c_0 k r_0 S \tag{2.41}$$

由声学基础[1]可知，脉动球源的辐射阻抗和辐射质量分别为

$$Z_r = R_r + \mathrm{j}X_r = R_r + \mathrm{j}\omega\left(\frac{X_r}{\omega}\right) \tag{2.42}$$

$$m_\mathrm{s} = \frac{X_r}{\omega} \tag{2.43}$$

将式（2.41）代入式（2.43）可得同振质量为

$$m_\mathrm{s} \approx \rho_0 r_0 S = 3\left(\frac{4}{3}\pi r_0^3 \rho_0\right) = 3M = 3V_0\rho_0 \tag{2.44}$$

式中，M 为气泡所排开的周围介质——水的质量。

气泡的力顺（C_m）可以通过气泡发生位移时的绝热过程求得。已知气体绝热过程中的物态方程 PV^γ=const，其中 γ 为定压比热容与定容比热容之比。当气泡位移为 ξ 时，气泡内压强由 P_0 变为 $P_0 + p_1$，有

$$(P_0 + p_1)(V_0 - \xi S)^{\gamma} = P_0 V_0^{\gamma}$$

可表示为

$$\frac{P_0 + p_1}{P_0} = \left(\frac{V_0}{V_0 - \xi S}\right)^{\gamma} = \left(1 - \frac{\xi S}{V_0}\right)^{-\gamma} \tag{2.45}$$

又因位移 ξ 很小，故有 $\xi S \ll V_0$，级数展开则有

$$\frac{P_0 + p_1}{P_0} = \left(1 - \frac{\xi S}{V_0}\right)^{-\gamma} \approx 1 + \gamma \frac{\xi S}{V_0} \tag{2.46}$$

可解得

$$p_1 \approx \rho_0 c_0^2 \frac{\xi S}{V_0}，\ c_0 = \sqrt{\frac{\gamma P_0}{\rho_0}} \tag{2.47}$$

而气泡中的压强变化又会反向影响气体，有

$$F = -p_1 S = -\frac{\rho_0 c_0^2 S^2}{V_0} \xi = -K_{\mathrm{m}} \xi \tag{2.48}$$

由式（2.48）可得，气泡的力顺为

$$C_{\mathrm{m}} = \frac{1}{K_{\mathrm{m}}} = \frac{V_0}{\rho_0 c_0^2 S^2} = \frac{1}{12\pi \gamma P_0 r_0} \tag{2.49}$$

气泡的力阻（R_{m}）可由气泡阻尼振动方程求得。当为低阻尼时，气泡振动方程为

$$y(t) = \mathrm{e}^{-\delta t} A \sin(\omega t + \alpha) \tag{2.50}$$

式中，$\omega = \sqrt{\omega_0^2 - \delta^2}$，其中 δ 为阻尼系数。故阻尼对数减量为

$$\theta = \ln \frac{y_k}{y_{k+1}} = \ln \mathrm{e}^{\delta T} = \delta T \tag{2.51}$$

式中，y_k 和 y_{k+1} 分别为第 k 个和第 $k+1$ 个周期的幅度。由此可得，气泡的力阻为

$$R_{\mathrm{m}} = \frac{2 m_{\mathrm{s}} \theta}{T} = 2 m_{\mathrm{s}} \theta f_0 \tag{2.52}$$

由上述求得的 m_{s}、C_{m}、R_{m}，可以解得方程（2.34）为

$$\xi_r = \frac{P_{\mathrm{m}} S \mathrm{e}^{\mathrm{j}\omega t}}{\omega^2 m_{\mathrm{s}} \left(\frac{\omega_0^{\ 2}}{\omega^2} - 1 + \mathrm{j} \frac{\theta \omega_0}{\pi \omega}\right)} \tag{2.53}$$

显然，当满足谐振（$\omega = \omega_0$）时，对于 $\theta \to 0$，气泡振动位移将无穷大（$\xi_r \to \infty$）。其声阻抗为

$$Z_a = R_{\mathrm{m}} + \mathrm{j}\left(\omega m_{\mathrm{s}} - \frac{1}{\omega C_{\mathrm{m}}}\right) \tag{2.54}$$

令其虚部为 0，则有

$$\omega m_{\mathrm{s}} - \frac{1}{\omega C_{\mathrm{m}}} = 0 \tag{2.55}$$

故其共振频率为

$$f_0 = \frac{1}{2\pi r_0}\sqrt{\frac{3\gamma P_0}{\rho_0}} \tag{2.56}$$

式中，$\rho_0 = 1\ \mathrm{g/cm^3}$；空气的 $\gamma = 1.41$；P_0 为 1 个标准大气压；r_0 的单位为 cm，则气泡共振频率满足：

$$f_0 = \frac{0.33}{r_0} \tag{2.57}$$

式中，f_0 的单位为 kHz。海水中压力 $P = P_0 + \rho g H$，其与深度（H）有关，深度 H（单位为 m）处的空气泡的共振频率为

$$f_0 = \frac{1}{2\pi r_0}\sqrt{\frac{3\gamma\left(P_0 + \rho g H\right)}{\rho_0}} \approx \frac{0.33}{r_0}\sqrt{1 + 0.1H} \tag{2.58}$$

对于半径为 0.01～0.1 cm 的气泡，共振频率为 3.3～33 kHz，处于水声工作频段内，所以气泡的共振吸收是海水声吸收必须考虑的重要因素。

此外，海水中的气泡还会改变介质的压缩系数，从而使介质的声学参数发生改变。假如气泡水有许多大小相同的小气泡，而气泡之间的距离比波长小很多，则气泡水的绝热压缩系数可写为[15]

$$\beta = \frac{\left|\Delta V / V\right|}{\Delta P} \approx \beta_{\mathrm{w}} + \beta_{\mathrm{a}} = \frac{1}{\rho_{\mathrm{w}} c_{\mathrm{w}}^2} + \frac{n\Delta V}{\Delta P} = \frac{1}{\rho_{\mathrm{w}} c_{\mathrm{w}}^2} + \frac{nS\xi_r}{P_{\mathrm{m}} \mathrm{e}^{\mathrm{j}\omega t}} \tag{2.59}$$

式中，β_{w} 为纯水的绝热压缩系数；β_{a} 为气泡的绝热压缩系数；ρ_{w} 为纯水密度；c_{w} 为不存在气泡时纯水中的声速；n 为单位体积中的气泡数，满足 $n \ll 1$（这里假设气泡数为小量）。显然，β_{a} 远大于 β_{w}。把式（2.53）代入式（2.59），气泡水的绝热压缩系数可写为

$$\beta \approx \frac{1}{\rho_{\mathrm{w}} c_{\mathrm{w}}^2} + g\frac{V\dfrac{\omega_0^2}{\omega^2}}{\left(\dfrac{\omega_0^2}{\omega^2} - 1 + \mathrm{j}\dfrac{\theta\omega_0}{\pi\omega}\right)} = \frac{1}{\rho_{\mathrm{w}} c_{\mathrm{w}}^2}\left(1 + \rho_{\mathrm{w}} g c_{\mathrm{w}}^2 \frac{V\dfrac{\omega_0^2}{\omega^2}}{\left(\dfrac{\omega_0^2}{\omega^2} - 1 + \mathrm{j}\dfrac{\theta\omega_0}{\pi\omega}\right)}\right) \tag{2.60}$$

式中，$V = nV_0$ 为单位体积中气泡的总体积。对于 $r_0 = 0.01\ \mathrm{cm}$ 的气泡，可求得其共振频率 $f_0 = 33\ \mathrm{kHz}$，其中 $g = \dfrac{3}{\rho_{\mathrm{w}}(2\pi r_0 f_0)^2} \approx 7\times10^{-6}$（式中长度单位为 m，质量单位为 kg，频率单位为 Hz），且满足 $\rho_{\mathrm{w}} g c_{\mathrm{w}}^2 = \beta_{\mathrm{a}} / \beta_{\mathrm{w}}$。

在声吸收介质中，波数 $\tilde{k}$ 为复数。$\tilde{k}$ 的实部反映声波的声速 c，而 $\tilde{k}$ 的虚部反映声波的声吸收系数 α，即

$$\begin{aligned} c &= \frac{\omega}{\mathrm{Re}(\tilde{k})} = \frac{1}{\mathrm{Re}\left(\sqrt{\rho\beta}\right)} \\ \alpha &= \mathrm{Im}(\tilde{k}) = \mathrm{Im}\left(\omega\sqrt{\rho\beta}\right) \end{aligned} \tag{2.61}$$

把式（2.60）代入式（2.61），就可求出气泡水的声吸收系数和声速。为简单起见，下面分三种情况讨论声吸收系数。

情况一：当 $f=f_0$ 时，$\beta = \dfrac{1}{\rho_{\mathrm{w}} c_{\mathrm{w}}^2} - \mathrm{j}\dfrac{gV\pi}{\theta} = \dfrac{1}{\rho_{\mathrm{w}} c_{\mathrm{w}}^2}\left(1 - \mathrm{j}\dfrac{\rho_{\mathrm{w}} g c_{\mathrm{w}}^2 V\pi}{\theta}\right)$，则可求得

$$\begin{aligned} c &= \frac{1}{\mathrm{Re}\left(\sqrt{\rho\beta}\right)} \approx \frac{1}{\mathrm{Re}\left[\sqrt{\dfrac{1}{c_{\mathrm{w}}^2}\left(1 - \mathrm{j}\dfrac{\rho_{\mathrm{w}} g c_{\mathrm{w}}^2 V\pi}{\theta}\right)}\right]} \\ &\approx \frac{1}{\mathrm{Re}\left[\dfrac{1}{c_{\mathrm{w}}}\left(1 - \mathrm{j}\dfrac{\rho_{\mathrm{w}} g c_{\mathrm{w}}^2 V\pi}{2\theta}\right)\right]} = c_{\mathrm{w}} \end{aligned} \tag{2.62}$$

$$\begin{aligned} \alpha &= \mathrm{Im}\left(\omega_0\sqrt{\rho\beta}\right) \approx \mathrm{Im}\left[\omega_0\sqrt{\frac{1}{c_{\mathrm{w}}^2}\left(1 - \mathrm{j}\frac{\rho_{\mathrm{w}} g c_{\mathrm{w}}^2 V\pi}{\theta}\right)}\right] \\ &\approx \mathrm{Im}\left[\frac{\omega_0}{c_{\mathrm{w}}}\left(1 - \mathrm{j}\frac{\rho_{\mathrm{w}} g c_{\mathrm{w}}^2 V\pi}{2\theta}\right)\right] \\ &= \frac{\pi^2 f_0 g V \rho_{\mathrm{w}} c_{\mathrm{w}}}{\theta} \approx 2.5\times 10^{10} V \end{aligned} \tag{2.63}$$

式中，α 的单位为 dB/km。可见，在谐振时，声吸收系数与气泡含量成正比。对于 $V=10^{-5}$，有 $\alpha \approx 10^5$ dB/km。这说明每经过 1 cm 就有约 1 dB 的衰减，故实际上声波在谐振气泡影响下无法进行传播。

情况二：当 $f \ll f_0$ 时，$\beta = \dfrac{1}{\rho_{\mathrm{w}} c_{\mathrm{w}}^2} + gV\left(\dfrac{1}{1+\mathrm{j}\dfrac{\theta\omega}{\pi\omega_0}}\right) \approx \dfrac{1}{\rho_{\mathrm{w}} c_{\mathrm{w}}^2} + gV\left(1 - \mathrm{j}\dfrac{\theta f}{\pi f_0}\right)$，且

$\rho_{\mathrm{w}} g c_{\mathrm{w}}^2 = \beta_{\mathrm{a}} / \beta_{\mathrm{w}}$，则可求得

$$c = \frac{1}{\mathrm{Re}\left(\sqrt{\rho\beta}\right)} \approx \frac{1}{\mathrm{Re}\left\{\sqrt{\dfrac{1}{c_{\mathrm{w}}^2}\left[1 + \rho_{\mathrm{w}} g V c_{\mathrm{w}}^2\left(1 - \mathrm{j}\dfrac{\theta f}{\pi f_0}\right)\right]}\right\}}$$

$$
\begin{aligned}
&\approx \frac{1}{\operatorname{Re}\left\{\frac{1}{c_{\mathrm{w}}}\left[1+\frac{1}{2}\frac{\beta_{\mathrm{a}}}{\beta_{\mathrm{w}}}V\left(1-\mathrm{j}\frac{\theta f}{\pi f_0}\right)\right]\right\}} \\
&= \frac{c_{\mathrm{w}}}{1+\frac{1}{2}V\frac{\beta_{\mathrm{a}}}{\beta_{\mathrm{w}}}}
\end{aligned}
\tag{2.64}
$$

$$
\begin{aligned}
\alpha = \operatorname{Im}\left(\omega\sqrt{\rho\beta}\right) &\approx \operatorname{Im}\left\{\omega\sqrt{\frac{1}{c_{\mathrm{w}}^2}\left[1+\rho_{\mathrm{w}}gVc_{\mathrm{w}}^2\left(1-\mathrm{j}\frac{\theta f}{\pi f_0}\right)\right]}\right\} \\
&\approx \operatorname{Im}\left\{\frac{\omega}{c_{\mathrm{w}}}\left[1+\frac{1}{2}\rho_{\mathrm{w}}gVc_{\mathrm{w}}^2\left(1-\mathrm{j}\frac{\theta f}{\pi f_0}\right)\right]\right\} \\
&= \frac{f^2\rho_{\mathrm{w}}gVc_{\mathrm{w}}\theta}{f_0} \approx 3Vf^2
\end{aligned}
\tag{2.65}
$$

式中，α 的单位为 dB/km。可见，当声波频率远小于共振频率时，声吸收系数与频率平方成正比，而声速不随频率变化，并且显著低于水中声速 c_{w}。

需要说明的是，在长波近似或低频条件下，还可以应用混合介质理论得到气泡水的声速。设ρ、ρ_{w}、ρ_{a} 分别为气泡水、水、气泡的密度，β、β_{w}、β_{a} 分别为气泡水、水、气泡的绝热压缩系数，V 为单位体积中气泡的总体积，则根据混合介质理论[6]，气泡水的密度和绝热压缩系数分别满足：

$$
\rho = V\rho_{\mathrm{a}} + (1-V)\rho_{\mathrm{w}} \tag{2.66}
$$

$$
\beta = V\beta_{\mathrm{a}} + (1-V)\beta_{\mathrm{w}} \tag{2.67}
$$

根据混合介质理论，$\beta_{\mathrm{a}} \gg \beta_{\mathrm{w}}$，$\rho_{\mathrm{a}} \ll \rho_{\mathrm{w}}$，$V \ll 1$，因此气泡水声速 c 可近似为

$$
c = \frac{1}{\sqrt{\rho\beta}} = \frac{1}{\sqrt{\left[V\rho_{\mathrm{a}}+(1-V)\rho_{\mathrm{w}}\right]\cdot\left[V\beta_{\mathrm{a}}+(1-V)\beta_{\mathrm{w}}\right]}} \approx \frac{c_{\mathrm{w}}}{1+\frac{1}{2}V\frac{\beta_{\mathrm{a}}}{\beta_{\mathrm{w}}}} \tag{2.68}
$$

将式（2.68）与式（2.64）比较，可见在长波近似或低频条件下，混合介质理论与气泡振动理论所求得的气泡水声速是一致的。然而，混合介质理论难以给出共振和高频情况下气泡水的等效声学参数，而气泡振动理论虽然较为复杂，但却能更为完整地描述气泡水等效声学参数的频率特性。

情况三：当 $f \gg f_0$ 时，$\beta = \frac{1}{\rho_{\mathrm{w}}c_{\mathrm{w}}^2} + gV\frac{\omega_0^2}{\omega^2}\left(\frac{1}{-1+\mathrm{j}\frac{\theta\omega_0}{\pi\omega}}\right) \approx \frac{1}{\rho_{\mathrm{w}}c_{\mathrm{w}}^2} - gV\frac{f_0^2}{f^2}$ $\times\left(1+\mathrm{j}\frac{\theta f_0}{\pi f}\right)$，且 $\rho_{\mathrm{w}}gc_{\mathrm{w}}^2 = \frac{\beta_{\mathrm{a}}}{\beta_{\mathrm{w}}}$，则可求得

$$
\begin{aligned}
c=\frac{1}{\operatorname{Re}\left(\sqrt{\rho\beta}\right)} &\approx \frac{1}{\operatorname{Re}\left\{\sqrt{\frac{1}{c_{\mathrm{w}}^{2}}\left[1-\rho_{\mathrm{w}} g V c_{\mathrm{w}}^{2} \frac{f_{0}^{2}}{f^{2}}\left(1+\mathrm{j} \frac{\theta f_{0}}{\pi f}\right)\right]}\right\}} \\
&\approx \frac{1}{\operatorname{Re}\left\{\frac{1}{c_{\mathrm{w}}}\left[1-\frac{1}{2} \frac{\beta_{\mathrm{a}}}{\beta_{\mathrm{w}}} V \frac{f_{0}^{2}}{f^{2}}\left(1+\mathrm{j} \frac{\theta f_{0}}{\pi f}\right)\right]\right\}} \\
&=\frac{c_{\mathrm{w}}}{1-\frac{1}{2} V \frac{\beta_{\mathrm{a}}}{\beta_{\mathrm{w}}} \frac{f_{0}^{2}}{f^{2}}}
\end{aligned} \tag{2.69}
$$

$$
\begin{aligned}
\alpha=\operatorname{Im}(\omega\sqrt{\rho\beta}) &\approx \operatorname{Im}\left\{\omega\sqrt{\frac{1}{c_{\mathrm{w}}^{2}}\left[1-\rho_{\mathrm{w}} g V c_{\mathrm{w}}^{2} \frac{f_{0}^{2}}{f^{2}}\left(1+\mathrm{j} \frac{\theta f_{0}}{\pi f}\right)\right]}\right\} \\
&\approx \operatorname{Im}\left\{\frac{\omega}{c_{\mathrm{w}}}\left[1-\frac{1}{2} \frac{\beta_{\mathrm{a}}}{\beta_{\mathrm{w}}} V \frac{f_{0}^{2}}{f^{2}}\left(1+\mathrm{j} \frac{\theta f_{0}}{\pi f}\right)\right]\right\} \\
&=\frac{\rho_{\mathrm{w}} g V c_{\mathrm{w}} \theta f_{0}^{3}}{f^{2}} \approx 3 V \frac{f_{0}^{4}}{f^{2}}
\end{aligned} \tag{2.70}
$$

式中，α 的单位为 dB/km。显然，当声波频率远大于共振频率时，声吸收系数与频率平方成反比，而声速随频率增大而减小，直至趋于水中声速 c_{w}。

根据上面的讨论，气泡水声速和声吸收系数的频率特性如图 2.12 所示[6, 15-17]。当声波频率远小于共振频率时，气泡水声速明显减小。当声波频率在共振频率附近时，声速随频率变化明显。然而，当声波频率远大于共振频率时，气泡对声速不产生明显影响。在低频范围内，气泡水声吸收系数随频率的平方成正比增大趋势；但在高频范围内，气泡水声吸收系数随频率的平方成反比减小趋势。

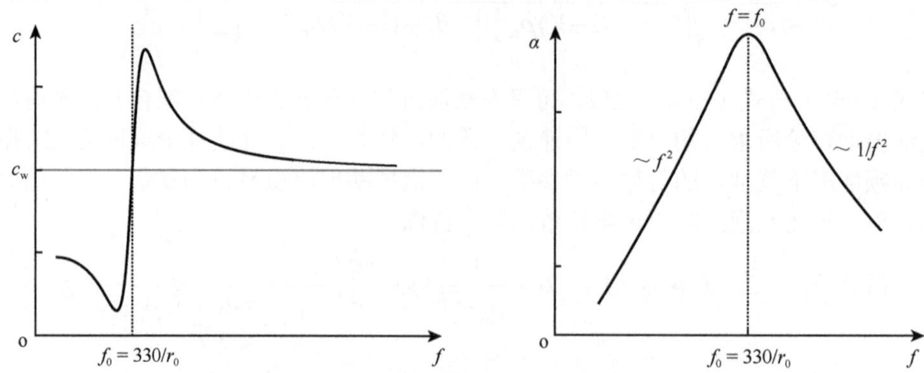

图 2.12　气泡水声速和声吸收系数的频率特性[6, 15-17]

对于单位体积中气泡的总体积 V=(2±0.5)×10^{-4} 且直径为 0.1 mm 左右的气泡水

声速和声吸收系数频率特性的实验结果如图 2.13 所示[15]。可以看出，在谐振频率附近时，实验测量表明存在很大的吸收（$f = f_0$ 时 $\alpha \approx 30$ dB/cm）和明显的声速改变（大约由 500 m/s 增加到 2200 m/s）。实际上，海洋中气泡水的气泡体积 V 远小于实验值，因此气泡水声吸收系数不会这样大，声速变化也不至于如此明显。然而，实验测量气泡水声吸收系数和声速的频率特性，与气泡振动理论显示了很好的一致性。

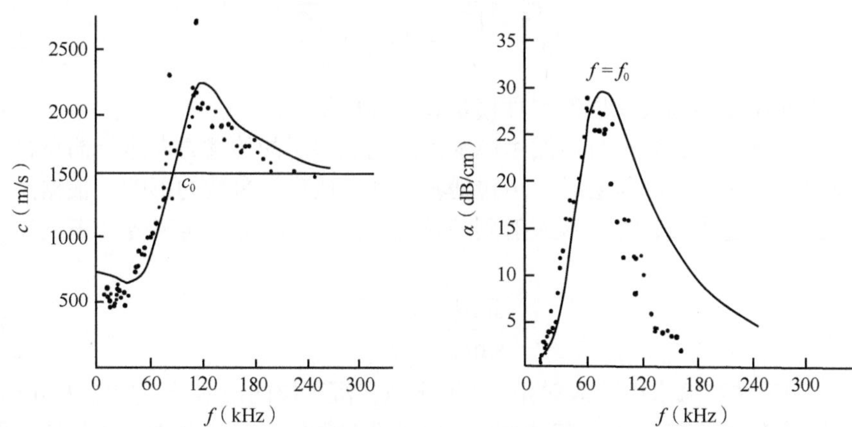

图 2.13　气泡水声速和声吸收系数频率特性的实验结果[15]

2.3　海底的声学特性

海底是影响海洋中声传播的下界面，主要表现为对声传播的反射、散射和吸收作用。海底由平地、山脉、山沟、陡坡等组成，覆盖于海底之上的沉积层由处于液态和固态之间的物质沉积而成。沉积层基本上可分为三大典型类别：大陆台地（包括大陆架和大陆坡）沉积层、深海平原沉积层、深海丘陵沉积层。大陆架是大陆向海洋延伸的浅海地区，深度一般不超过 200 m。大陆坡是大陆架与深海之间的过渡地带，深度为 200～2000 m。深海是深度为 2000～5000 m 的海域。本书提到的海底边界是指海水和沉积层之间的边界。描述沉积层的声学特性应该包括密度、压缩波速度、切变波速度、声衰减系数等。

沉积层密度指饱和容积密度。对于体积为 V、密度为 ρ 的沉积层样品，根据混合介质理论，其质量满足：

$$\rho V = \rho_s V_s + \rho_w V_w \tag{2.71}$$

式中，ρ_s 和 ρ_w 分别为无机物固体和水体的密度；V_s 和 V_w 分别为样品中无机物固体和水体的体积。定义孔隙度 n 为沉积物体积中含有水分的体积所占的百分比，则利用质量关系可以得到，沉积层混合物总质量为水体和无机物固体质量之和，即

$$\rho V = \rho_w n V + \rho_s (1-n) V \tag{2.72}$$

可求得沉积层密度为

$$\rho = n\rho_w + (1-n)\rho_s \tag{2.73}$$

可见，沉积层密度与孔隙度密切关联，受到无机物的大小、形状、分布、矿物成分等因素的影响。

由于沉积层为固-液态，其中传播的声波除了纵波还有横波。压缩波速度（c_l）和切变波速度（c_s）分别满足：

$$c_l = \sqrt{\frac{E + 4G/3}{\rho}} \text{ 和 } c_s = \sqrt{\frac{G}{\rho}} \tag{2.74}$$

式中，E 和 G 分别为沉积层的弹性模量和刚性模量。

以下从液态海底假设对声波由海水入射到沉积层的传播方向进行简单讨论。当声波由海水入射到沉积层时，声传播将受到介质声学参数的影响。根据声学基础，声波从声速为 c_w 的海水入射到声速为 c_2 的沉积层，其声传播满足斯涅尔（Snell）定律：

$$\frac{\sin\theta_i}{\sin\theta_t} = \frac{c_w}{c_2} \tag{2.75}$$

式中，θ_i 为声波在海水中的入射角；θ_t 为声波在沉积层的出射角。如图 2.14 所示，对于高声速海底（$c_2 > c_w$），有 $\theta_t > \theta_i$，出射方向朝低声速的海水一侧偏转；而对于低声速海底（$c_2 < c_w$），有 $\theta_t < \theta_i$，出射方向朝低声速的海底一侧偏转。可见，声波将向低声速介质传播，这在后续章节会进一步讨论。

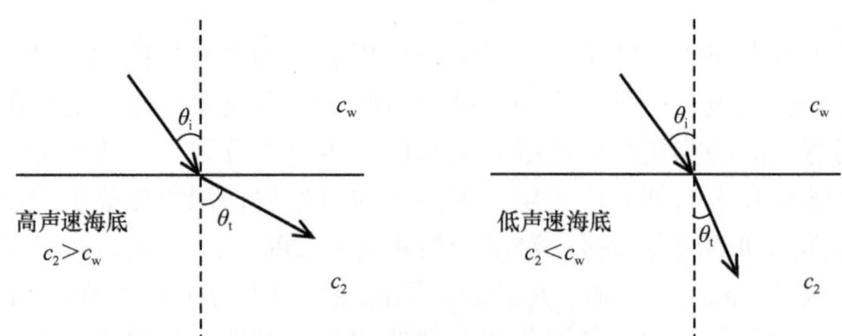

图 2.14　海底声波入射示意图

沉积层中的声衰减系数近似与频率呈线性关系[18]，即

$$\alpha = K f^m \tag{2.76}$$

式中，K 为常数；$m \approx 1$；f 的单位为 kHz。图 2.15 给出了天然饱和沉积物和沉积层中声衰减系数的频率特性[18]。这说明沉积层中声衰减系数基本满足 $\alpha \propto f$。可以看出，10 kHz 声波在海水中传播时，声吸收约为每千米几分贝，而在沉积层中传播时，声吸收约为每米几分贝。因此，声波在沉积层中传播的声能衰减远大于在海水中声吸收引起的声能衰减。

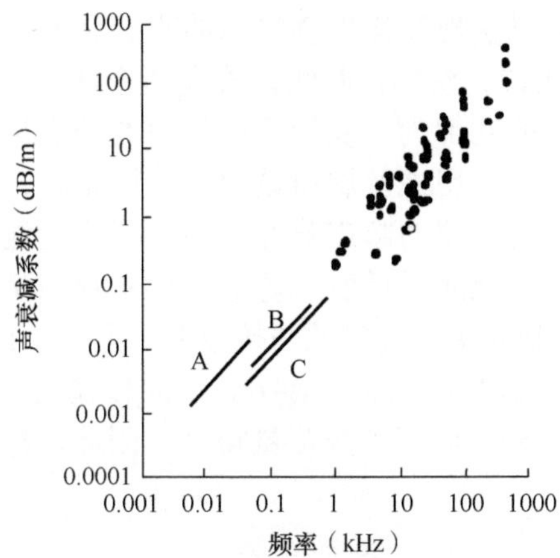

图 2.15　天然饱和沉积物和沉积层中声衰减系数的频率特性[18]

A、B、C 分别表示近陆地沉积层、墨西哥湾沿海黏土沙地及海底的结果

2.4　海洋生物组织的声学特性

同海水声速的分层特性相似，海洋生物组织也显示了声速的空间变化特性。确定生物组织声速特性可为建立生物声学的声传播理论提供所需的基础声学参数。以下以齿鲸类动物为例，初步介绍海洋生物组织的声学参数测量及其声学特性，当然其原理与方法并不仅限于齿鲸类动物。

计算机断层扫描（computed tomography，CT）可以重建齿鲸头部声发射系统的三维结构，这为其声场建模提供了必要的几何结构信息[19]。亨氏单位（Hounsfield unit，HU）值的三维变化反映了齿鲸头部声呐系统的三维结构。图 2.16 显示了东亚江豚（*Neophocaena sunameri*）、小抹香鲸（*Kogia breviceps*）与中华白海豚（*Sousa chinensis*）头部的三维扫描与重建结果。可以看出，东亚江豚、小抹香鲸与中华白海豚的外观各异。东亚江豚与小抹香鲸无明显的喙部吻突，而中华白海豚的喙部吻突明显。从尺寸上来说，小抹香鲸大于另外两个种类。虽然齿鲸类动物之间尺寸各异，但是它们依赖着功能类似的回声定位系统生存[20]，而回声定位系统的功能主要通过位于前额处的声学结构来实现[19-22]。

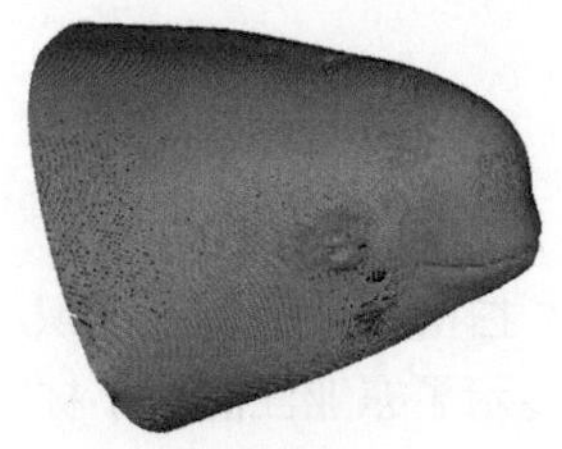

（a）东亚江豚

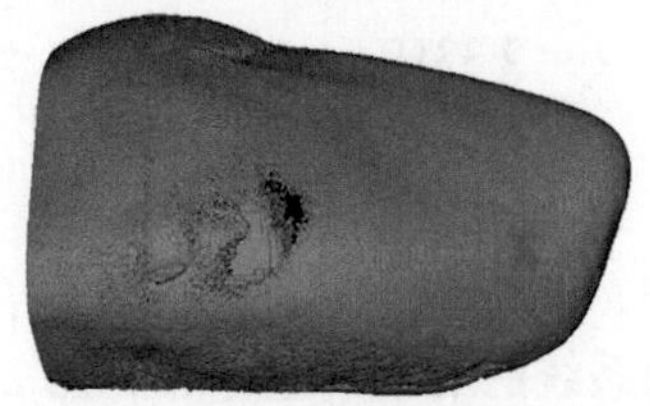

（b）小抹香鲸

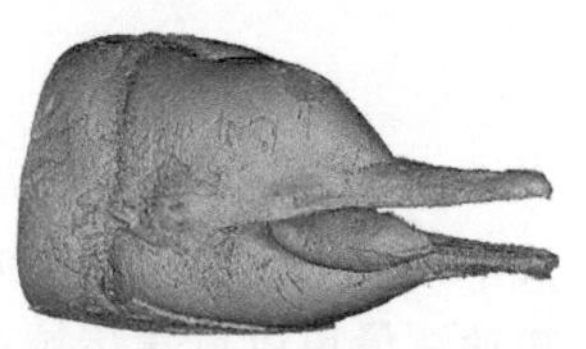

（c）中华白海豚

图 2.16　齿鲸类动物头部的三维扫描与重建结果[21]

此外，超声技术可以实现海洋生物组织的声速和密度测量。声速测量系统与超声测量信号见图 2.17。铁架台两侧设置有两个铁杆，铁杆上有螺丝旋钮，可以上下移动。铁架台的底部为一块能反射超声波的金属板。在测量过程中，将样本放置于金属板上，利用螺丝旋钮设置两个固定板，将样本固定于金属板与固定板之间。使用收发合置的超声脉冲探头进行实验测量。探头发出的超声波脉冲通过样本，被底座金属板反射后再透过样本返回至探头。示波器分别在 t_1 和 t_2 两个时刻测量得到探头的发射波与接收波，见图 2.17（b）。由此可以计算出发射波与接收波之间的时间差 $\Delta t = t_2 - t_1$。声波传输的距离为样本厚度 d 的两倍 $2d$，样本厚度可由高精度游标卡尺测量得到。因此，样本的声速 c 可由以下公式计算：

$$c = 2d/\Delta t \tag{2.77}$$

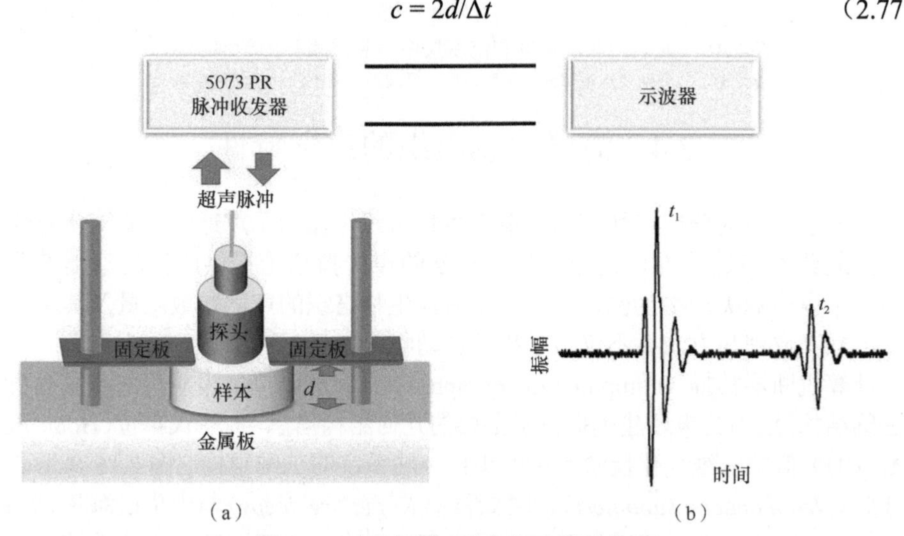

（a）　　（b）

图 2.17　声速测量系统与超声测量信号

由于 CT 扫描可以提取任意截面的 HU 值分布，对 HU 值分布与该截面组织样本的声速值进行回归分析，就可以确定该组织样本的声速与 HU 值的函数关系[23-25]。对东亚江豚、小抹香鲸与中华白海豚头部组织的回归分析表明，这些齿鲸头部组织的声速与 HU 值均呈现显著的线性关系：

$$c = 2.33\text{HU} + 1528.25 \tag{2.78}$$

$$c = 1.67\text{HU} + 1528.37 \tag{2.79}$$

$$c = 1.67\text{HU} + 1479.33 \tag{2.80}$$

式中，回归系数分别为 0.85、0.67 与 0.91。因此，结合 CT 扫描技术和超声组织声速测量可以重建齿鲸声呐系统的三维声速分布。图 2.18 显示了东亚江豚、小抹香鲸与中华白海豚声呐系统水平和垂直截面的声速分布[23-25]。三种齿鲸的前额核心部分（额隆）的声速相对于外层组织较小。额隆组织的声速呈现渐变特性，大小为 1300～1400 m/s。结缔组织覆盖于额隆后侧上方，其声速大于额隆。不同于东亚江豚和中华白海豚，小抹香鲸的鼻道呈现左右不对称状态。

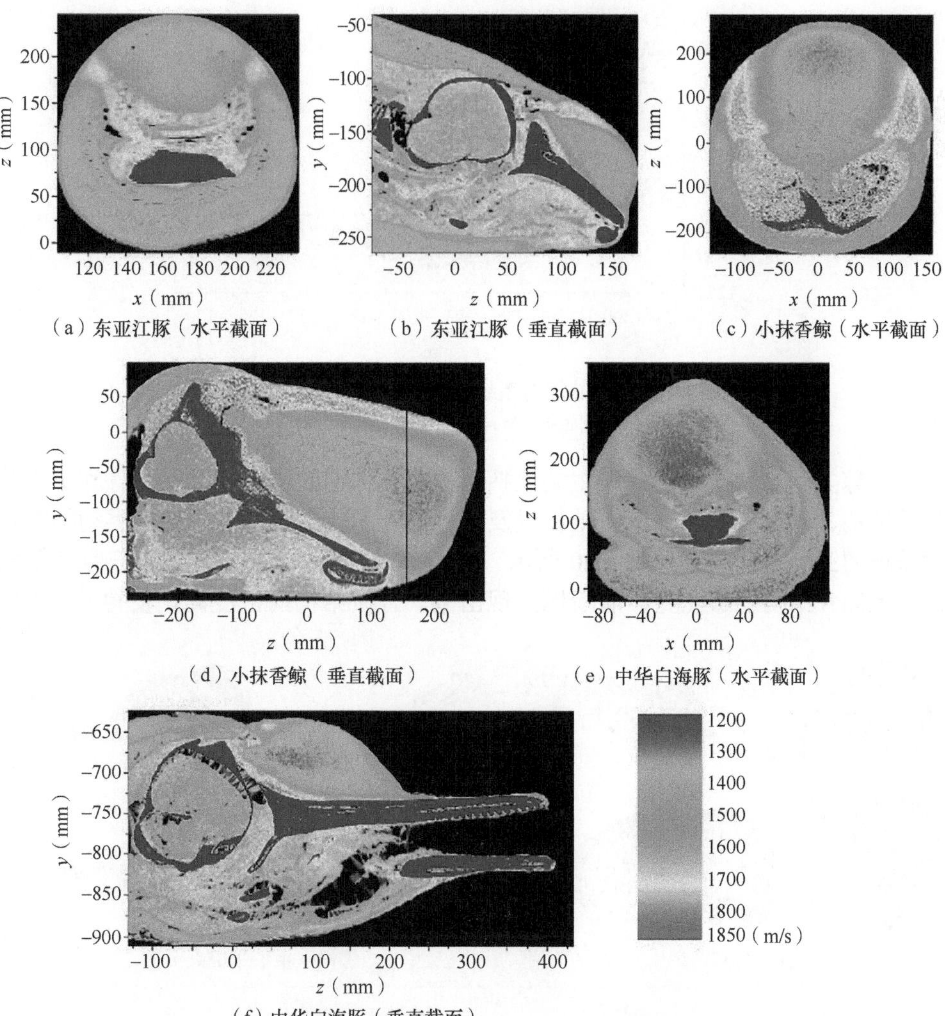

（a）东亚江豚（水平截面）　（b）东亚江豚（垂直截面）　（c）小抹香鲸（水平截面）

（d）小抹香鲸（垂直截面）　（e）中华白海豚（水平截面）

（f）中华白海豚（垂直截面）

图 2.18　东亚江豚、小抹香鲸与中华白海豚声呐系统水平和垂直截面的声速分布[21]

为了进一步了解前额软组织的声速梯度分布，以小抹香鲸声速分布为例，给出了垂直截面的某截线上组织的声速分布，如图 2.19 所示[24]。可以看出，小抹香鲸头部软组织具有声速渐变的特性。声速分布重建结果表明齿鲸前额组织的声速分布相似。中心核是一层低声速、具有脂肪性质的额隆组织，而外围是声速较高的肌肉组织和结缔组织。

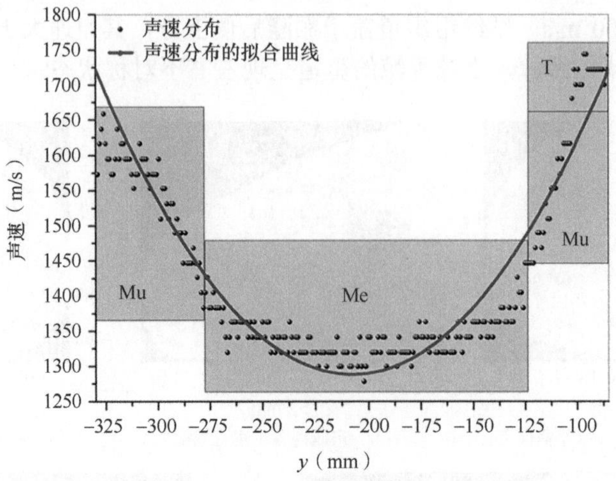

图 2.19 小抹香鲸发射系统垂直截面的典型声速分布[24]

Mu-肌肉组织；Me-额隆组织；T-结缔组织

齿鲸类动物的声发射系统主要包括调控声波传播的结构，即上颌骨和头骨的骨质结构、气囊和鼻道的气质结构以及前额部分的软组织结构。齿鲸类动物声发射系统的三维重建结果如图 2.20 所示。采用 CT 扫描进行三维重建使三种齿鲸头部的上颌骨结构能够完整、清晰地呈现出来。骨质结构的密度高，使得 CT 成像

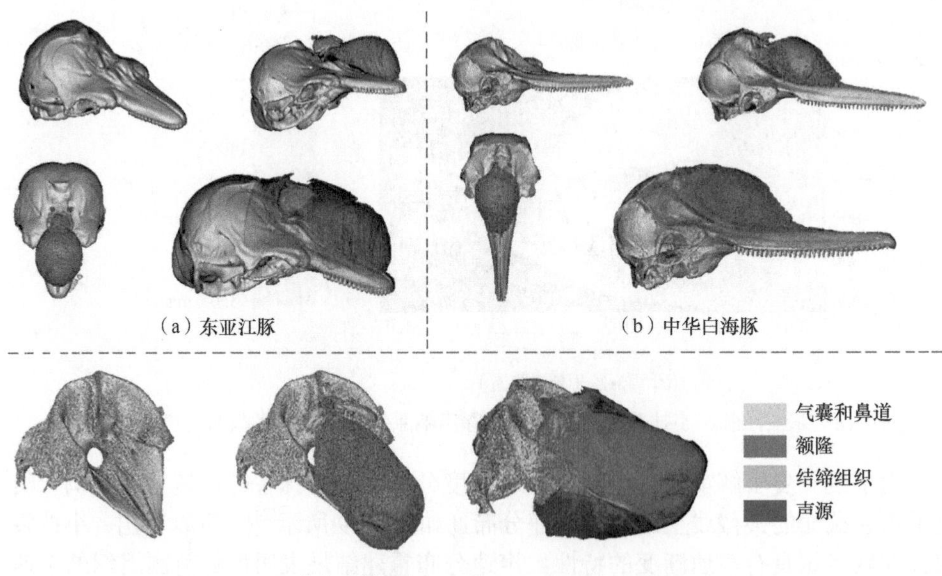

图 2.20 齿鲸类动物声发射系统的三维重建结果[21]

结缔组织、额隆、声源、气囊和鼻道分别用相应颜色表示，而灰白色表示上颌骨

比较容易。结缔组织位于脂肪性质的额隆组织外层，形成有梯度材料性质的结构。额隆组织在前额占据大部分区域。作为齿鲸声呐系统的声源，声肌相对于前额系统较小，以中轴线为参考，前后各有一块脂肪块[19, 23, 24, 26]。小抹香鲸鼻道结构呈现左右不对称特征，额隆前侧呈现方钝形。东亚江豚的左右声源相对于额隆后侧末端呈现对称特征，且声源与额隆后侧未衔接。中华白海豚的左右声源也是对称的，且右侧声源与额隆后端接触。这些结果表明，齿鲸类动物虽具有相似的气动致声模型，但其声发射系统在解剖结构上还是存在一定差别的，这可能导致不同齿鲸类动物的声信号和声波束存在差异。CT 扫描可以重建齿鲸类动物声发射系统的三维结构，这为声场数值模拟提供了准确的模型。

需要说明的是，齿鲸类动物的声速空间分布特性也可在水母、鱼类等海洋生物中发现，这体现了海洋生物组织声学特性的复杂性。受温度、盐度、压力的影响，海水形成了声速梯度介质。类似于海水介质，生物软组织形成了天然的声速梯度介质，这对于声波在生物复杂介质中的传播至关重要。

本 章 习 题

1. 影响海水声速变化的主要参数有哪些？请结合声速经验公式估算这些参数变化对声速变化的影响。

2. 夏日某处海水温度分布简化曲线如下图所示，试求声速梯度的绝对值最大值所在的深度及其声速梯度值。

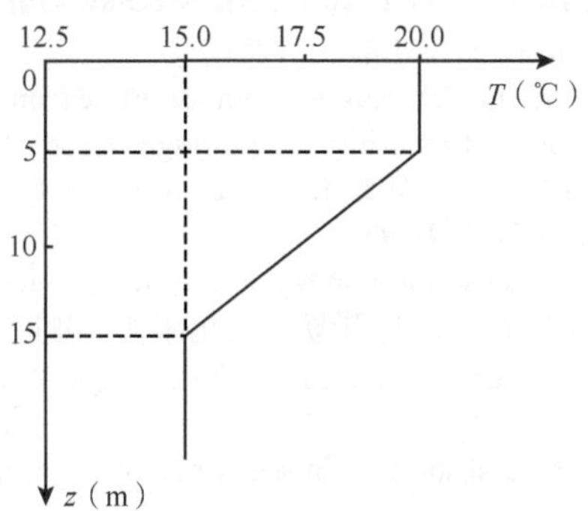

3. 简述深海典型声速剖面的三层结构及特点并分析其声速梯度特性，试画出三种常见的海水声速剖面。

4. 分析海水介质中引起声强衰减的主要原因。

5. 根据海水声吸收系数的频率特性，分析海水声吸收的可能因素。

6. 利用气泡振动理论推导气泡在低频与共振条件下声吸收系数、声速的表达式。

7. 推导气泡水 $g=\dfrac{3}{\rho_{\mathrm{w}}(2\pi r_0 f_0)^2}$，且满足 $\rho_{\mathrm{w}} g c_{\mathrm{w}}^2=\beta_{\mathrm{a}}/\beta_{\mathrm{w}}$。

8. 在长波近似条件下，利用混合介质理论推导气泡水声速，试画出气泡水声速与空气体积的关系曲线。

9. 当声波由海水入射到高声速或低声速液态海底时，试利用斯涅尔定律讨论声波传播的方向特性。

10. 超声技术可以实现齿鲸类动物生物组织的声速测量，试讨论超声测量生物组织声速的工作原理。

11. CT 扫描可以重建生物组织的三维结构，试讨论如何重建生物组织声速的三维空间分布。

12. 齿鲸类动物声发射系统包括哪些典型结构？

参 考 文 献

[1] 杜功焕, 朱哲民, 龚秀芬. 声学基础. 南京: 南京大学出版社, 2012.
[2] 马大猷. 声学手册. 北京: 科学出版社, 1983.
[3] Wood AB, Lindsay RB. A textbook of sound. Physics Today, 1956, 9(11): 37.
[4] Del Grosso VA, Mader CW. Speed of sound in pure water. The Journal of the Acoustical Society of America, 1972, 52(5B): 1442-1446.
[5] Clay CS, Medwin H. Acoustical Oceanography: Principles and Applications. New York: John Wiley & Sons, 1977.
[6] Urick RJ. Principles of Underwater Sound. New York: McGraw-Hill Book Company, 1983.
[7] 汪德昭, 尚尔昌. 水声学. 北京: 科学出版社, 1981.
[8] Stokes GG. On the Effect of the Internal Friction of Fluids on the Motion of Pendulums. Mathematical and Physical Papers. Cambridge: Cambridge University Press, 1851, 3: 38-54.
[9] Kirchhoff G. Ueber den Einfluss der Wärmeleitung in einem Gase auf die Schallbewegung. Annalen der Physik, 1868, 210(6): 177-193.
[10] Hall L. The origin of ultrasonic absorption in water. Physical Review, 1948, 73(7): 775.
[11] 何祚镛, 赵玉芳. 声学理论基础. 北京: 国防工业出版社, 1981.
[12] Liebermann L. Sound propagation in chemically active media. Physical Review, 1949, 76(10): 1520-1524.
[13] Schulkin M, Marsh HW. Sound absorption in sea water. The Journal of the Acoustical Society of America, 1962, 34(6): 864-865.
[14] Thorp WH. Analytic description of the low-frequency attenuation coefficient. The Journal of the Acoustical Society of America, 1967, 42(1): 270.
[15] Fox FE, Curley SR, Larson GS. Phase velocity and absorption measurements in water containing air bubbles. The Journal of the Acoustical Society of America, 1955, 27(3): 534-539.
[16] 刘伯胜, 雷家煜. 水声学原理. 哈尔滨: 哈尔滨工程大学出版社, 2010.
[17] Meyer E, Skudrzyk E. Über die akustischen Eigenschaften von Gasblasen-schleiern in Wasser. ACUSTICA, 1953, 3(6): 434-440.
[18] Hamilton EL. Compressional-wave attenuation in marine sediments. Geophysics, 1972, 37(4): 620-646.

[19] Cranford TW, Krysl P. Fin whale sound reception mechanisms: skull vibration enables low-frequency hearing. PLOS ONE, 2015, 10(1): e0116222.
[20] Au WW. The Sonar of Dolphins. New York: Springer Science & Business Media, 1993.
[21] Song Z, Zhang Y, Wei C, et al. Biosonar emission characteristics and beam control of odontocetes. Acta Physica Sinica, 2020, 69: 154301.
[22] Cranford TW, Trijoulet V, Smith CR, et al. Validation of a vibroacoustic finite element model using bottlenose dolphin simulations: the dolphin biosonar beam is focused in stages. Bioacoustics, 2014, 23(2): 161-194.
[23] Zhang Y, Song Z, Wang X, et al. Directional acoustic wave manipulation by a porpoise via multiphase forehead structure. Physical Review Applied, 2017, 8(6): 064002.
[24] Song Z, Xu X, Dong J, et al. Acoustic property reconstruction of a pygmy sperm whale (*Kogia breviceps*) forehead based on computed tomography imaging. The Journal of the Acoustical Society of America, 2015, 138(5): 3129-3137.
[25] Song Z, Zhang Y, Berggren P, et al. Reconstruction of the forehead acoustic properties in an Indo-Pacific humpback dolphin (*Sousa chinensis*), with investigation on the responses of soft tissue sound velocity to temperature. The Journal of the Acoustical Society of America, 2017, 141(2): 681-689.
[26] Song Z, Zhang Y, Thornton SW, et al. The influence of air-filled structures on wave propagation and beam formation of a pygmy sperm whale (*Kogia breviceps*) in horizontal and vertical planes. The Journal of the Acoustical Society of America, 2017, 142(4): 2443-2453.
[27] Pinkerton JMM. Absorption of ultrasonic waves in acetic acid. Nature, 1948, 162(4107): 106-107.
[28] Pinkerton JMM. The absorption of ultrasonic waves in liquids and its relation to molecular constitution. Proceedings of the Physical Society, 1949, 62(2): 129.
[29] Smith MC, Beyer RT. Ultrasonic absorption in water in the temperature range 0-80℃. The Journal of the Acoustical Society of America, 1948, 20(5): 608-610.
[30] Fox FE, Rock GD. Compressional viscosity and sound absorption in water at different temperatures. Physical Review, 1946, 70(1-2): 68-73.

第 3 章　海洋中的声传播理论

在海洋声学中，通常使用两种理论方法来描述声波在海水介质中的传播。第一种方法是波动理论，应用严格的数学方法，从声波的波动性出发，结合定解条件，求解波动方程，研究声压在声场中随时间与空间的变化规律。但一般来说，波动方程在复杂边界条件下的解析求解较为困难，尤其是求解海洋复杂介质的声传播问题。第二种方法是射线理论，应用高频近似，以声射线代表声能的传播方向，研究声强随声射线的变化。射线理论虽然是一种近似处理方法，仅适用于高频声波和弱不均匀介质，但在许多情况下能十分有效和直观地求解海洋垂直分层的声传播问题。然而，实际海洋中存在大量具有强不均匀介质特性的研究对象，如海洋生物组织等，描述声波在这种复杂介质中传播时，简单介质的波动理论和射线理论都有一定的局限性，需要应用复杂介质的声传播理论。

本章将介绍海水介质中的波动声学基础和定解条件，进一步用射线声学理论讨论分层介质中的声传播，最后初步介绍海洋生物复杂介质的声传播理论。

3.1　波动方程和定解条件

3.1.1　海水中非均匀介质的波动方程

在声学基础中，为了方便讨论，通常把介质假设成静止、均匀、连续的理想流体，声速和密度是不随时间和空间位置变化的常数。这种假设使小振幅声波的传播问题研究得以简化。然而，实际海水密度是空间位置的函数。为此，需要建立非均匀介质的波动方程来描述声传播。

在忽略海水黏滞性和热传导的条件下，运动方程为

$$\frac{\mathrm{d}\boldsymbol{u}}{\mathrm{d}t}+\frac{1}{\rho}\nabla p=0 \tag{3.1}$$

式中，质点振动速度 $\boldsymbol{u}$ 满足 $\frac{\mathrm{d}\boldsymbol{u}}{\mathrm{d}t}=\frac{\partial\boldsymbol{u}}{\partial t}+(\nabla\cdot\boldsymbol{u})\boldsymbol{u}$，其中 $\frac{\partial\boldsymbol{u}}{\partial t}$ 为本地加速度，$(\nabla\cdot\boldsymbol{u})\boldsymbol{u}$ 为迁移加速度；p、ρ 分别是声压和密度。在小振幅振动的线性化条件下，$\boldsymbol{u}$、p 为一阶小量，忽略 $\frac{\mathrm{d}\boldsymbol{u}}{\mathrm{d}t}$ 中的二阶小量 $(\nabla\cdot\boldsymbol{u})\boldsymbol{u}$ 后，运动方程（3.1）可简化为

$$\frac{\partial\boldsymbol{u}}{\partial t}+\frac{1}{\rho}\nabla p=0 \tag{3.2}$$

根据质量守恒定律，介质流入体积微元的净质量等于密度变化引起的体积微元内质量的增加。因此，小振幅声波满足的连续性方程为

$$\frac{\partial \rho}{\partial t}+\rho\nabla\cdot\boldsymbol{u}=0 \tag{3.3}$$

由于声传播近似于等熵过程，其线性化的状态方程满足：

$$c^2=\left(\frac{\partial p}{\partial \rho}\right)_{\mathrm{s}} \tag{3.4}$$

当密度 ρ 为空间位置的函数时，将式（3.4）对 t 求导得

$$\frac{\partial \rho}{\partial t}=\frac{1}{c^2}\frac{\partial p}{\partial t} \tag{3.5}$$

将式（3.5）代入式（3.3）得

$$\frac{1}{c^2}\frac{\partial p}{\partial t}+\rho\nabla\cdot\boldsymbol{u}=0 \tag{3.6}$$

将式（3.6）对 t 求导得

$$\frac{1}{c^2}\frac{\partial^2 p}{\partial t^2}+\frac{\partial \rho}{\partial t}\nabla\cdot\boldsymbol{u}+\rho\nabla\cdot\left(\frac{\partial u}{\partial t}\right)=0 \tag{3.7}$$

假定密度 ρ 的变化量为小量，则 $\frac{\partial \rho}{\partial t}\nabla\cdot\boldsymbol{u}$ 为二阶小量，可以忽略。由于 $\nabla\cdot\left(\frac{1}{\rho}\nabla p\right)=\frac{1}{\rho}\nabla\cdot\nabla p-\frac{1}{\rho^2}\nabla p\cdot\nabla\rho$，故将式（3.2）代入式（3.7）可得海水中非均匀介质的波动方程为

$$\nabla^2 p-\frac{1}{c^2}\frac{\partial^2 p}{\partial t^2}-\frac{1}{\rho}\nabla p\cdot\nabla\rho=0 \tag{3.8}$$

即

$$\nabla^2 p-\frac{1}{c^2}\frac{\partial^2 p}{\partial t^2}-\nabla p\cdot\nabla\ln\rho=0 \tag{3.9}$$

显然，当密度 ρ 均匀时，式（3.9）可以简化为均匀介质的波动方程：

$$\nabla^2 p-\frac{1}{c^2}\frac{\partial^2 p}{\partial t^2}=0 \tag{3.10}$$

式（3.10）可根据声学基础，用分离变量法求出其解。

对于波阵面是平面的声波（即平面波）而言，等相位面与等振幅面一致，声波沿 x 方向传播的一维形式波动方程可表示为

$$\frac{\partial^2 p}{\partial x^2}-\frac{1}{c^2}\frac{\partial^2 p}{\partial t^2}=0 \tag{3.11}$$

则解为

$$p = p(x)\mathrm{e}^{\mathrm{j}\omega t} \tag{3.12}$$

将式（3.12）代入式（3.11）得

$$\frac{\mathrm{d}^2 p(x)}{\mathrm{d}x^2} + k^2 p(x) = 0 \tag{3.13}$$

式中，k 为波数，$\mathrm{Im}k$ 和 $\mathrm{Re}k$ 分别描述声波的衰减和相位，则一般解可取为

$$p(x) = A_1\mathrm{e}^{-\mathrm{j}kx} + A_2\mathrm{e}^{\mathrm{j}kx} \tag{3.14}$$

将式（3.12）代入式（3.14），得一维形式波动方程的解为

$$p(x,t) = A_1\mathrm{e}^{\mathrm{j}(\omega t - kx)} + A_2\mathrm{e}^{\mathrm{j}(\omega t + kx)} \tag{3.15}$$

式中，A_1 和 A_2 为待定系数。

对于波阵面是球面的声波（即球面波）而言，波阵面以球面沿着径向距离增加而扩大，等相位面与等振幅面一致，则球坐标系下声波沿径向 r 方向传播的波动方程为

$$\frac{\partial^2 p}{\partial t^2} = c^2\left[\frac{1}{r^2}\frac{\partial}{\partial r}\left(r^2\frac{\partial p}{\partial r}\right) + \frac{1}{r^2\sin\theta}\frac{\partial}{\partial\theta}\left(\sin\theta\frac{\partial p}{\partial\theta}\right) + \frac{1}{r^2\sin^2\theta}\frac{\partial^2 p}{\partial\varphi^2}\right] \tag{3.16}$$

又声压变化只与 r 有关，故有

$$\frac{\partial^2 p}{\partial t^2} = c^2\left[\frac{1}{r^2}\frac{\partial}{\partial r}\left(r^2\frac{\partial p}{\partial r}\right)\right] = c^2\left(\frac{\partial^2 p}{\partial r^2} + \frac{2}{r}\frac{\partial p}{\partial r}\right) \tag{3.17}$$

令 $X = pr$，则式（3.17）可写为

$$\frac{\partial^2 X}{\partial t^2} = c^2\frac{\partial^2 X}{\partial r^2} \tag{3.18}$$

又 $X = A_1\mathrm{e}^{\mathrm{j}(\omega t - kr)} + A_2\mathrm{e}^{\mathrm{j}(\omega t + kr)}$，代入式（3.18）得球坐标系下波动方程的解为

$$p(r,t) = \frac{A_1}{r}\mathrm{e}^{\mathrm{j}(\omega t - kr)} + \frac{A_2}{r}\mathrm{e}^{\mathrm{j}(\omega t + kr)} \tag{3.19}$$

对于波阵面是以轴对称的同心柱面（即柱面波）而言，波阵面以柱面沿着径向距离增加而扩大，圆柱长无限，等相位面与等振幅面一致，则声波沿径向 r 方向传播的波动方程为

$$\frac{\partial^2 p}{\partial t^2} = c^2\left[\frac{1}{r}\frac{\partial}{\partial r}\left(r\frac{\partial p}{\partial r}\right) + \frac{1}{r^2}\frac{\partial^2 p}{\partial\varphi^2} + \frac{\partial^2 p}{\partial z^2}\right] \tag{3.20}$$

又声压变化只与 r 有关，故有

$$\frac{\partial^2 p}{\partial t^2} = c^2\left(\frac{1}{r}\frac{\partial p}{\partial r} + \frac{\partial^2 p}{\partial r^2}\right) \tag{3.21}$$

假设其解为

$$p = R(r)e^{j\omega t} \tag{3.22}$$

将式（3.22）代入式（3.21）得

$$\frac{\partial^2 R}{\partial r^2} + \frac{1}{r}\frac{\partial R}{\partial r} + k^2 R = 0 \tag{3.23}$$

式（3.23）即典型的零阶贝塞尔方程，根据数学物理方程有

$$R = A_1 H_0^{(1)}(kr) + A_2 H_0^{(2)}(kr) \tag{3.24}$$

将式（3.24）代入式（3.22），得声波沿径向 r 方向传播的波动方程的解为

$$p(r,t) = A_1 H_0^{(1)}(kr)e^{j\omega t} + A_2 H_0^{(2)}(kr)e^{j\omega t} \tag{3.25}$$

式中，$H_0^{(1)}(kr)$ 和 $H_0^{(2)}(kr)$ 分别为零阶第一类和第二类汉克尔函数。

然而，海水中非均匀介质的波动方程（3.8）同时含有 p 和 ∇p，不能直接使用亥姆霍兹方程。为了进一步简化，引入新函数 $\psi = \dfrac{p}{\sqrt{\rho}}$（$\psi$ 为自定义函数，无特殊物理意义），则方程（3.8）可变为

$$\nabla^2\psi - \frac{1}{c^2}\frac{\partial^2\psi}{\partial t^2} + \left[\frac{\nabla^2\rho}{2\rho} - \frac{3(\nabla\rho)^2}{4\rho^2}\right]\psi = 0 \tag{3.26}$$

对于简谐波，对 $p = p_0 e^{j\omega t}$ 求导可得 $\dfrac{\partial p}{\partial t} = j\omega p$，$\dfrac{\partial^2 p}{\partial t^2} = -\omega^2 p$。又因为 $\nabla p = \nabla\left(\psi\sqrt{\rho}\right) = \nabla\psi\sqrt{\rho} + \dfrac{1}{2}\dfrac{1}{\sqrt{\rho}}\psi\nabla\rho$，结合矢量分析 $\nabla\cdot\left(A\boldsymbol{B}\right) = \nabla A\cdot\boldsymbol{B} + A\left(\nabla\cdot\boldsymbol{B}\right)$，可将方程（3.26）改写为亥姆霍兹方程形式：

$$\nabla^2\psi + K^2(x,y,z)\psi = 0 \tag{3.27}$$

式中，$K^2(x,y,z) = k^2 + \dfrac{\nabla^2\rho}{2\rho} - \dfrac{3(\nabla\rho)^2}{4\rho^2}$。$K(x,y,z)$ 和 $k = \dfrac{\omega}{c}$ 都是空间位置的函数，它们与 c、ρ 的空间不均匀性有关。因此，方程（3.27）是变系数的偏微分方程，描述了声波在不均匀介质传播过程中声场应满足的规律。显然，当 ρ 为常数时，声压 p 也满足方程（3.27）。

非均匀介质的波动方程（3.8）或（3.9）可以用来描述随机不均匀介质的声场。然而，直接求解该变系数的偏微分方程比较困难，这里介绍微扰法来得到其近似解，即令

$$p = p_0 + p_1,\quad \rho = \rho_0 + \Delta\rho,\quad c = c_0 + \Delta c \tag{3.28}$$

式中，p_0 是声压（如确定性声压），为一阶小量；p_1 是声压扰动（如随机声压），为二阶小量；ρ_0 和 c_0 分别为 ρ 和 c 的平均值；$\Delta\rho$ 和 Δc 分别为 ρ 和 c 的起伏量，

为一阶小量。从以上微扰近似可得 $p_1 \ll \rho_0$，$\Delta\rho \ll \rho_0$，$\Delta c \ll c_0$。将式（3.28）代入方程（3.8），保留一阶线性小量，可得

$$\frac{1}{c_0^2}\frac{\partial^2 p_0}{\partial t^2} - \nabla^2 p_0 = 0 \tag{3.29}$$

可见，一阶确定性声压解满足均匀介质的波动方程。假设平面波沿 x 轴传播，则其解为 $p_0 = \mathrm{e}^{\mathrm{j}(\omega t - kx)}$。在保留二阶小量的条件下，声压扰动 p_1 满足以下方程：

$$\frac{1}{c_0^2}\frac{\partial^2 p_1}{\partial t^2} - \nabla^2 p_1 = \frac{2\Delta c}{c_0^3}\frac{\partial^2 p_0}{\partial t^2} - \frac{1}{\rho}\nabla(\Delta\rho)\cdot\nabla p_0 \tag{3.30}$$

由平面波解，可得非齐次波动方程：

$$\frac{1}{c_0^2}\frac{\partial^2 p_1}{\partial t^2} - \nabla^2 p_1 = 4\pi Q \tag{3.31}$$

式中，$4\pi Q = -\left(\frac{2k^2\Delta c}{c_0} + \frac{\mathrm{j}k}{\rho_0}\frac{\partial(\Delta\rho)}{\partial x}\right)\mathrm{e}^{\mathrm{j}(\omega t - kx)}$。在确定性声压 p_0 的影响下，每一个弱不均匀介质元成为产生随机声压 p_1 的声源，其源强为 Q。忽略了 $\mathrm{e}^{\mathrm{j}\omega t}$，由数学物理方法可知方程（3.31）的随机声压解为

$$p_1 = -\frac{1}{4\pi}\iiint_V \left[\frac{2k^2\Delta c}{c_0} + \frac{\mathrm{j}k}{\rho_0}\frac{\partial(\Delta\rho)}{\partial\xi}\right]\frac{\mathrm{e}^{-\mathrm{j}k(r+\xi)}}{r}\mathrm{d}V \tag{3.32}$$

式中，右边第一项为声速起伏贡献，第二项为密度起伏贡献。上述微扰方法只有在式（3.28）所示的微扰条件下才近似可用。详细求解随机声压的平方平均值的过程这里不做进一步推导，关于随机介质的声场可参考有关文献[1, 2]。

3.1.2 定解条件

由波动方程得到的解是不确定的。对于唯一确定的物理过程而言，波动方程必须结合定解条件，即满足物理问题的具体条件。定解条件包括边界条件、辐射条件、声源条件、初始条件等。以下列出一些海洋声学中常见的边界条件。

1. 边界条件

边界条件是指所讨论的物理量在介质的边界上必须满足的条件。

1）绝对软边界

绝对软边界也称自由边界，这时边界不能承压，为压力释放边界，即声压为零。假设存在一绝对软边界 $z = \eta(x, y, t)$，则在边界 η 上有

$$p(x, y, z, t)\big|_{z=\eta(x,y,t)} = 0 \tag{3.33}$$

式（3.33）被称为第一类齐次边界条件。其物理意义是，在界面 $z = \eta(x, y, t)$ 上的

任何点，声压 p 总为零。在海面平静时，声波自水中入射到水-空气界面，可将该界面看作自由界面，可采用此边界条件。

如果给定边界面上的压力分布 p_s，则边界条件应写为

$$p(x,y,z,t)\big|_{z=\eta(x,y,t)} = p_{\mathrm{s}} \tag{3.34}$$

式（3.34）被称为第一类非齐次边界条件。

2）绝对硬边界

对于绝对硬边界，声波不能进入该介质中，此时边界上质点的法向振动速度为零。假设存在一绝对硬边界 $z=\eta(x,y,t)$，则在边界 η 上有

$$(\boldsymbol{n}\cdot\boldsymbol{u})\big|_{z=\eta(x,y,t)} = 0 \tag{3.35}$$

式中，$\boldsymbol{u}$ 为质点振动速度；$\boldsymbol{n}$ 为界面的法向单位矢量。式（3.35）被称为第二类齐次边界条件。其物理意义是，在界面 $z=\eta(x,y,t)$ 上的任何点，质点的法向振动速度总为零。对于硬质海底，可采用此边界条件。

如果已知边界面上质点的法向振动速度分布 u_s，则边界条件应写为

$$(\boldsymbol{n}\cdot\boldsymbol{u})\big|_{z=\eta(x,y,t)} = u_{\mathrm{s}} \tag{3.36}$$

式（3.36）被称为第二类非齐次边界条件。换能器表面常采用此边界条件。

3）混合边界

声压和振动速度在界面上的线性组合称为混合边界条件。假设存在一混合边界 $z=\eta(x,y,t)$，则在边界 η 上有

$$\left[ap+b(\boldsymbol{n}\cdot\boldsymbol{u})\right]\big|_{z=\eta(x,y,t)} = f_{\mathrm{s}} \tag{3.1}$$

式中，a 和 b 均是常数。式（3.37）被称为第三类边界条件。当 $f_s=0$ 时，则称其为阻抗边界条件：

$$\left.\frac{p}{u_{\mathrm{n}}}\right|_{z=\eta(x,y,t)} = C \tag{3.38}$$

式中，u_n 为质点的法向振动速度；C 为常数。或 $Z=-\left.\dfrac{p}{u_{\mathrm{n}}}\right|_{z=\eta(x,y,t)}$，其中 Z 为表面阻抗。

4）密度或声速发生有限间断的边界

这种边界指的是介质分布有跃变的界面，两层不同介质的界面上就会出现密度和声速的有限间断。若把海底看成与海水不同的介质，则在海底界面就会出现密度和声速的有限间断，在该界面的两边都有声场存在。假设存在有限间断边界

$\sum$，则边界$\sum$应满足压力连续和质点的法向振动速度连续的边界条件：

$$
\begin{aligned}
p\big|_{\Sigma^-} &= p\big|_{\Sigma^+} \\
u_{\mathrm{n}}\big|_{\Sigma^-} &= u_{\mathrm{n}}\big|_{\Sigma^+}
\end{aligned} \tag{3.39}
$$

式中，第一式表明边界上声压连续，否则压力突变使边界无穷小质量体积微元的质点加速度趋向无穷，这在物理上是不合理的；第二式表明边界上质点的法向振动速度连续，否则将会出现边界上介质“真空”或介质“聚积”，这在物理上也是不合理的。

2. 辐射条件

如果在无穷远处没有规定定解条件，波动方程的解将不唯一。波动方程的解在无穷远处满足的定解条件称为辐射条件。当无穷远处没有声源存在时，声场具有扩散波的性质，声压在无穷远处应趋于零。

在三维空间中，取 S 为包围声源的封闭曲面，ψ 为包围 P 点的任意封闭面 S 上的声场，格林公式表示为

$$
\iiint_V (G\nabla^2\psi - \psi\nabla^2 G)\mathrm{d}V = \oiint_S \left(G\frac{\partial \psi}{\partial n} - \psi\frac{\partial G}{\partial n} \right)\mathrm{d}S \tag{3.40}
$$

式中，格林函数 $G = \dfrac{\mathrm{e}^{jkR}}{R}$ 为从小面元 $\mathrm{d}S$ 发出的球面子波对 P 点的贡献量。

应用上述定理，可将 $\psi(p)$ 和包围 P 点的封闭面 S 上的声场 ψ、$\dfrac{\partial \psi}{\partial n}$、$G$、$\dfrac{\partial G}{\partial n}$ 联系起来。由于格林定理要求 ψ、$\dfrac{\partial \psi}{\partial n}$、$G$、$\dfrac{\partial G}{\partial n}$ 在 S 包围的空间 V 内单值连续，而 P 为一个奇异点，因此需用半径为 ε 的小球面 S_ε 将 P 点排除。那么，封闭面 $S'=S+S_\varepsilon$。ψ、G 满足以下亥姆霍兹方程：

$$
\begin{aligned}
\nabla^2\psi + k^2\psi &= 0 \\
\nabla^2 G + k^2 G &= -4\delta(r - r_0)
\end{aligned} \tag{3.41}
$$

式中，r_0 为声源位置；$\delta(r)$ 为狄拉克函数，满足 $\int_V \delta(r - r_0)\mathrm{d}V = \begin{cases} 1 & r = r_0\text{包含在体积内} \\ 0 & r = r_0\text{在体积外} \end{cases}$。

将式（3.41）代入格林公式（3.40），可得其左边为

$$
\iiint_V (G\nabla^2\psi - \psi\nabla^2 G)\mathrm{d}V = 0 \tag{3.42}
$$

利用高斯定理 $\iiint_V \nabla\cdot\boldsymbol{F}\mathrm{d}V = \oiint_{\mathrm{S}} \boldsymbol{F}\cdot\boldsymbol{n}\mathrm{d}S$，把体积分转化为面积分，那么格林公式（3.40）可简化为

$$-\iint_{S_\varepsilon}\left(G\frac{\partial\psi}{\partial n}-\psi\frac{\partial G}{\partial n}\right)\mathrm{d}S=\iint_{S}\left(G\frac{\partial\psi}{\partial n}-\psi\frac{\partial G}{\partial n}\right)\mathrm{d}S \tag{3.43}$$

对于 S 上的任意点 P_1，格林函数 $G(P_1)=\dfrac{\mathrm{e}^{\mathrm{j}kR}}{R}$，则有

$$\frac{\partial G(P_1)}{\partial n}=\frac{1}{R}\frac{\partial(\mathrm{e}^{\mathrm{j}kR})}{\partial R}\frac{\partial R}{\partial n}+\mathrm{e}^{\mathrm{j}kR}\frac{\partial(1/R)}{\partial R}\frac{\partial R}{\partial n}=\cos(\boldsymbol{n},\boldsymbol{R})\left(\mathrm{j}k-\frac{1}{R}\right)\frac{\mathrm{e}^{\mathrm{j}kR}}{R} \tag{3.44}$$

对于 S_ε 上的任意点 P_1，格林函数 $G(P_1)=\dfrac{\mathrm{e}^{\mathrm{j}k\varepsilon}}{\varepsilon}$，$\cos(\boldsymbol{n},\boldsymbol{R})=-1$，故有

$$\frac{\partial G(P_1)}{\partial n}=\left(\frac{1}{\varepsilon}-\mathrm{j}k\right)\frac{\mathrm{e}^{\mathrm{j}k\varepsilon}}{\varepsilon} \tag{3.45}$$

因为 G 和 $\dfrac{\partial G}{\partial n}$ 在 S_ε 上为常数，ψ 和 $\dfrac{\partial\psi}{\partial n}$ 在 S_ε 上单值连续，应用积分中值定理，有

$$\iint_{S_\varepsilon}\left(G\frac{\partial\psi}{\partial n}-\psi\frac{\partial G}{\partial n}\right)\mathrm{d}S=4\pi\varepsilon^2\left[\frac{\partial\psi}{\partial n}\frac{\mathrm{e}^{\mathrm{j}k\varepsilon}}{\varepsilon}-\psi\left(\frac{1}{\varepsilon}-\mathrm{j}k\right)\frac{\mathrm{e}^{\mathrm{j}k\varepsilon}}{\varepsilon}\right] \tag{3.46}$$

对式（3.46）取极限，得

$$\lim_{\substack{\varepsilon\to 0\\ P_1\to P}}4\pi\left[\frac{\partial\psi}{\partial n}\varepsilon\mathrm{e}^{\mathrm{j}k\varepsilon}-\psi(1-\mathrm{j}k\varepsilon)\mathrm{e}^{\mathrm{j}k\varepsilon}\right]=-4\pi\psi(p) \tag{3.47}$$

得到亥姆霍兹-基尔霍夫定理：

$$\psi(p)=\frac{1}{4\pi}\iint_S\left(\frac{\partial\psi}{\partial n}\frac{\mathrm{e}^{\mathrm{j}kR}}{R}-\psi\frac{\partial}{\partial n}\frac{\mathrm{e}^{\mathrm{j}kR}}{R}\right)\mathrm{d}S \tag{3.48}$$

即

$$\psi(p)=\frac{1}{4\pi}\iint_S\left(\frac{\partial\psi}{\partial n}G-\psi\frac{\partial G}{\partial n}\right)\mathrm{d}S \tag{3.49}$$

根据无穷远辐射条件，以声源所在处为原点，其无穷远界面（r=R，$R\to\infty$）上的积分应为 0，即

$$\lim_{R\to\infty}\iint_S\left(\frac{\partial\psi}{\partial n}G-\psi\frac{\partial G}{\partial n}\right)\mathrm{d}S=0 \tag{3.50}$$

注意到格林函数 G 是点源的解 $G=\Phi(\Omega)\dfrac{\mathrm{e}^{\mathrm{j}(\omega t-kR)}}{R}$，略去时间因子 $\mathrm{e}^{\mathrm{j}\omega t}$，在无穷远处的 G 可表示为 $\Phi(\Omega)\dfrac{\mathrm{e}^{-\mathrm{j}kR}}{R}$，其中 $\Phi(\Omega)$ 为方向性函数。那么，无穷远辐射条件的面积分可近似为

$$\lim_{R\to\infty}\iint_S \Phi(\Omega)\left(\frac{\partial\psi}{\partial R}\frac{\mathrm{e}^{-\mathrm{j}kR}}{R}-\psi\frac{-\mathrm{j}kR-1}{R^2}\mathrm{e}^{-\mathrm{j}kR}\right)R^2\mathrm{d}\Omega=0 \tag{3.51}$$

因此，沿 r 轴正方向传播的球面波或正向波满足：

$$\lim_{R\to\infty} R\left(\frac{\partial\psi}{\partial R}+\mathrm{j}k\psi\right)=0 \tag{3.52}$$

以球面波为例，说明上述辐射条件的正确性。球面波的一般解为 $\psi=\frac{A}{r}\mathrm{e}^{\mathrm{j}(\omega t-kr)}+\frac{B}{r}\mathrm{e}^{\mathrm{j}(\omega t+kr)}$，其中 A 和 B 是常数。把 $\psi=\frac{A}{r}\mathrm{e}^{\mathrm{j}(\omega t-kr)}+\frac{B}{r}\mathrm{e}^{\mathrm{j}(\omega t+kr)}$ 代入球面波的辐射条件式（3.52）中，可得 B=0。这说明声波正向传播或扩散解 $\psi=\frac{A}{r}\mathrm{e}^{\mathrm{j}(\omega t-kr)}$ 实际上是运用辐射条件的结果。此外，可以得到沿 r 轴负方向传播的波满足 $\lim_{R\to\infty} R\left(\frac{\partial\psi}{\partial R}-\mathrm{j}k\psi\right)=0$。类似地，把 $\psi=\frac{A}{r}\mathrm{e}^{\mathrm{j}(\omega t-kr)}+\frac{B}{r}\mathrm{e}^{\mathrm{j}(\omega t+kr)}$ 代入前面球面波的辐射条件中，可得 A=0。这说明声波反向传播或会聚解 $\psi=\frac{B}{r}\mathrm{e}^{\mathrm{j}(\omega t+kr)}$ 实际上也是运用辐射条件的结果。

类似的方法可以证明，在二维柱面波的情况下，无穷远辐射条件为

$$\lim_{R\to\infty}\sqrt{R}\left(\frac{\partial\psi}{\partial R}\pm\mathrm{j}k\psi\right)=0 \tag{3.53}$$

式中，“+”表示正向柱面波，“−”表示反向柱面波。

在一维平面波情况下，无穷远辐射条件为

$$\lim_{R\to\infty}\frac{\partial\psi}{\partial R}\pm\mathrm{j}k\psi=0 \tag{3.54}$$

式中，“+”表示正向平面波，“−”表示反向平面波。

3. 声源条件

从辐射条件可知，发散球面波在均匀介质中的声压解为 $p=\frac{A}{r}\mathrm{e}^{\mathrm{j}(\omega t-kr)}$。可以看出，除了 r=0 这一点外，声压解满足齐次波动方程 $\nabla^2 p-\frac{1}{c^2}\frac{\partial^2 p}{\partial t^2}=0$。然而，当 $r\to 0$ 时，$p\to\infty$，从而使声源构成声场的奇异点。我们把这种声源条件称为奇性条件。数学上，通常应用狄拉克函数来描述点声源的这种奇性。那么，齐次波动方程可改写为非齐次波动方程：

$$\nabla^2 p-\frac{1}{c^2}\frac{\partial^2 p}{\partial t^2}=-4\pi\delta(\boldsymbol{r})A\mathrm{e}^{\mathrm{j}\omega t} \tag{3.55}$$

式中，狄拉克函数 $\delta(\boldsymbol{r})$满足 $\int_V \delta(\boldsymbol{r})\mathrm{d}V=\begin{cases}1 & r=0\text{包含在体积内}\\0 & r=0\text{在体积外}\end{cases}$。显然，当 r=0 在体积外时，方程（3.55）包含了齐次波动方程 $\nabla^2 p-\dfrac{1}{c^2}\dfrac{\partial^2 p}{\partial t^2}=0$ 的解。考虑到 $\delta(\boldsymbol{r})$ 的性质，方程（3.55）实际上包含了 $r\to0$ 时，$p\to\infty$的奇性条件。

把时间变量分离后，等号两侧对包含 r=0 的区域进行体积分，得

$$\iiint_V \nabla^2 p\mathrm{d}V+k^2\iiint_V p\mathrm{d}V=-4\pi A \tag{3.56}$$

利用高斯定理 $\iiint_V \nabla\cdot\boldsymbol{F}\mathrm{d}V=\oiint_S \boldsymbol{F}\cdot\boldsymbol{n}\mathrm{d}S$，把体积分转化为面积分，得

$$\oiint_S \nabla p\cdot\boldsymbol{n}\mathrm{d}S+k^2\iiint_V p\mathrm{d}V=-4\pi A \tag{3.57}$$

式中，$\boldsymbol{n}$ 是体积 V 的表面 S 的外法线单位矢量。球面波外法线方向 $\boldsymbol{n}$ 和声压梯度 ∇p 方向一致。把 $p=\dfrac{A}{r}\mathrm{e}^{\mathrm{j}(\omega t-kr)}$ 分离时间变量后代入，得

$$\oiint_S \frac{-\mathrm{j}kr-1}{r^2}A\mathrm{e}^{-\mathrm{j}kr}r^2\sin\varphi\mathrm{d}\varphi\mathrm{d}\theta+k^2\iiint_V \frac{A}{r}\mathrm{e}^{-\mathrm{j}kr}r^2\sin\varphi\mathrm{d}r\mathrm{d}\varphi\mathrm{d}\theta=-4\pi A \tag{3.58}$$

显然，当 $r\to0$，$\iiint_V \dfrac{A}{r}\mathrm{e}^{-\mathrm{j}kr}r^2\sin\varphi\mathrm{d}r\mathrm{d}\varphi\mathrm{d}\theta$ 体积分趋于 0，而 $\oiint_S -\mathrm{j}kr\sin\varphi\mathrm{d}\varphi\mathrm{d}\theta$ 面积分也趋于 0，则式（3.58）两边相等。因此，非齐次波动方程（3.55）实际上包含解 $p=\dfrac{A}{r}\mathrm{e}^{\mathrm{j}(\omega t-kr)}$ 的奇性条件。

由上述分析可知，在运用波动理论进行声场求解时，需要把波动方程和定解条件相结合，才能给出符合具体问题的解。

4. 初始条件

初始条件是指系统变量在初始时刻满足的状态与取值。对于波动方程，当求解远离瞬态而趋于稳态简谐波解时，可不考虑初始条件。

3.2　射线声学基础

波动理论处理不均匀海水介质的声传播较为复杂。在海洋声学中，分析不均匀介质的声传播可以采用射线理论。射线理论不是波动方程的精确解，而是对声波的传播进行高频近似。此种近似假定以下基本条件：类比于几何光学，射线声学将声波传播描述成一束垂直于等相位面的声射线；声射线的轨迹代表声波传播的路程；声射线的传播时间代表声波传播的时间；声射线束携带的能量代表声波传播的能量。

声射线在不均匀介质中传播时方向会发生改变，且轨迹会发生弯曲，可以用相位来描述。此外，声射线束携带能量，且能量守恒，可以用振幅来描述。因此，射线理论需要建立关于声射线相位和振幅的方程。对于简谐过程，根据波动理论，不均匀介质的声传播可以用不均匀介质的亥姆霍兹方程来描述：

$$\nabla^2\psi + {k_0}^2 n^2\left(x,y,z\right)\psi = 0 \tag{3.59}$$

式中，$n(x, y, z)=k/k_0$ 为不均匀介质的变折射率，与空间位置有关；$k_0 = \dfrac{\omega}{c_0}$ 为参考点的波数，与空间位置无关。设其声场 ψ 的形式解为

$$\psi = A(x,y,z)\mathrm{e}^{-\mathrm{j}k_0\varphi(x,y,z)} \tag{3.60}$$

式中，$A(x, y, z)$为振幅；$k_0\varphi(x, y, z)$为相位。可见，$\varphi(x, y, z)$具有长度的量纲，可以描述声射线传播的相位变化。$\varphi(x, y, z)$=常数所确定的曲面为等相位面，即在该曲面上相位处处相等。$\nabla\varphi(x,y,z)$ 为等相位面的梯度，与等相位面垂直，指向声射线的方向。如图 3.1 所示，在均匀介质中，平面波的等相位面为平面，其声射线垂直于等相位面，互相平行且不相交，声射线振幅处处相等；球面波的等相位面是球面，其声射线以点声源为球心，垂直于等相位面向外辐射，声射线振幅随距离增大而减小。在不均匀介质中，声射线轨迹复杂，但声射线方向始终垂直于等相位面。

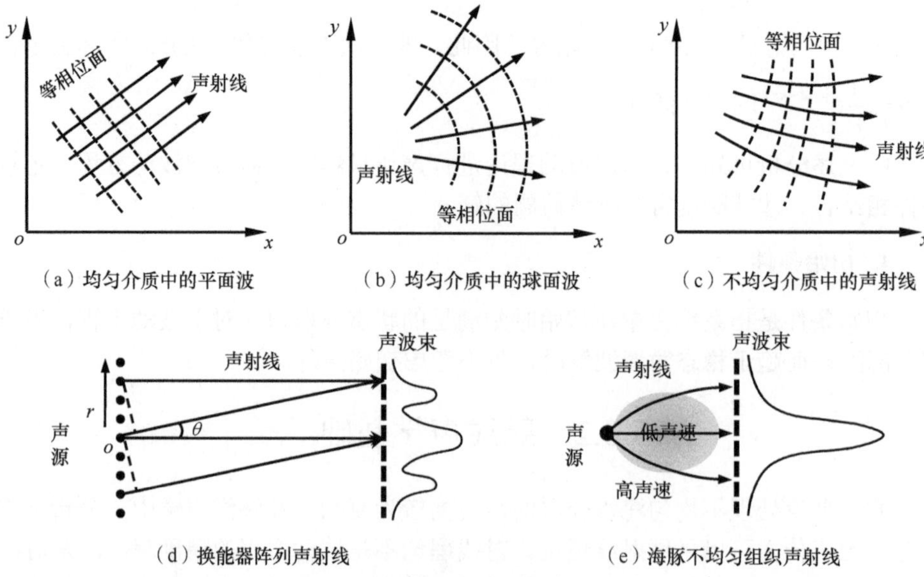

图 3.1 等相位面与声射线示意图

在实际波前控制应用中，可以通过换能器阵列组合的方式来改变等相位面的分布，从而增强其指向性，各阵元声传播路径不同可以用相移来补偿，如图 3.1（d）

所示，波前控制系统的指向性受到频率和阵元间距的影响。具体来说，改变工作频率可以调整波前的相位，而调整阵元间距可以影响波前的干涉效应，进而改变波前的方向性。此外，实现这种波前控制通常需要复杂的硬件设备和高度精确的控制。然而，海豚声呐的发射系统通过组织的不均匀介质声速分布来改变等相位面，如图 3.1（e）所示。声传播路径长对应于高声速，而声传播路径短对应于低声速，从而形成了方向性较为一致的波前。显然，海豚声呐系统的优点在于能产生宽带的指向性声波束，且无需复杂的硬件设备和精确的波前控制技术。可见，相较于人工阵列的波前控制系统，海豚声呐的发射系统具有优越的宽带指向性。

3.2.1 射线声学的程函方程

对形式解（3.60）求梯度可得 $\nabla\psi=\nabla A(x,y,z)\mathrm{e}^{-\mathrm{j}k_0\varphi}+A(x,y,z)\mathrm{e}^{-\mathrm{j}k_0\varphi}(-\mathrm{j}k_0)\nabla\varphi$，代入式（3.59）得

$$\frac{\nabla^2 A}{A}-\left(\frac{\omega}{c_0}\right)^2\nabla\varphi\cdot\nabla\varphi+\left(\frac{\omega}{c}\right)^2-\mathrm{j}\frac{\omega}{c_0}\left(\frac{2\nabla A}{A}\cdot\nabla\varphi+\nabla^2\varphi\right)=0 \tag{3.61}$$

由实部和虚部分别为 0，对于以上恒等关系有

$$\frac{\nabla^2 A}{A}-k_0{}^2\nabla\varphi\cdot\nabla\varphi+k^2=0 \tag{3.62}$$

$$\nabla^2\varphi+\frac{2\nabla A}{A}\cdot\nabla\varphi=0 \tag{3.63}$$

由于 A 和 φ 相互耦合，为了获得方程（3.62）和方程（3.63）的解，需要通过近似处理使 A 和 φ 在一定条件下解耦。在方程（3.62）中，忽略第一项，即满足：

$$\frac{\nabla^2 A}{A}\ll k^2 \tag{3.64}$$

式中，k 为波数，$k=\omega/c$。式（3.64）在物理上对应于高频假设，则由方程（3.62）可确定 $\varphi(x, y, z)$满足程函方程的第一种形式——标量形式：

$$|\nabla\varphi|=\frac{k}{k_0}=\frac{c_0}{c}=n \tag{3.65}$$

式（3.65）是射线声学的第一个基本方程，即程函方程。该方程表明，程函在声射线上的变化率由折射率决定，从而确定了声射线的走向。

声射线方向由 $\nabla\varphi=\frac{\partial\varphi}{\partial x}\boldsymbol{i}+\frac{\partial\varphi}{\partial y}\boldsymbol{j}+\frac{\partial\varphi}{\partial z}\boldsymbol{k}$ 确定，且其方向余弦满足：

$$\nabla\varphi=|\nabla\varphi|(\cos\alpha\boldsymbol{i}+\cos\beta\boldsymbol{j}+\cos\gamma\boldsymbol{k}) \tag{3.66}$$

式中，α、β、γ 分别为声射线沿 x、y、z 轴的方向角或掠射角。由式（3.65）可得程函方程的第二种形式——矢量形式：

$$\nabla\varphi = n(\cos\alpha\boldsymbol{i} + \cos\beta\boldsymbol{j} + \cos\gamma\boldsymbol{k}) \tag{3.67}$$

即

$$\frac{\partial\varphi}{\partial x} = n\cos\alpha\,,\quad \frac{\partial\varphi}{\partial y} = n\cos\beta\,,\quad \frac{\partial\varphi}{\partial z} = n\cos\gamma \tag{3.68}$$

因此，程函方程的矢量形式表明，程函 x、y、z 的变化率可以通过求解声射线的 3 个方向余弦来分别确定。

此外，在声传播过程中，声射线的方向角会发生改变。$\frac{\partial\varphi}{\partial x}$ 对声射线弧长 l 的变化率满足：

$$\begin{aligned}\frac{\mathrm{d}}{\mathrm{d}l}\left(\frac{\partial\varphi}{\partial x}\right) &= \frac{\partial}{\partial x}\left(\frac{\partial\varphi}{\partial x}\right)\frac{\mathrm{d}x}{\mathrm{d}l} + \frac{\partial}{\partial y}\left(\frac{\partial\varphi}{\partial x}\right)\frac{\mathrm{d}y}{\mathrm{d}l} + \frac{\partial}{\partial z}\left(\frac{\partial\varphi}{\partial x}\right)\frac{\mathrm{d}z}{\mathrm{d}l} \\ &= \frac{\partial}{\partial x}\left(\frac{\partial\varphi}{\partial x}\frac{\mathrm{d}x}{\mathrm{d}l} + \frac{\partial\varphi}{\partial y}\frac{\mathrm{d}y}{\mathrm{d}l} + \frac{\partial\varphi}{\partial z}\frac{\mathrm{d}z}{\mathrm{d}l}\right)\end{aligned} \tag{3.69}$$

如图 3.2 所示，对于声射线弧长微元而言，$\frac{\mathrm{d}x}{\mathrm{d}l} = \cos\alpha$、$\frac{\mathrm{d}y}{\mathrm{d}l} = \cos\beta$、$\frac{\mathrm{d}z}{\mathrm{d}l} = \cos\gamma$。

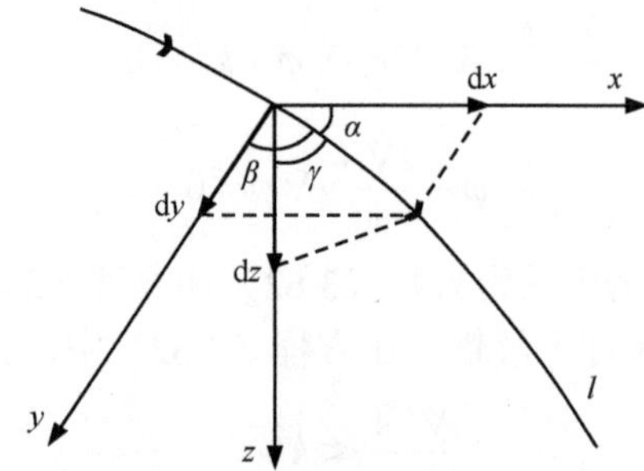

图 3.2　声射线的方向余弦

由式（3.68）和式（3.69）可得

$$\frac{\mathrm{d}}{\mathrm{d}l}(n\cos\alpha) = \frac{\partial}{\partial x}\left(n\cos^2\alpha + n\cos^2\beta + n\cos^2\gamma\right) = \frac{\partial n}{\partial x} \tag{3.70}$$

同理可得，$\frac{\mathrm{d}(n\cos\beta)}{\mathrm{d}l} = \frac{\partial n}{\partial y}$，$\frac{\mathrm{d}(n\cos\gamma)}{\mathrm{d}l} = \frac{\partial n}{\partial z}$。因而，可以得到程函方程的第三种形式——矢量形式：

$$\frac{\mathrm{d}(\nabla\varphi)}{\mathrm{d}l} = \nabla n \tag{3.71}$$

程函方程的这个形式表明，声射线方向随弧长的变化可以由折射率的梯度来确定，即声射线在传播时的掠射角变化可以通过介质折射率的梯度来分析。当介质折射

率随 x（或 y、z）增大而增大时，则声射线对 x 轴（或 y 轴、z 轴）的方向角减小；反之，当介质折射率随 x（或 y、z）减小而减小时，声射线对 x 轴（或 y 轴、z 轴）的方向角增大。这说明声射线倾向于往低声速区域弯曲，这一点将在后续章节进一步讨论。

3.2.2 射线声学的强度方程

由方程（3.63）和方程（3.65）可知，变量 A 和 φ 在高频近似的条件下是解耦的，且程函可通过程函方程解出，则 A 可以通过求解方程（3.63）得到。由矢量分析可知，$\nabla\cdot\left(a\nabla b\right)=\nabla a\cdot\nabla b+a\nabla^2 b$，代入方程（3.63）得

$$\nabla\cdot\left(A^2\nabla\varphi\right)=2A\nabla A\cdot\nabla\varphi+A^2\nabla^2\varphi \tag{3.72}$$

因此，可以建立射线声学的第二个基本方程，即强度方程：

$$\nabla\cdot\left(A^2\nabla\varphi\right)=0 \tag{3.73}$$

强度方程描述了声波能量沿声射线在空间的分布。这里定义声强度矢量 $\boldsymbol{I}$，其与振幅 A 的平方和程函梯度的乘积成正比，其方向指向声射线的传播方向，即

$$\boldsymbol{I}=A^2\nabla\varphi \tag{3.74}$$

那么，强度方程可写为

$$\nabla\cdot\boldsymbol{I}=0 \tag{3.75}$$

根据场论，某矢量的散度为 0 表明该矢量场为无源场。利用高斯定理，声强度矢量通过封闭曲面 $\boldsymbol{S}$ 的总能流等于其散度 $\nabla\cdot\boldsymbol{I}$ 在封闭曲面所包含体积 V 的体积分，则把散度的体积分转化为面积分，可得

$$\oint\!\!\!\oint_S \boldsymbol{I}\cdot\mathrm{d}\boldsymbol{S}=\iiint_V \nabla\cdot\boldsymbol{I}\mathrm{d}V \tag{3.76}$$

将式（3.75）代入式（3.76），得

$$\oint\!\!\!\oint_S \boldsymbol{I}\cdot\mathrm{d}\boldsymbol{S}=0 \tag{3.77}$$

如图 3.3 所示，声射线管封闭曲面 S 由两端 S_1 和 S_2、侧面 S_0 组成。左端面 S_1 的法线方向与声强度矢量 $\boldsymbol{I}$ 方向相反，右端面 S_2 的法线方向与 $\boldsymbol{I}$ 方向相同，而侧面 S_0 的法线方向与 $\boldsymbol{I}$ 方向处处垂直，则式（3.77）可写为

$$\oint\!\!\!\oint_S \boldsymbol{I}\cdot\mathrm{d}\boldsymbol{S}=\iint_{S_1}\boldsymbol{I}\cdot\mathrm{d}\boldsymbol{S}+\iint_{S_0}\boldsymbol{I}\cdot\mathrm{d}\boldsymbol{S}+\iint_{S_2}\boldsymbol{I}\cdot\mathrm{d}\boldsymbol{S}=0 \tag{3.78}$$

在侧面 S_0 上，声强度矢量的面积分为零，即声射线管内的能量不会通过侧面向外扩散，则有

$$\iint_{S_1} I\mathrm{d}S=\iint_{S_2} I\mathrm{d}S \tag{3.79}$$

利用积分中值定理，当 S_1 和 S_2 充分小时，两端 S_1 和 S_2 的平均声强满足：

$$I_1S_1=I_2S_2=\text{常数} \tag{3.80}$$

可见，在声射线传播中，声能保持守恒，声射线管端面面积越大，则声强越小；反之，声射线管端面面积越小，则声强越大。因此，声射线声强与面积成反比。

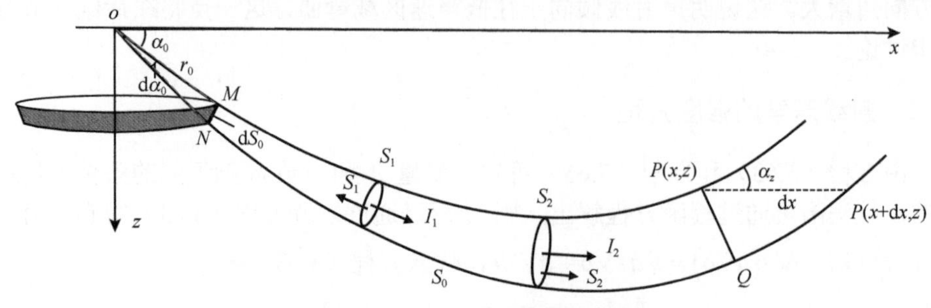

图 3.3 声能沿声射线管的分布

此外，声射线管声能作为常数，可由声源在声射线管内的总功率决定。令 W 为声源在单位立体角内的辐射声功率，则在 $d\Omega$ 内立体角的辐射总功率为 $Wd\Omega$。设立体角微元 $d\Omega$ 对应的声射线管在空间任意位置的截面积为 dS。由于声强 I 是单位面积的声能，则可以求出该处的声强 $I=Wd\Omega/dS$。如图 3.3 所示，声射线管的圆柱截面距离声源 r_0 处，截面的上边缘所对应的声射线在点 M 处的掠射角为 α_0，而截面的下边缘所对应的扰动声射线在点 N 处的掠射角为 $\alpha_0+d\alpha_0$。由于声速梯度的存在，声射线管的圆柱截面会随声射线的弯曲而变化，根据能量守恒可计算声射线管传播到(x, z)的声强 $I(x, z)$。

对于 z 轴柱对称问题，在 r_0 处，立体角微元 $d\Omega$ 的圆柱截面声射线管的面积微元 dS_0 为

$$dS_0 = 2\pi r_0 \cos\alpha_0 \times r_0 d\alpha_0 \tag{3.81}$$

与平面上弧微分 S 对应的圆心角为 $d\theta = \dfrac{dS}{r}$ 类似，立体角 $d\Omega$ 为曲面上面积微元 dS_0 与其矢量半径 r_0 二次方的比值：

$$d\Omega = dS_0 / r_0^2 = 2\pi\cos\alpha_0 d\alpha_0 \tag{3.82}$$

显然，在 r_0 处的声射线管声强为 $I = W / r_0^2$。然而，当该声射线管传播到 $P(x,z)$ 位置时，由于声线是弯曲的，对应的圆柱截面积 dS 为

$$dS = 2\pi x PQ = 2\pi x \sin\alpha_z dx \tag{3.83}$$

式中，α_z 为 P 点处的声射线掠射角；dx 为声射线起始角从 α_0 增加到 $\alpha_0+d\alpha_0$ 的水平传播距离的增量，即满足 $dx = \left(\dfrac{\partial x}{\partial \alpha}\right)_{\alpha_0} d\alpha_0$，则式（3.83）可写为

$$dS = 2\pi x \sin\alpha_z \left(\frac{\partial x}{\partial \alpha}\right)_{\alpha_0} d\alpha_0 \tag{3.84}$$

根据式（3.82）和式（3.84），由能量守恒 $Wd\Omega=IdS$，可以得到声射线管传播到(x, z)位置的声强 $I(x, z)$满足：

$$I\left(x,z\right)=\frac{Wd\Omega}{dS}=\frac{W\cos\alpha_0}{x\left(\frac{\partial x}{\partial\alpha}\right)_{\alpha_0}\sin\alpha_z} \tag{3.85}$$

式（3.85）给出了单束声射线的能量。若空间位置有多束声射线通过，则该点声强为各声射线声强总和。射线理论形式解中的声压为

$$A(x,z)=\sqrt{I(x,z)}=\sqrt{\frac{W\cos\alpha_0}{x\left(\frac{\partial x}{\partial\alpha}\right)_{\alpha_0}\sin\alpha_z}} \tag{3.86}$$

因此，结合程函方程和强度方程，得射线理论的声场为

$$\psi(x,z)=\sqrt{\frac{W\cos\alpha_0}{x\left(\frac{\partial x}{\partial\alpha}\right)_{\alpha_0}\sin\alpha_z}}e^{-jk_0\varphi(x,y,z)} \tag{3.87}$$

由此可见，射线理论在求解声速渐变的不均匀介质中的声传播时并不简单。直接求解程函方程这类偏微分方程的复杂程度甚至比求解波动方程还要复杂。然而，在声速只是深度 z 的函数的条件下，程函方程的求解还是比较简便的，那么射线理论的优势就表现出来了，这在 3.3 节将具体介绍。

在不均匀介质中，声射线弯曲使声射线管截面积发生改变，从而引起声强变化。引入聚焦因子 F 来表示非均匀介质声强相对于均匀介质声强的变化程度。将不均匀介质中的声强 I 与均匀介质中球面波的声强 I_0 之比定义为聚焦因子 F，即

$$F\left(x,z\right)=\frac{I\left(x,z\right)}{I_0} \tag{3.88}$$

式中，均匀介质中球面波的声强为 $I_0=\dfrac{W}{R^2}$，其中 $R=\sqrt{x^2+h^2}$ 为接收点到声源的斜距，h 为接收点水深，x 为接收点到声源的水平传播距离。如果 $x\gg h$，可近似认为 $R\approx x$，则聚焦因子可写为

$$F\left(x,z\right)\approx\frac{x\cos\alpha_0}{\left(\frac{\partial x}{\partial\alpha}\right)_{\alpha_0}\sin\alpha_z} \tag{3.89}$$

聚焦因子描述了声能的相对会聚程度。$F(x, z)<1$ 说明声射线管束的发散程度大于球面波的发散程度，而 $F(x, z)>1$ 说明声射线管束的发散程度小于球面波的发散程度。特别是，当$\left(\dfrac{\partial x}{\partial\alpha}\right)_{\alpha_0}\to 0$时，$F(x, z)\to\infty$。在这种情况下，声强急剧增加，

无论初始掠射角如何取值，所有声射线都将在某一个位置聚焦，从而出现焦散点。焦散线是声射线簇上满足$\left(\dfrac{\partial x}{\partial \alpha}\right)_{\alpha_0}=0$的包络线。因此，射线声学在这种聚焦条件下是不适用的。

3.2.3 射线声学的应用条件

从上述分析可知，射线声学是波动声学在高频（$\dfrac{\nabla^2 A}{A} \ll k^2$）条件下的近似解，适用于高频声波和弱不均匀介质（缓慢变化）情况。在一维条件下，该近似条件可以表示为

$$\frac{\lambda^2}{A}\frac{\partial}{\partial x}\left(\frac{\partial A}{\partial x}\right)=\frac{\lambda}{A}\frac{\partial}{\partial x}\left(\lambda\frac{\partial A}{\partial x}\right) \ll 1 \tag{3.90}$$

式中，$\lambda\dfrac{\partial A}{\partial x}$表示在一个波长长度内振幅$A$的绝对变化量。因此，式（3.90）说明在一个波长长度内振幅变化的相对变化远小于 1。此外，由强度方程$\nabla^2\varphi+\dfrac{2\nabla A}{A}\cdot\nabla\varphi=0$可知，在一维条件下，方程两项具有相同数量级，即

$$\frac{\partial}{\partial x}\left(\frac{\partial \varphi}{\partial x}\right)\sim n\frac{1}{A}\left(\frac{\partial A}{\partial x}\right) \tag{3.91}$$

由程函方程可知$\dfrac{\partial \varphi}{\partial x}\sim n$，则有

$$\frac{1}{n}\frac{\partial n}{\partial x}\sim\frac{1}{A}\left(\frac{\partial A}{\partial x}\right) \tag{3.92}$$

即

$$\frac{\lambda}{n}\frac{\partial}{\partial x}\left(\lambda\frac{\partial n}{\partial x}\right)\sim\frac{\lambda^2}{A}\frac{\partial}{\partial x}\left(\frac{\partial A}{\partial x}\right) \ll 1 \tag{3.2}$$

式中，$\lambda\dfrac{\partial n}{\partial x}$表示在一个波长长度内介质折射率$n$的绝对变化量。这说明在一个波长长度内介质折射率$n$的相对变化远小于 1，即声速$c$的相对变化远小于 1。

以上分析表明，射线声学具有以下应用条件。

（1）在声波波长的距离上，声波振幅的相对变化远小于 1。射线声学只能应用于声强没有发生太大变化的情况。在声能会聚区，射线方程求得的声强为无穷大，与实际情况不符，故在声能会聚区，射线声学不成立。在声影区（没有声射线到达的区域），射线方程求得的声强为 0，与实际情况不符，故在声影区，射线声学也不成立。

（2）在声波波长的距离上，介质的声速或折射率相对变化远小于 1。射线声学只适用于弱不均匀介质。

（3）在声波波长的距离上，声传播方向或曲率不能有很大的改变。

波长越短，即频率越高，上述射线声学的应用条件越容易得到满足。在射线理论不适用的情况下，就要应用波动理论或者计算声学方法研究声传播。

3.3　海水分层介质中的射线声学

对于声速为常数的均匀介质，其折射率 $n=1$，由程函方程（3.70）可知

$$\cos\alpha=\cos\alpha_0,\quad \cos\beta=\cos\beta_0,\quad \cos\gamma=\cos\gamma_0 \tag{3.94}$$

式中，α_0、β_0、γ_0 分别为声射线的初始出射方向角。可见，均匀介质不会使声射线角发生改变，因而声射线沿着直线传播。

然而，声射线在声速渐变的不均匀介质中的传播要复杂得多。根据海洋的声学特性，海洋中的声速随着深度增大有垂直分层特性，可近似看作不在水平方向变化，这使得折射率仅是 z 的函数，即 $n=n(z)$。那么，对于声速只是深度 z 的函数的分层介质，即 $c=c(z)$，其声传播可以用程函方程解出。

3.3.1　声射线弯曲

程函方程（3.70）表明，声射线掠射角随弧长的变化可以通过介质折射率的梯度来分析，那么对于声速函数为 $c=c(z)$的分层介质，可得

$$\frac{\mathrm{d}\left(\dfrac{c_0}{c}\cos\alpha\right)}{\mathrm{d}l}=0,\quad \frac{\mathrm{d}\left(\dfrac{c_0}{c}\cos\gamma\right)}{\mathrm{d}l}=\frac{\mathrm{d}n}{\mathrm{d}z}=-\frac{c_0}{c^2}\frac{\mathrm{d}c}{\mathrm{d}z} \tag{3.95}$$

式中，x 为水平轴；z 为垂直轴；$\dfrac{c_0}{c}\cos\alpha$ 是常数，即 $\dfrac{c_0}{c}\cos\alpha=\dfrac{c_0}{c_0}\cos\alpha_0$。当起始值 $\alpha=\alpha_0$、$c=c_0(n=1)$给定后，可以得到声射线相对于 x 轴的方向角 α 满足：

$$\frac{\cos\alpha}{c}=\frac{\cos\alpha_0}{c_0}\quad 或\ n\cos\alpha=常数 \tag{3.96}$$

式中，$n=\dfrac{c_0}{c}$ 为折射率。掠射角余弦和该处声速的比值为常数，或掠射角余弦和该处折射率的乘积为常数。这个重要结果被称为斯涅尔定律，或折射定律。折射定律是射线声学的基本定律，在本书讨论声射线的传播特性时要经常用到。

折射率仅是 z 的函数，则由程函方程（3.70）可得

$$\frac{\mathrm{d}n}{\mathrm{d}z}=\frac{\mathrm{d}}{\mathrm{d}l}(n\cos\gamma)=-n\sin\gamma\frac{\mathrm{d}\gamma}{\mathrm{d}l}+\cos\gamma\frac{\mathrm{d}n}{\mathrm{d}l}=-\frac{c_0}{c^2}\frac{\mathrm{d}c}{\mathrm{d}z} \tag{3.97}$$

又因为$\frac{\mathrm{d}n}{\mathrm{d}l}=\frac{\mathrm{d}n}{\mathrm{d}z}\frac{\mathrm{d}z}{\mathrm{d}l}=\frac{\mathrm{d}n}{\mathrm{d}z}\cos\gamma$，则式（3.97）可写为$\frac{\mathrm{d}n}{\mathrm{d}z}=-n\sin\gamma\frac{\mathrm{d}\gamma}{\mathrm{d}l}+\cos^2\gamma\frac{\mathrm{d}n}{\mathrm{d}z}$，从而可得声射线相对于 z 轴的方向角 γ 满足：

$$\frac{\mathrm{d}\gamma}{\mathrm{d}l}=-\frac{\sin\gamma}{n}\frac{\mathrm{d}n}{\mathrm{d}z}=\frac{\sin\gamma}{c}\frac{\mathrm{d}c}{\mathrm{d}z} \tag{3.98}$$

如图 3.4 所示，对于正声速梯度$\frac{\mathrm{d}c}{\mathrm{d}z}>0$，$\frac{\mathrm{d}\gamma}{\mathrm{d}l}>0$，声速随着深度 z 增大，则声射线在传播中与 z 轴的方向角 γ 增大，即 $\gamma_2>\gamma_1$，声射线向上（即低声速海面）弯曲。然而，对于负声速梯度$\frac{\mathrm{d}c}{\mathrm{d}z}<0$，$\frac{\mathrm{d}\gamma}{\mathrm{d}l}<0$，声速随着深度 z 减小，则声射线在传播中与 z 轴的方向角 γ 减小，即 $\gamma_2<\gamma_1$，声射线向下（即低声速海底）弯曲。因此，在声速仅随深度变化的介质中，声射线总是向声速更低的方向弯曲，这是在垂直分层深海中声传播的重要特性。

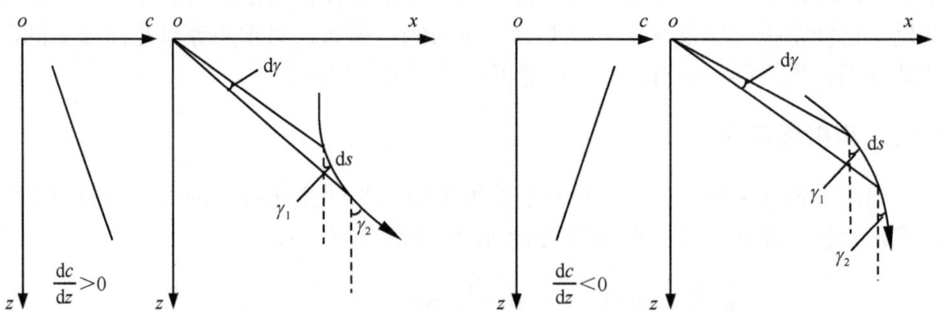

图 3.4　声射线在正声速梯度和负声速梯度条件下的弯曲对比

进一步，利用声射线方法可以得到(x, z)平面内的声场。由程函方程（3.65）可得

$$\left(\frac{\partial\varphi}{\partial x}\right)^2+\left(\frac{\partial\varphi}{\partial z}\right)^2=n^2(z) \tag{3.99}$$

用分离变量法解此方程，令

$$\varphi(x,z)=\varphi_1(x)+\varphi_2(z) \tag{3.100}$$

式中，$\varphi_1(x)$仅是 x 的函数；$\varphi_2(z)$仅是 z 的函数。将式（3.100）代入式（3.99），进行变量分离得

$$\left(\frac{\partial\varphi_1}{\partial x}\right)^2=\xi^2,\ \left(\frac{\partial\varphi_2}{\partial z}\right)^2=n^2(z)-\xi^2 \tag{3.101}$$

式中，ξ 为常数。由程函方程第二种形式方程（3.68）可得，$\frac{\partial\varphi_1}{\partial x}=n\cos\alpha=\xi$。根据折射定律式（3.96），可得 $\xi=\cos\alpha_0$。对式（3.101）进行积分，得

$$\varphi_1(x)=\cos\alpha_0 x+C_1\text{，}\quad \varphi_2(z)=\int_0^z\sqrt{n^2(z)-\cos^2\alpha_0}\,\mathrm{d}z+C_2 \tag{3.102}$$

式中，C_1、C_2为常数，那么程函方程的显式解为

$$\varphi(x,z)=\cos\alpha_0 x+\int_0^z\sqrt{n^2(z)-\cos^2\alpha_0}\,\mathrm{d}z+C \tag{3.103}$$

式中，C为常数。根据射线声学的形式解，得声速仅随深度变化的二维介质声场为

$$\begin{aligned}\psi(x,z)&=A(x,z)\mathrm{e}^{\mathrm{j}[\omega t-k_0\varphi(x,z)]}\\&=B(x,z)\mathrm{e}^{\mathrm{j}\left[\omega t-k_0\cos\alpha_0 x-k_0\int_0^z\sqrt{n^2(z)-\cos^2\alpha_0}\,\mathrm{d}z\right]}\end{aligned} \tag{3.104}$$

式中，$B(x,z)$包括了积分常数C。

3.3.2 声射线轨迹

假设声源$(0,z_1)$和接收点(x,z)的位置如图 3.5 所示，可看出声射线满足$\dfrac{\mathrm{d}z}{\mathrm{d}x}=\tan\alpha$。那么，在$x$与$z$单值对应的条件下，起始掠射角为$\alpha_0$的声射线在水平方向的传播距离可由以下积分求出：

$$x=\int_0^x\mathrm{d}x=\int_{z_1}^z\frac{\mathrm{d}z}{\tan\alpha(z)} \tag{3.105}$$

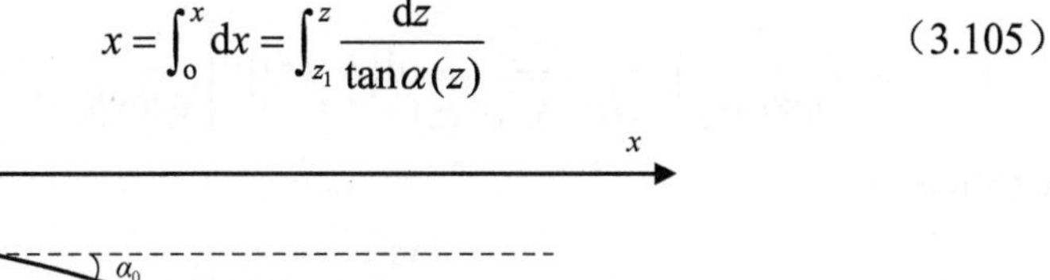

图 3.5　声射线轨迹

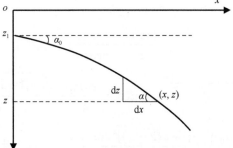

根据折射定律，$\cos\alpha=\dfrac{\cos\alpha_0}{n}$，其中$n=\dfrac{c_0}{c(z)}$，即$\sin\alpha=\sqrt{1-\left(\dfrac{\cos\alpha_0}{n}\right)^2}$，又

$$\tan\alpha(z)=\frac{\sin\alpha(z)}{\cos\alpha(z)}=\frac{\sqrt{1-\left(\dfrac{\cos\alpha_0}{n}\right)^2}}{\dfrac{\cos\alpha_0}{n}}=\frac{\sqrt{n^2-\cos^2\alpha_0}}{\cos\alpha_0} \tag{3.106}$$

式中，c_0为声源处声速。因此，水平传播距离为

$$x = \cos\alpha_0 \int_{z_1}^{z} \frac{\mathrm{d}z}{\sqrt{n^2(z) - \cos^2\alpha_0}} \tag{3.107}$$

对于声射线在声源处以掠射角为 α_0 出射，其传播中声速满足恒定声速梯度 $c(z)=c_0[1+a(z-z_1)]$，其中 $a = \dfrac{1}{c_0}\dfrac{\mathrm{d}c}{\mathrm{d}z}$。显然，$\alpha>0$ 表示正声速梯度，而 $\alpha<0$ 表示负声速梯度。令射线参数 $K = \dfrac{\cos\alpha(z)}{c(z)} = \dfrac{\cos\alpha_0}{c_0}$，代入式（3.107）得

$$x = \int_{z_1}^{z} \frac{Kc_0}{\sqrt{\left[\dfrac{c_0}{c(z)}\right]^2 - K^2 {c_0}^2}}\mathrm{d}z = \int_{z_1}^{z} \frac{Kc_0}{\left[\dfrac{c_0}{c(z)}\right]\sqrt{1 - K^2c^2(z)}}\mathrm{d}z = \int_{z_1}^{z} \frac{Kc(z)}{\sqrt{1-K^2c^2(z)}}\mathrm{d}z \tag{3.108}$$

又 $\mathrm{d}z = \dfrac{1}{c_0}\dfrac{\mathrm{d}c}{a}$，且 $\mathrm{d}c = \dfrac{1}{K}\mathrm{d}(Kc)$，则有

$$\mathrm{d}z = \frac{1}{ac_0K}\mathrm{d}(Kc) = \frac{1}{a\cos\alpha_0}\mathrm{d}(Kc) \tag{3.109}$$

将式（3.109）代入式（3.108）得

$$x = \frac{1}{a\cos\alpha_0}\int_{z_1}^{z} \frac{Kc(z)}{\sqrt{1-K^2c^2(z)}}\mathrm{d}\left[Kc(z)\right] = \left[\frac{1}{a\cos\alpha_0}\sqrt{1-K^2c^2(z)}\right]_z^{z_1} \tag{3.110}$$

积分可得

$$x = \frac{\tan\alpha_0}{a} - \frac{\sin\alpha}{a\cos\alpha_0} \tag{3.111}$$

又 $\sin\alpha = \sqrt{1-[1+a(z-z_1)]^2\cos^2\alpha_0}$，故 $x = \dfrac{\tan\alpha_0}{a} - \dfrac{\sqrt{1-[1+a(z-z_1)]^2\cos^2\alpha_0}}{a\cos\alpha_0}$，即 $\left(\dfrac{1}{a\cos\alpha_0}\right)^2 = \left(x - \dfrac{\tan\alpha_0}{a}\right)^2 + \dfrac{[1+a(z-z_1)]^2\cos^2\alpha_0}{(a\cos\alpha_0)^2}$。因此，声射线满足：

$$\left(x - \frac{1}{a}\tan\alpha_0\right)^2 + \left(z - z_1 + \frac{1}{a}\right)^2 = \left(\frac{1}{a\cos\alpha_0}\right)^2 \tag{3.112}$$

可见，声射线轨迹为圆，其圆心的坐标为（$\dfrac{1}{a}\tan\alpha_0$，$z_1 - \dfrac{1}{a}$），半径为 $R = \left|\dfrac{1}{a\cos\alpha_0}\right|$。声源深度越大，圆心的纵坐标离原点越远，其他不变。初始掠射角 a_0 越大，圆心的横坐标离原点越远，轨迹半径 R 越大，但圆心的纵坐标不变。声速递度 a 越小，圆心的横坐标离原点越远，轨迹半径 R 越大，而圆心纵坐标离原点越近。此外，声速

梯度小的声射线能远距离传播。对于$|a|=10^{-6}\sim10^{-4}$，半径可达几千米，甚至上百千米。

此外，声射线轨迹也可通过求解曲率确定。由式（3.98）可得声射线曲率为

$$\kappa=\frac{\mathrm{d}\gamma}{\mathrm{d}l}=-\frac{\sin\gamma}{n}\frac{\mathrm{d}n}{\mathrm{d}z}=\frac{\sin\gamma}{c}\frac{\mathrm{d}c}{\mathrm{d}z} \tag{3.113}$$

式中，γ 为声射线入射角（即声射线与 z 轴的夹角），则 $\gamma=\dfrac{\pi}{2}-\alpha$（$\alpha$ 为掠射角）。当声速梯度恒定时，$c(z)=c_0[1+a(z-z_1)]$，则有

$$a=\frac{1}{c_0}\frac{\mathrm{d}c}{\mathrm{d}z} \tag{3.114}$$

将式（3.114）代入式（3.113）得

$$\kappa=\frac{\mathrm{d}\gamma}{\mathrm{d}l}=\frac{\sin\gamma}{c}ac_0=a\cos\alpha\frac{\cos\alpha_0}{\cos\alpha}=a\cos\alpha_0 \tag{3.115}$$

可见，当声速梯度恒定时，声射线曲率 κ 为常数，轨迹为圆弧，其半径 $R=\dfrac{1}{a\cos\alpha_0}=\dfrac{c}{ac_0\cos\alpha}$。

3.3.3　声射线的水平传播距离

如图 3.6 所示，声射线在位置$(0, z_1)$以起始掠射角 α_0 出射，在点(x, z)处接收。以下讨论声射线水平传播距离的确定。这种情况在实际水声测量中经常遇到。

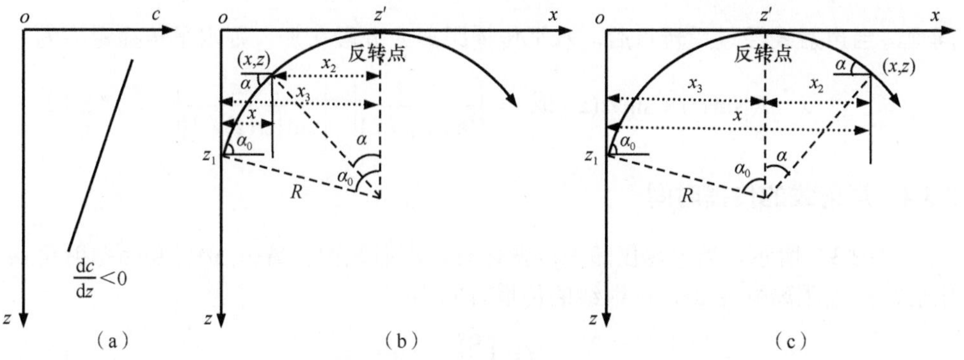

图 3.6　声射线在负声速梯度条件下的水平传播距离

若接收点离声源很近，声射线未经过反转点便到达接收点，如图 3.6（b）所示。这时声射线传播距离 x 和 z 是单值对应的，则声射线的水平传播距离为

$$x=\cos\alpha_0\left|\int_{z_1}^{z}\frac{\mathrm{d}z}{\sqrt{n^2(z)-\cos^2\alpha_0}}\right| \tag{3.116}$$

若接收点距离声源较远，声射线经过反转点才可到达接收点，如图 3.6（c）所示。这时声射线传播距离 x 和 z 不再是一一对应，在求声射线水平传播距离 x 时应当分段相加，即

$$x = x_3 + x_2 = \cos\alpha_0 \left| \int_{z_1}^{z'} \frac{\mathrm{d}z}{\sqrt{n^2(z) - \cos^2\alpha_0}} \right| + \cos\alpha' \left| \int_{z'}^{z} \frac{\mathrm{d}z}{\sqrt{n^2(z) - \cos^2\alpha'}} \right| \tag{3.117}$$

当声射线在 z'处发生反转时，掠射角 $\alpha'=0$，则式（3.117）为

$$x = \cos\alpha_0 \left| \int_{z_1}^{z'} \frac{\mathrm{d}z}{\sqrt{n^2(z) - \cos^2\alpha_0}} \right| + \left| \int_{z'}^{z} \frac{\mathrm{d}z}{\sqrt{n^2(z) - 1}} \right| \tag{3.118}$$

在声速梯度为常数的情况下，声射线轨迹为圆弧。如图 3.6 所示，声射线的水平传播距离为

$$x = R\left|\sin\alpha_0 - \sin\alpha(z)\right| \tag{3.119}$$

式中，$R = \dfrac{1}{a\cos\alpha_0}$，而垂直距离为 $z_1 - z = R\left|\cos\alpha(z) - \cos\alpha_0\right|$。在声学实验中，发射换能器的发射深度和水听器的接收深度可以事先确定。那么，为了获得高信噪比的信号，确定水平接收距离就很重要。根据式（3.119），在给定发射深度 z_1 和接收深度 z 的条件下，水平传播距离可表示为

$$x = \frac{z_1 - z}{\tan\left[\dfrac{\alpha_0 + \alpha(z)}{2}\right]} \tag{3.120}$$

同理，当声射线经过反转点后，水平传播距离应分段相加，则水平传播距离为

$$x = R\left|\sin\alpha_0 + \sin\alpha(z)\right| \text{ 或 } x = \left|\frac{z_1 - z'}{\tan(\alpha_0/2)}\right| + \left|\frac{z - z'}{\tan[\alpha(z)/2]}\right| \tag{3.121}$$

3.3.4 声射线的传播时间

如图 3.7 所示，当声速仅随深度变化时，声射线由位置$(0, z_1)$以起始掠射角 α_0 出射，经过距离微元 ds，声射线的传播时间为

$$t = \int \frac{\mathrm{d}s}{c} \tag{3.122}$$

当微元足够小时，距离微元满足：

$$\mathrm{d}s = \frac{\mathrm{d}z}{\sin\alpha(z)} \tag{3.123}$$

将式（3.123）代入式（3.122）得

$$t=\int_{z_1}^{z}\frac{\mathrm{d}z}{c(z)\sin\alpha(z)} \tag{3.124}$$

根据斯涅尔定律，有

$$\sin\alpha=\sqrt{1-\cos^2\alpha}=\sqrt{1-\left(\frac{\cos\alpha_0}{n}\right)^2}=\frac{1}{n}\sqrt{n^2-\cos^2\alpha_0} \tag{3.125}$$

将式（3.125）代入式（3.124）得

$$t=\int_{z_1}^{z}\frac{1}{c_0}\frac{n^2(z)\mathrm{d}z}{\sqrt{n^2(z)-\cos^2\alpha_0}} \tag{3.126}$$

式（3.126）即计算声射线传播时间的一般表达式。

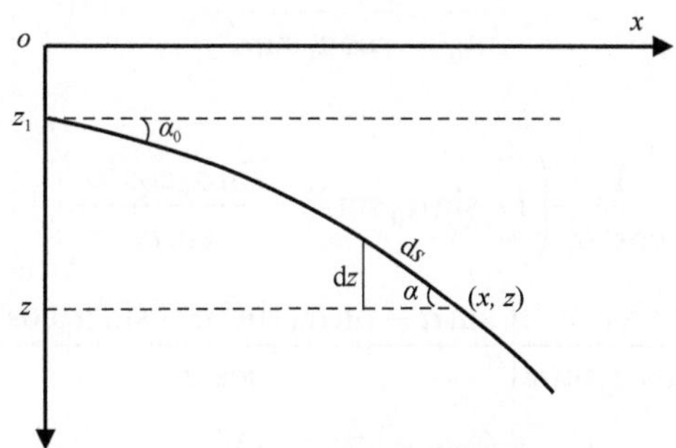

图 3.7　声射线距离微元

当声速梯度恒定时，$c(z)=c_0[1+a(z-z_1)]$，由式（3.123）得

$$\mathrm{d}s=\frac{-\mathrm{d}\alpha}{a\cos\alpha_0} \tag{3.127}$$

则有

$$\mathrm{d}z=\sin\alpha\mathrm{d}s=-\frac{\sin\alpha\mathrm{d}\alpha}{a\cos\alpha_0} \tag{3.128}$$

将式（3.128）代入式（3.126）可得

$$t=\int_{\alpha_0}^{\alpha}\frac{\mathrm{d}\alpha}{ac_0\cos\alpha}=\frac{1}{2ac_0}\left(\ln\frac{1+\sin\alpha}{1-\sin\alpha}-\ln\frac{1+\sin\alpha_0}{1-\sin\alpha_0}\right) \tag{3.129}$$

式（3.129）即恒定声速梯度层中声射线传播时间的计算公式。

3.3.5　声射线的强度

假设单层内声速梯度恒定，则由式（3.119）可得

$$x=R\left|\sin\alpha_0-\sin\alpha(z)\right|=\frac{1}{a\cos\alpha_0}\left|\sin\alpha_0-\sin\alpha(z)\right| \tag{3.130}$$

以下分析以$\alpha_0 > \alpha(z)$为例进行讨论，保证声强为正值，从而避免出现绝对值，然而有关推导也同样适用$\alpha_0 < \alpha(z)$的情况。式（3.130）除去绝对值后，对α_0求导，可得

$$\begin{aligned}\frac{\partial x}{\partial \alpha_0} &= \frac{a\cos^2\alpha_0 - a\cos\alpha_0\cos\alpha\dfrac{\partial\alpha}{\partial\alpha_0} + a\sin^2\alpha_0 - a\sin\alpha_0\sin\alpha}{a^2\cos^2\alpha_0} \\ &= \frac{1}{a\cos^2\alpha_0}\left(1 - \sin\alpha_0\sin\alpha - \cos\alpha_0\cos\alpha\frac{\partial\alpha}{\partial\alpha_0}\right)\end{aligned} \tag{3.131}$$

对$\dfrac{\cos\alpha}{c} = \dfrac{\cos\alpha_0}{c_0}$（斯涅尔定律）两边求导可得

$$\frac{\partial\alpha}{\partial\alpha_0} = \frac{\cos\alpha\sin\alpha_0}{\cos\alpha_0\sin\alpha} \tag{3.132}$$

代入式（3.131）得

$$\begin{aligned}\frac{\partial x}{\partial \alpha_0} &= \frac{1}{a\cos^2\alpha_0}\left(1 - \sin\alpha_0\sin\alpha - \frac{\sin\alpha_0\cos^2\alpha}{\sin\alpha}\right) \\ &= \frac{1}{\cos\alpha_0\sin\alpha}\left(\frac{\sin\alpha - \sin\alpha_0\sin^2\alpha - \sin\alpha_0\cos^2\alpha}{a\cos\alpha_0}\right) \\ &= \frac{1}{\cos\alpha_0\sin\alpha}\left(\frac{|\sin\alpha - \sin\alpha_0|}{a\cos\alpha_0}\right) = \frac{x}{\cos\alpha_0\sin\alpha}\end{aligned} \tag{3.133}$$

将式（3.133）代入声强公式$I = \dfrac{W\cos\alpha_0}{x\left(\dfrac{\partial x}{\partial\alpha}\right)_{\alpha_0}\sin\alpha}$，求正值可得线性分层介质的声强公式为

$$I = \frac{W\cos^2\alpha_0}{x^2} \tag{3.134}$$

从而线性分层介质的射线声学声场解为

$$\psi(x,z) \sim \sqrt{I}\mathrm{e}^{\mathrm{j}k_0\varphi(x,z)} = \sqrt{\frac{W\cos^2\alpha_0}{x^2}}\mathrm{e}^{\mathrm{j}\left[\omega t - k_0\cos\alpha_0 x - k_0\int_0^z\sqrt{n^2(z)-\cos^2\alpha_0}\,\mathrm{d}z + C\right]} \tag{3.135}$$

对于任意复杂的声速垂直分布情况，都可以近似看成由许多层的线性介质连接而成，如图3.8所示。将复杂变化的$c(z)$用多段折线来逼近，在每一层使声射线位置x、z单值对应，从而可以把上述单层线性介质讨论方法推广到多层线性介质的情况。

设$c_i(z)$、$\alpha_i(z)$、Δx_i、$g_i = \left(\dfrac{\partial c}{\partial z}\right)_i$分别代表第$i$层介质的声速、声射线折射角、声射线水平传播距离和声速梯度，α_0为i=0层的初始掠射角。那么，根据式（3.119）

可得

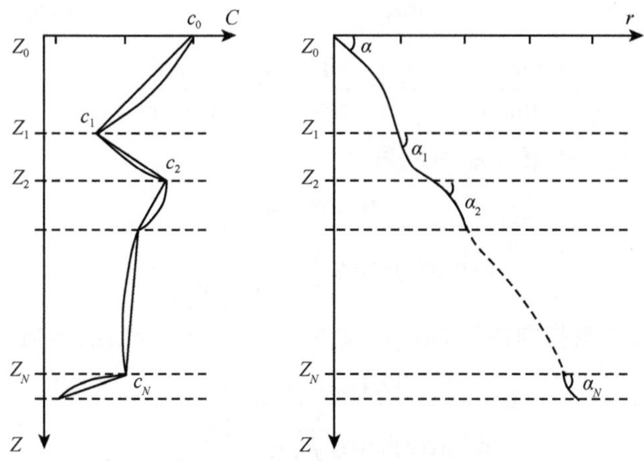

图 3.8　线性分层介质中的声射线

$$\Delta x_i = \frac{c_i}{g_i \cos\alpha_i(z)} \left| \sin\alpha_i(z) - \sin\alpha_{i+1}(z) \right| \tag{3.136}$$

总的水平传播距离 x 等于 N 层的水平传播距离 Δx_i 的累加，即

$$x = \sum_{i=0}^{N-1} \Delta x_i = \frac{c_0}{\cos\alpha_0} \sum_{i=0}^{N-1} \left| \frac{\sin\alpha_i(z) - \sin\alpha_{i+1}(z)}{g_i} \right| \tag{3.137}$$

将式（3.137）对 α_0 求导得

$$\frac{\partial x}{\partial \alpha_0} = \sum_{i=0}^{N-1} \frac{c_0 \left(\cos\alpha_0 \cos\alpha_i \dfrac{\partial \alpha_i}{\partial \alpha_0} - \cos\alpha_0 \cos\alpha_{i+1} \dfrac{\partial \alpha_{i+1}}{\partial \alpha_0} + \sin\alpha_0 \sin\alpha_i - \sin\alpha_0 \sin\alpha_{i+1} \right)}{g_i \cos^2\alpha_0} \tag{3.138}$$

对 $\dfrac{\cos\alpha_i}{c_i} = \dfrac{\cos\alpha_0}{c_0}$（斯涅尔定律）两边求导可得 $\dfrac{\partial \alpha}{\partial \alpha_0} = \dfrac{c_i \sin\alpha_0}{c_0 \sin\alpha_i}$，代入式（3.138）得

$$\begin{aligned}\frac{\partial x}{\partial \alpha_0} &= \sum_{i=0}^{N-1} \frac{c_0 \left(\cos\alpha_0 \cos\alpha_i \dfrac{c_i \sin\alpha_0}{c_0 \sin\alpha_i} - \cos\alpha_0 \cos\alpha_{i+1} \dfrac{c_{i+1} \sin\alpha_0}{c_0 \sin\alpha_{i+1}} + \sin\alpha_0 \sin\alpha_i - \sin\alpha_0 \sin\alpha_{i+1} \right)}{g_i \cos^2\alpha_0} \\ &= \sum_{i=0}^{N-1} \frac{c_0 \left(\cos^2\alpha_i \dfrac{\sin\alpha_0}{\sin\alpha_i} - \cos^2\alpha_{i+1} \dfrac{\sin\alpha_0}{\sin\alpha_{i+1}} + \sin\alpha_0 \sin\alpha_i - \sin\alpha_0 \sin\alpha_{i+1} \right)}{g_i \cos^2\alpha_0}\end{aligned}$$

$$=\sum_{i=0}^{N-1}\frac{c_0}{g_i\cos^2\alpha_0}\left(\frac{\cos^2\alpha_i\sin\alpha_0+\sin\alpha_0\sin^2\alpha_i}{\sin\alpha_i}-\frac{\cos^2\alpha_{i+1}\sin\alpha_0+\sin\alpha_0\sin^2\alpha_{i+1}}{\sin\alpha_{i+1}}\right)$$

$$=\sum_{i=0}^{N-1}\frac{c_0\sin\alpha_0}{g_i\cos^2\alpha_0}\left(\frac{\sin\alpha_{i+1}-\sin\alpha_i}{\sin\alpha_i\sin\alpha_{i+1}}\right)=\frac{\sin\alpha_0}{\cos\alpha_0}\sum_{i=0}^{N-1}\frac{\Delta x_i}{\sin\alpha_i\sin\alpha_{i+1}} \tag{3.139}$$

因此，由式（3.85）得第 N 层的声强为

$$I=\frac{W\cos^2\alpha_0}{x\sin\alpha(z)\sin\alpha_0\sum_{i=0}^{N-1}\frac{\Delta x_i}{\sin\alpha_i\sin\alpha_{i+1}}} \tag{3.140}$$

假设声源的声强辐射指向性为 $D(\alpha_0)$，则多层线性分层介质的声强公式可写为

$$I=\frac{WD(\alpha_0)\cos^2\alpha_0}{x\sin\alpha(z)\sin\alpha_0\sum_{i=0}^{N-1}\frac{\Delta x_i}{\sin\alpha_i\sin\alpha_{i+1}}} \tag{3.141}$$

那么，多层线性分层介质的射线声学声场解为

$$\psi(x,z)\sim\sqrt{\frac{WD(\alpha_0)\cos^2\alpha_0}{x\sin\alpha(z)\sin\alpha_0\sum_{i=0}^{N-1}\frac{\Delta x_i}{\sin\alpha_i\sin\alpha_{i+1}}}}\mathrm{e}^{\mathrm{j}\left[\omega t-k_0\cos\alpha_0 x-k_0\int_0^z\sqrt{n^2(z)-\cos^2\alpha_0}\mathrm{d}z+C\right]} \tag{3.142}$$

3.4 海洋生物复杂介质的波动声学

海豚、抹香鲸等齿鲸类动物通过复杂的声学结构发射高指向性声波束进行回声定位。20 世纪 70 年代末，Au 等[3]对宽吻海豚声波束指向性进行了实验测量。已有的声波束指向性测量包括诸多齿鲸种类，如宽吻海豚[4-7]、白鲸（*Delphinapterus leucas*）[8]、伪虎鲸（*Pseudorca crassidens*）[9]、抹香鲸（*Physeter macrocephalus*）[10]、柯氏喙鲸（*Ziphius cavirostris*）[11]、皮氏斑纹海豚（*Lagenorhynchus australis*）[12]、花斑喙头海豚（*Cephalorhynchus commersonii*）[12]、鼠海豚（*Phocoena phocoena*）[13]等。海洋生物声速分布具有很强的不均匀性。以海豚、江豚等齿鲸类动物为例，其生物组织的声速变化可高达 $10^3\,\mathrm{s}^{-1}$，不能视为弱不均匀介质。此外，海洋生物声学结构的声速、密度和声阻抗通常是三维空间分布函数。这比前面假定的海水声速的垂直分层特性要复杂得多。这些使得经典射线理论和弱不均匀介质波动理论难以直接描述齿鲸复杂介质的声传播机制，需要发展海洋生物复杂介质的声学理论。因此，本节对海洋生物复杂介质的波动声学进行初步介绍。

3.4.1 海洋生物复杂介质的声传播理论

海洋生物复杂介质的声传播特性与其声学结构有关。齿鲸声学结构根据材料

属性可分为固体、流体和气体等多相结构。固体结构包括上颌骨、下颌骨和头骨等。气体结构包括气囊和鼻道等。流体结构为具有不均匀声速特性的软组织，主要包括结缔组织、肌肉组织及额隆组织等。

对于均匀流体介质，如背景介质水和齿鲸类动物气囊内部的空气，其声速为常数，则其声传播应满足均匀流体介质的波动方程：

$$\nabla^2 p - \frac{1}{c^2}\frac{\partial^2 p}{\partial t^2} = 0 \tag{3.143}$$

气囊、鼻道等气体结构与生物软组织、固体结构等相接的边界应满足界面 $\sum_{气}$ 上任何点的声压 p 总为零的自由边界条件：

$$p\big|_{\Sigma_{气}} = 0 \tag{3.144}$$

然而，生物软组织内的声压满足不均匀介质的波动方程：

$$\nabla\cdot\left[\frac{\nabla p}{\rho(\boldsymbol{x})}\right] - \frac{1}{\rho(\boldsymbol{x})c^2(\boldsymbol{x})}\frac{\partial^2 p}{\partial t^2} = 0 \tag{3.145}$$

式中，生物软组织的声速 $c(\boldsymbol{x})=c(x, y, z)$、密度 $\rho(\boldsymbol{x})=\rho(x, y, z)$、声阻抗 $\rho(\boldsymbol{x})c(\boldsymbol{x})$ 都是空间分布函数。生物软组织与背景介质水等相接的边界应满足界面 $\sum_{组织}$ 上任何点的压力连续和质点的法向振动速度连续的边界条件：

$$\begin{aligned} p\big|_{\Sigma^-_{组织}} &= p\big|_{\Sigma^+_{组织}} \\ u_n\big|_{\Sigma^-_{组织}} &= u_n\big|_{\Sigma^+_{组织}} \end{aligned} \tag{3.146}$$

如图 3.9 所示，鼠海豚头部声发射系统垂直截面显示了渐变的声阻抗分布特性。显然，解析求解其波动方程有一定困难。尽管如此，齿鲸类动物声传播也呈现向低声速组织弯曲的特性。

进一步，齿鲸类动物复杂形状的头骨和上颌骨、下颌骨等固体介质可产生横波和纵波，则波动方程满足：

$$(\lambda+\mu)\nabla(\nabla\cdot\boldsymbol{v}) + \mu\nabla^2\boldsymbol{v} - \rho\frac{\partial^2\boldsymbol{v}}{\partial t^2} = 0 \tag{3.147}$$

式中，$\boldsymbol{v}$ 是速度矢量；λ 和 μ 分别是描述压力波和剪切波模量的常量。生物固体结构与背景介质水、生物软组织等相接的边界应满足界面 $\sum_{固体}$ 上任何点的法向应力平衡和质点的法向振动速度连续的边界条件：

$$\begin{aligned} T_n\big|_{\sum^-_{固体}} &= T_n\big|_{\sum^+_{固体}} \\ u_n\big|_{\sum^-_{固体}} &= u_n\big|_{\sum^+_{固体}} \end{aligned} \tag{3.148}$$

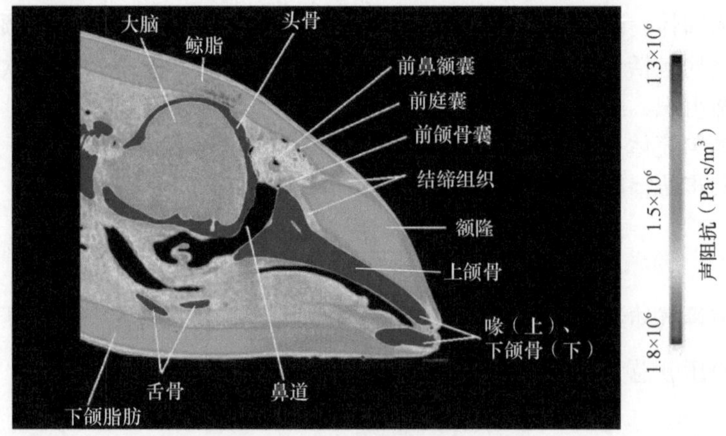

图 3.9 鼠海豚头部各结构

可见，建立在波动方程（3.143）基础上的均匀流体介质声传播理论难以描述齿鲸声学结构的声传播过程，需要应用复杂介质波动理论方程（3.143）至方程（3.148）来求解不均匀多相介质的声传播。该理论不仅可以描述声传播的声压分布，还可以描述声波束的指向性。气囊、鼻道等不同结构对声传播的影响可以通过求解波动方程组进行分析。海豚、江豚等齿鲸类动物通过复杂的声学结构将无指向性声波调控成强指向性声波束，这充分体现了不均匀介质波动理论的重要性。

3.4.2 齿鲸多相声学结构对声波束的联合调控

骨质结构、气质结构和软组织形成一个声学多相（固、气、液）结构，联合调控齿鲸声呐系统的声传播及声波束形成。

首先，齿鲸声呐系统的气质结构包含鼻道及气囊。鼻道与气囊是连接在一起的气体通道。气质系统内的气体循环与齿鲸的呼吸和发声相关。气质系统向外的开口位于喷气孔，并通过鼻道向下连接至咽喉位置。气囊系统由喷气孔往鼻道方向包含三对气囊。前庭囊位于额隆后侧上方，是最靠近喷气孔的一对气囊。前颌骨囊紧贴于上颌骨后侧上方。前鼻额囊位于前庭囊和前颌骨囊之间。海豚气囊系统以体轴中轴线在结构上呈左右分布，但尺寸并不完全对称。研究表明，气囊与鼻道对小抹香鲸声波传播及声波束形成起着重要作用（图 3.10）。小抹香鲸模型在失去气囊时，部分声波向着后方、上方及下方传播，声波束的旁瓣增多且能量泄漏增强。气质结构与前额软组织的声阻抗存在显著的差异，因而气质结构在声学上起着声散射体甚至绝对软边界的作用。

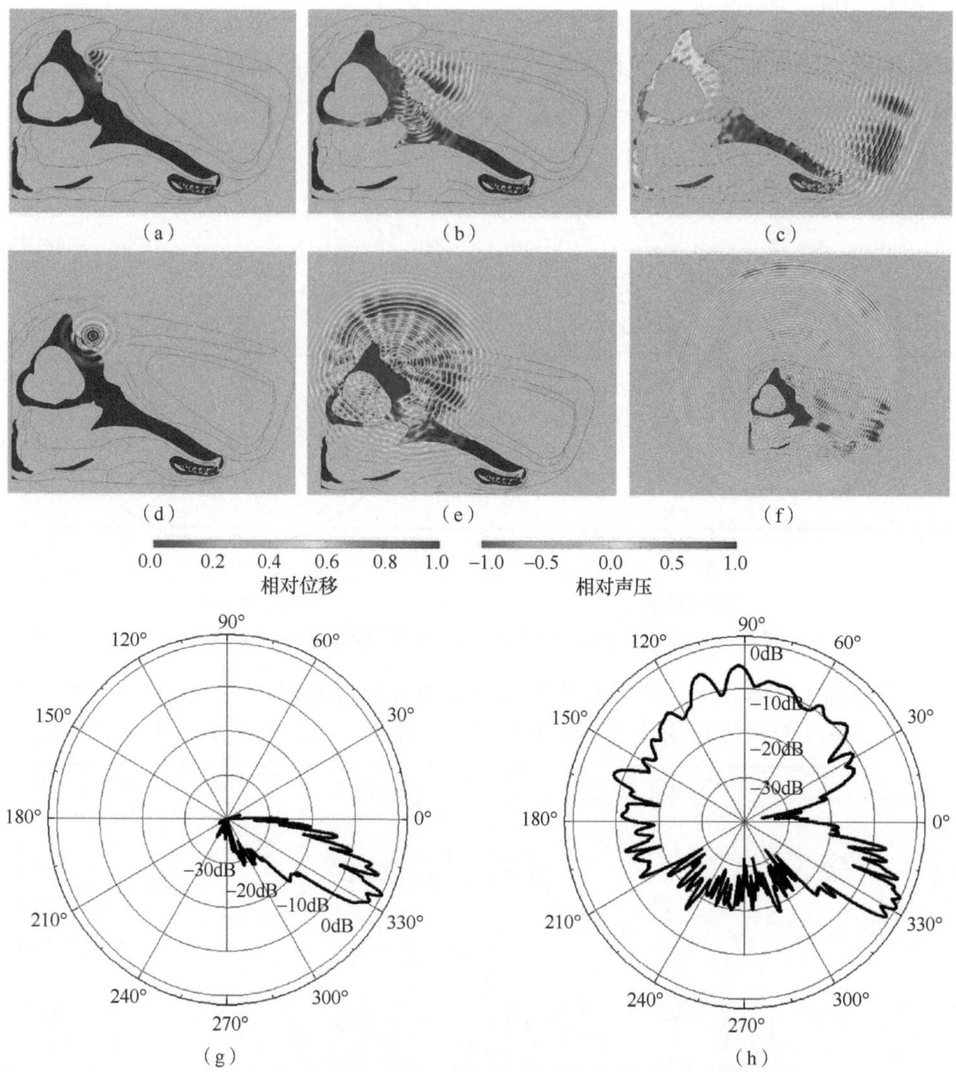

图 3.10　小抹香鲸有无气质结构的声学模型结果对比

（a）、（b）和（c）表示小抹香鲸在有气质结构时垂直截面声学模型的 3 个不同传播时刻的流体声压分布与骨质结构位移分布；（d）、（e）和（f）表示小抹香鲸在无气质结构时垂直截面声学模型的 3 个不同传播时刻的结果；（g）、（h）分别表示声波在完整模型下与无气质结构模型下头部外形成的波束径向分布[14]

此外，齿鲸类动物与声波调控相关的骨质结构由头骨和上颌骨组成。上颌骨与头骨衔接在一起。骨质结构的压力波速度、剪切波速度和密度分别为 3380 m/s、2200 m/s 与 2035 kg/m^3[15-17]。图 3.11 比较了鼠海豚无头骨模型和完整模型得到的声波束结果。可以看出，头骨的反射作用明显，阻止声波向着喙部以下传播的同时还限制了旁瓣。头骨结构声特性阻抗大于软组织、空气和水，能够将声波往前反射的同时使声波往喙部以上传播，从而形成向前传播的指向性波束，表明骨质结构对声波有反射作用，这与传统上对上颌骨作用的认识相符。

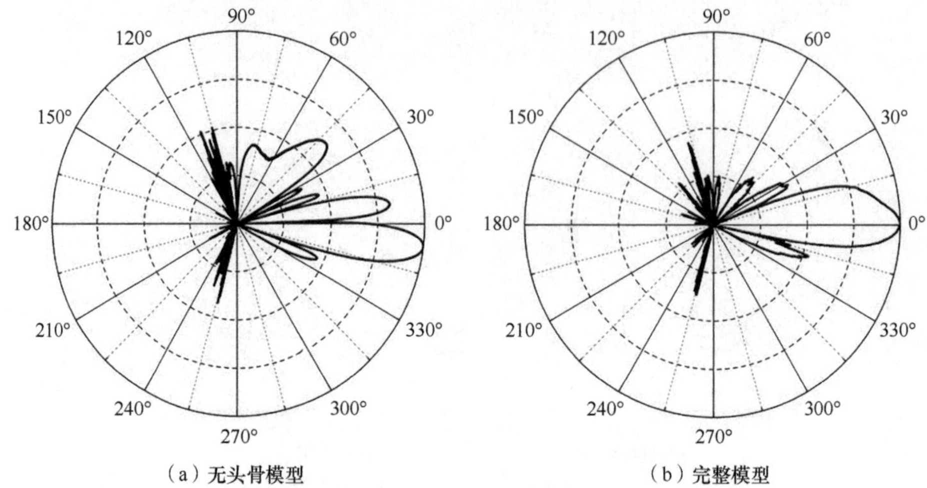

图 3.11 鼠海豚无头骨模型和完整模型得到的声波束结果[18]

齿鲸的上颌骨由于声固耦合作用还能激发固体位移振动[19]。图 3.12 描述了白鱀豚声呐系统的声波传播过程。结果表明，上颌骨不仅向前反射了来自组织的声

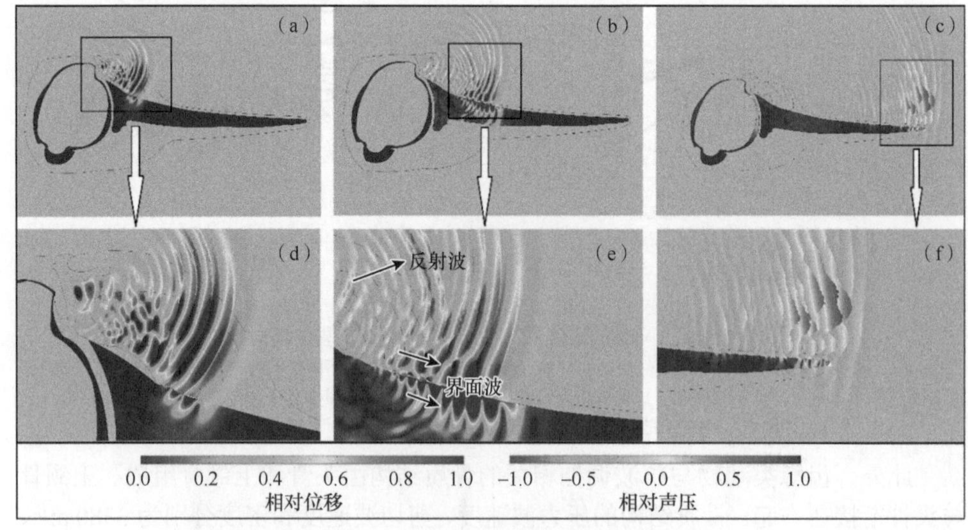

图 3.12 白鱀豚声呐系统的声波传播过程

（a）、（b）和（c）表示白鱀豚垂直截面三个不同时刻的声波短脉冲传播情况，（d）、（e）和（f）分别为（a）、（b）和（c）的细节放大情况[19]

波，还激发了沿着上颌骨—软组织传播的界面波。沿着上颌骨往前，界面波位移发生变化。界面波离开上颌骨后与组织介质的声波迭加，在水中继续传播。这表明上颌骨结构不仅起到了声反射作用，还能在声固耦合的机制下激发出界面波，从而提升了当前研究对齿鲸类动物骨质结构声功能的认识。

进一步，齿鲸的软组织结构位于鼻道前方、上颌骨上方，占据着前额大部分空间。前额软组织的声速和密度由内而外呈梯度分布，存在一个低声速和低密度的核。早期研究推测，脂肪性质的额隆的主要作用是聚焦声波。然而，近年来研究发现，额隆有一定的声聚焦、声波导、声阻抗匹配等作用。图 3.13 描述了鼠海豚头部内部不均匀介质的声传播。可以看出，在声波传播到额隆核心层以前就已经形成一定的声波束指向性。当声波在软组织内部继续向前传播时，低声速软组织对声波起到了一定的折射作用。对比有无额隆的鼠海豚模型可以看出，鼠海豚额隆虽未对其远场的声波束主瓣产生明显的影响，但是对旁瓣有一定的抑制作用。当然，不同齿鲸类动物的多相声学结构有所不同，因此其对声波束形成的作用会有差异。

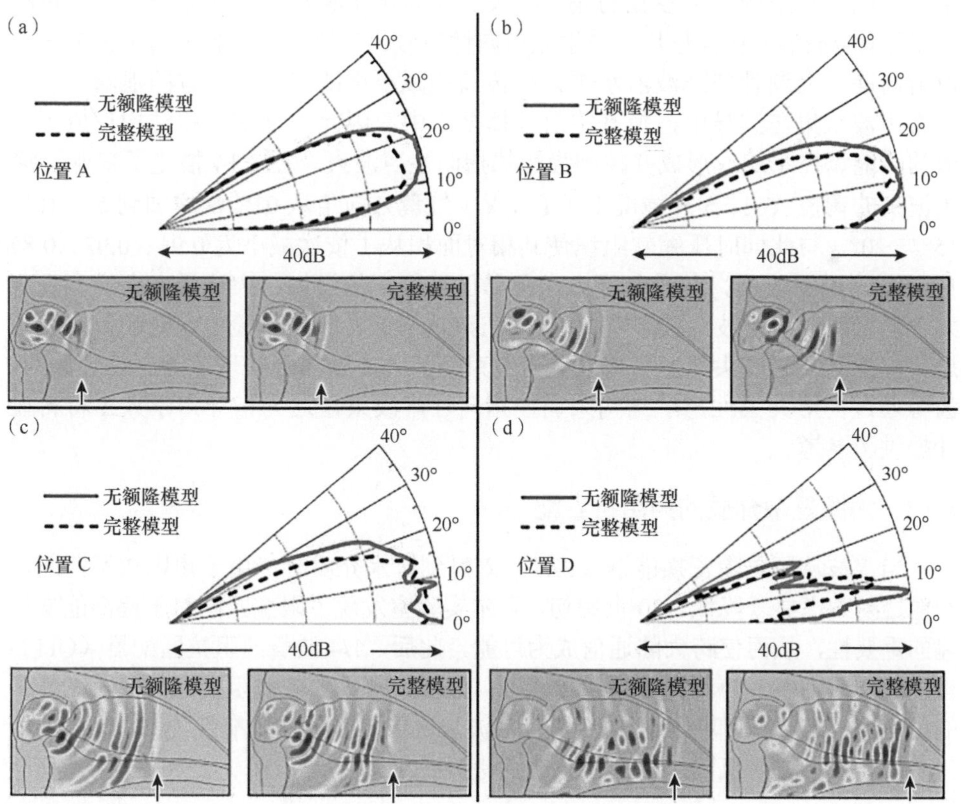

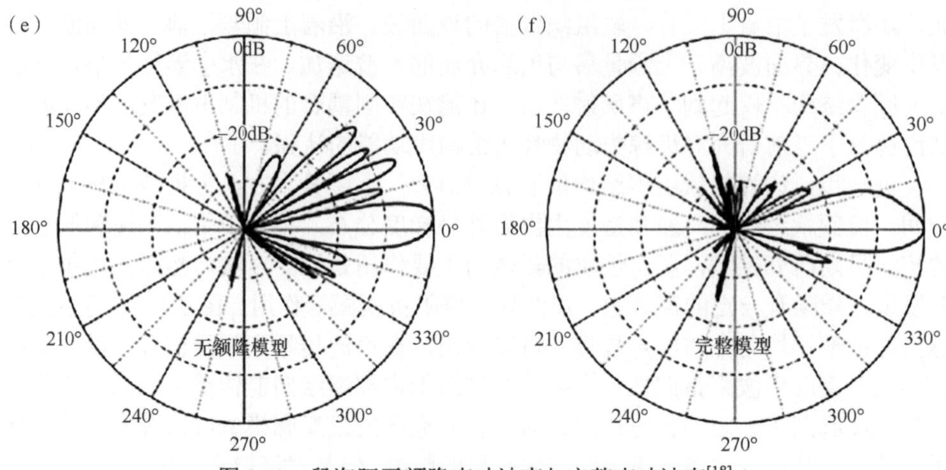

图 3.13　鼠海豚无额隆声呐波束与完整声呐波束[18]

可见，声波在这三种声学结构组成的多相介质调控下，形成指向性的声波束。这除了与结构声学参数的差异有关，还与声学参数的空间分布有关。鼻道由于流体-结构-声相互作用，产生无指向性声波。声波首先被鼻道与上侧的气囊反射向前。上颌骨使声波沿水平方向传播并减小声能向头部下方的泄漏。软组织将声波聚集在波导中，使其往前传播至水中。因此，这些多相结构形成了高效的声能调控系统，形成并控制齿鲸的指向性声波束。图 3.14 描述了东亚江豚声波束的调控效应。5 种情况下（Ⅰ～Ⅴ）气囊方向角从 0°依次增加到 5°、10°、15°与 20°，与此同时压缩软组织使其相对面积从 1 依次减小为 0.96、0.92、0.87 与 0.83。结果表明，随着气囊方向角和压缩程度的增加，声传播方向没有受到太大的影响，但声波束被展宽。这与 Wisniewska 等[20]在实验中观测的鼠海豚在近距离探测中通过头部变形来展宽声波束、扩大声学视野的现象是定性一致的。齿鲸通过变形其柔性声学结构来调控指向性声波束，这为指导声学人工材料设计提供了参考。

3.4.3　海豚复杂介质的声阻抗匹配

当声波从压电陶瓷换能器（PZT）入射到海水介质时，由于声阻抗不匹配，声能透射效率显著降低。20 世纪初，贝尔实验室发现了阻抗匹配对于提高能量传输的重要性，从而使跨大陆通信成为可能。此后，1/4 波长的阻抗匹配器（QIT）被广泛应用到电、声和光等能量传输中。然而，常规的匀质阻抗匹配器存在基本的厚度-波长限制，即匹配层厚度严格由波长决定，能量只能窄带传输。因此，如何实现能量在宽带范围内的高效传输亟待解决。

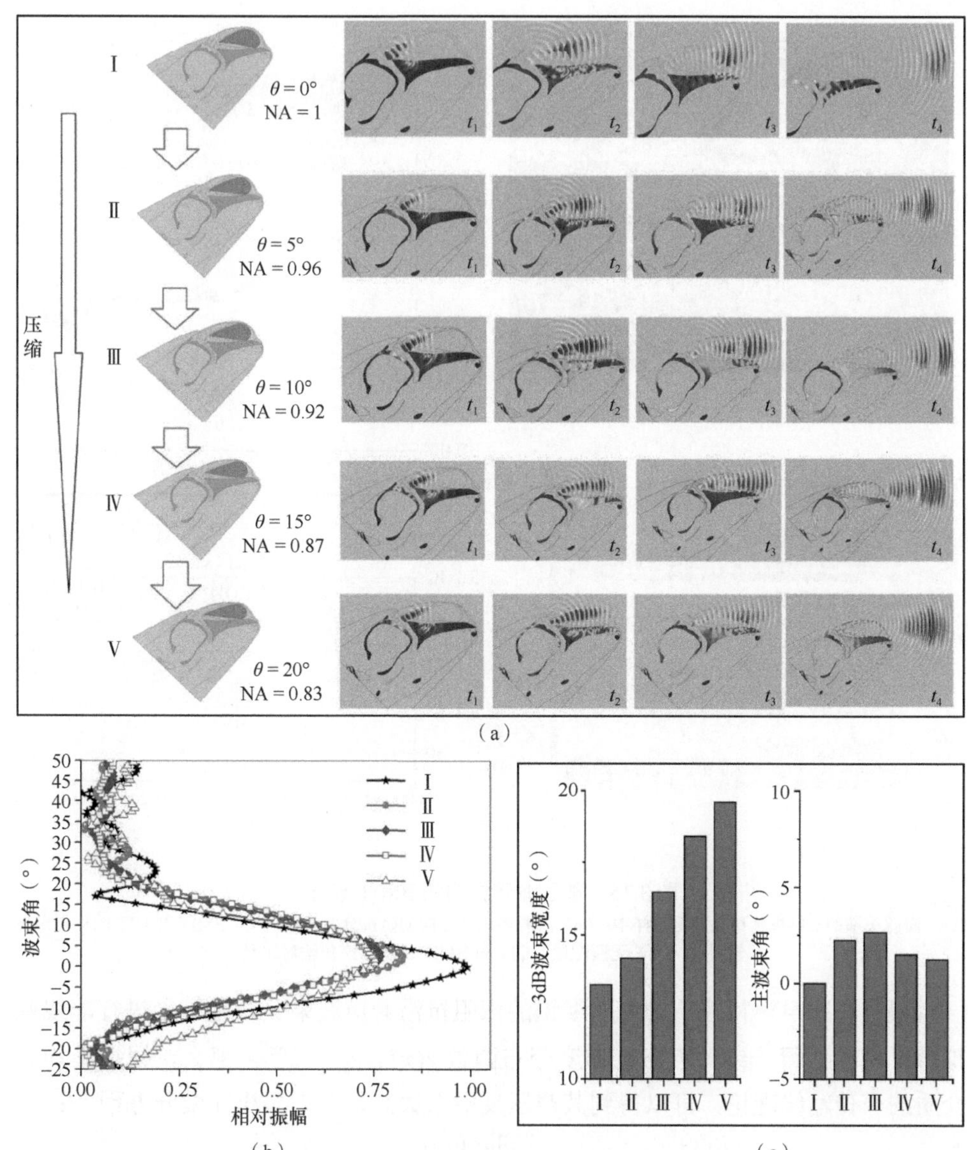

图 3.14　东亚江豚声波束的调控效应

（a）东亚江豚头部压缩对峰值频率为 125 kHz 的声脉冲传播的影响，其中 θ 表示气囊方向角，NA 为初始的归一化面积（即相对面积）；（b）不同压缩状态下东亚江豚的声波束特性；（c）不同压缩状态下东亚江豚的声传播的−3 dB 波束宽度与主波束角分布[21]

历经长期的自然选择，海豚进化出多相的回声定位系统，包括气囊、声速-密度渐变组织、头骨与上颌骨等。海豚声阻抗匹配器（BMIT）能够将宽带脉冲高效地传输到水中，其原理可为宽带阻抗匹配设计提供新思路，如图 3.15 所示[22]。

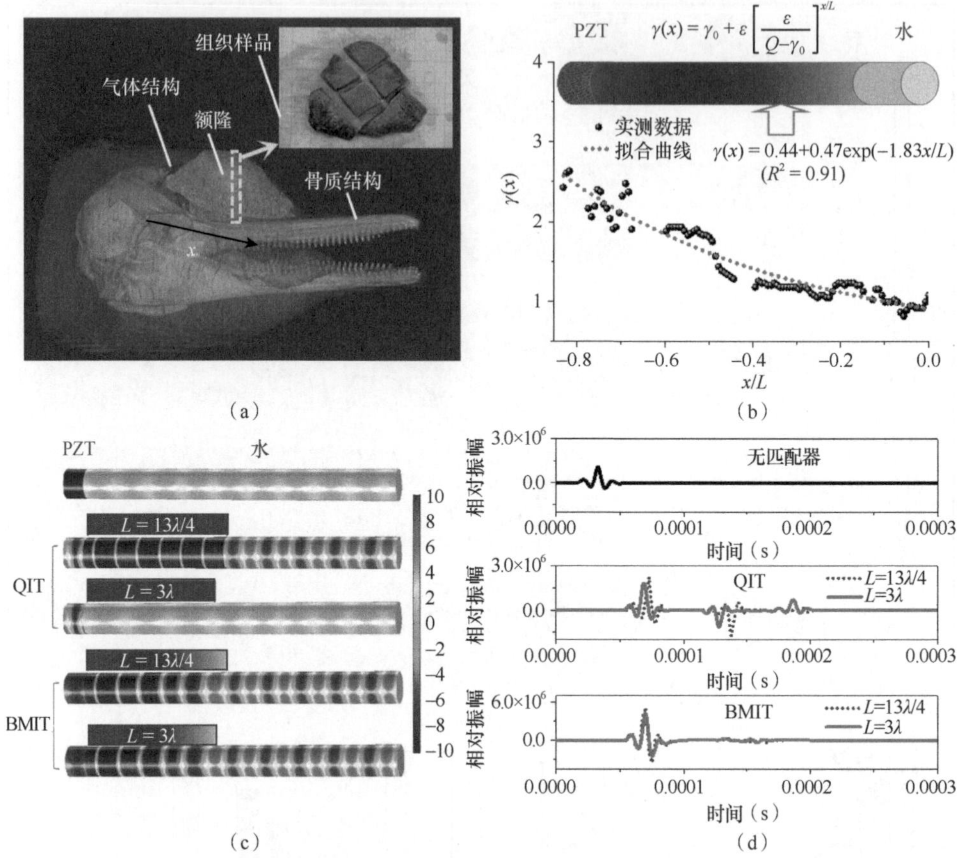

图 3.15　基于海豚结构的 BMIT 设计

（a）海豚头部的三维重建结果和组织样本；（b）海豚声主轴方向的阻抗分布函数；（c）BMIT 与 QIT 的稳态声传输对比；（d）无匹配层、QIT 与 BMIT 的瞬态声传输对比[22]

根据海豚声学特性，对海豚组织的声阻抗沿着声波束 x 传播方向进行非线性拟合，可以获得一维的声阻抗梯度分布函数 $\gamma(x)=\gamma_0+\varepsilon \mathrm{e}^{ax}$。那么，根据不均匀介质的声传输线理论，可以得到其声压反射系数满足以下非线性微分方程[23]：

$$\frac{\partial R(x)}{\partial x}-2ikR(x)+\frac{1}{2}\frac{\partial \ln\gamma(x)}{\partial x}\left[1-R^2(x)\right]=0 \tag{3.149}$$

式中，$R(x)$为反射系数；i 为虚数单位。那么，可以得到海豚不均匀组织的声传输方程：

$$\frac{\partial R(x)}{\partial x}-2ikR(x)+\frac{1}{2}\frac{\varepsilon a \mathrm{e}^{ax}}{(\gamma_0+\varepsilon \mathrm{e}^{ax})}\left[1-R^2(x)\right]=0 \tag{3.150}$$

根据该方程，可以设计一个 BMIT，对 x=0 的海水介质（设其声阻抗为γ_0）和 x=$-L$ 的换能器（设其声阻抗为 Q）进行匹配，确定系数 a，从而得到其声阻抗梯度函数为

$$\gamma(x)=\gamma_0+\varepsilon\left[\frac{\varepsilon}{Q-\gamma_0}\right]^{x/L} \tag{3.151}$$

对于传统的阻抗匹配器而言，匹配层为均匀介质层，为实现能量在不同介质层之间的高效传输，即 $T=1-\left|R(-L)\right|^2=1$，均匀匹配层的厚度（$L$）与声波波长（$\lambda$）要满足[23]：

$$\lambda=\frac{4L}{2n-1}=KL\ (n=1,2,\cdots) \tag{3.152}$$

式（3.152）决定了阻抗匹配器有波长-厚度依赖性，只能在某些特定的频率点实现高效传输，但无法实现宽带声传输，如图 3.16 所示。

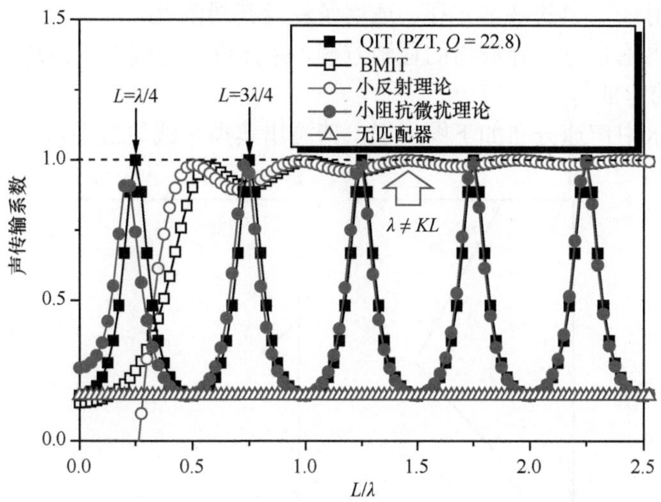

图 3.16　声阻抗不匹配系统、QIT 和 BMIT 的声传输系数比较

Q=22.8 为 PZT 与水的声阻抗比，并根据小反射理论和小阻抗微扰理论给出 BMIT 的近似解[22]

然而，海豚不均匀组织的声传输方程（3.150）表明，其声阻抗梯度使声传播的波长与厚度是独立的，即 $\lambda\neq KL$。BMIT 不会受到均匀匹配层的窄带限制，从而实现宽带传输，如图 3.16 所示。事实上，当 $L/\lambda\gg 1$ 时，BMIT 的声传输系数会趋近 1。应用小阻抗微扰、小反射等近似理论也可以探讨该不均匀介质的声传输机制。有关不均匀介质声传输研究进展可参考有关文献[22]。

海洋中存在大量具有强不均匀介质属性的生物。由于多种组织的密度不均匀，齿鲸类、鱼类、虾类、水母类等海洋生物的软组织声速在较小空间内会呈现较大的声速梯度。从声学特性上看，海洋生物也许不能视为弱不均匀介质，难以直接应用简单介质的波动理论和声射线理论。因此，海洋生物声学研究与有关仿生技术研发需要发展复杂介质声传播理论。

本 章 习 题

1. 假设海水密度变化为小量，试推导海水不均匀介质的亥姆霍兹方程及其形式解。

2. 波动方程的定解条件有哪些？以辐射条件为例，说明沿 R 轴正方向传播的二维柱面波应满足无穷远辐射条件 $\lim\limits_{R\to\infty}\sqrt{R}\left(\dfrac{\partial\psi}{\partial R}+\mathrm{j}k\psi\right)=0$。

3. 试推导不均匀介质中声射线管的声强表达式和聚焦因子，并分析其物理意义。

4. 写出射线声学的基本方程、适用条件及其局限性。

5. 试写出垂直分层介质中的程函方程，并分析声射线在正声速梯度和负声速梯度条件下的弯曲特性。

6. 若海水中声速分布如下图所示，请画出典型声线轨迹图。

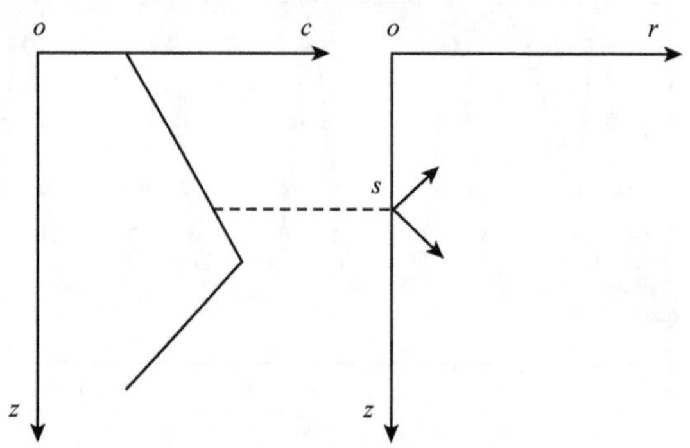

7. 分析声射线在恒定声速梯度 a 条件下的轨迹特性，并计算 a=10^{-5} 时的声射线半径。

8. 声射线在位置$(0, z_1)$以初始掠射角 α_0 出射，在位置(x, z)处接收，写出声射线的水平传播距离 x。

9. 试分析均匀介质波动方程能否描述齿鲸的声传播物理过程。

10. 讨论齿鲸多相声学结构（气囊-头骨-额隆）对指向性声波束的调控作用。

参 考 文 献

[1] 林伟军. 随机介质中声传播的输运理论及其应用. 中国科学院声学研究所, 1997.

[2] 王东. 有限差分方法研究随机介质的声波传播特性. 中国科学院声学研究所, 2005.

[3] Au WW, Floyd RW, Haun JE. Propagation of Atlantic bottlenose dolphin echolocation signals. The Journal of the Acoustical Society of America, 1978, 64(2): 411-422.

[4] Au WW. The Sonar of Dolphins. New York: Springer Science & Business Media, 1993.

[5] Au WW, Moore PW, Pawloski D. Echolocation transmitting beam of the Atlantic bottlenose dolphin. The Journal of the Acoustical Society of America, 1986, 80(2): 688-691.

[6] Au WW, Branstetter B, Moore PW, et al. The biosonar field around an Atlantic bottlenose dolphin (*Tursiops truncatus*). The Journal of the Acoustical Society of America, 2012, 131(1): 569-576.

[7] Wahlberg M, Jensen FH, Aguilar Soto N, et al. Source parameters of echolocation clicks from wild bottlenose dolphins (*Tursiops aduncus* and *Tursiops truncatus*). The Journal of the Acoustical Society of America, 2011, 130(4): 2263-2274.

[8] Au WW, Penner RH, Turl CW. Propagation of beluga echolocation signals. The Journal of the Acoustical Society of America, 1987, 82(3): 807-813.

[9] Au WW, Pawloski JL, Nachtigall PE, et al. Echolocation signals and transmission beam pattern of a false killer whale (*Pseudorca crassidens*). The Journal of the Acoustical Society of America, 1995, 98(1): 51-59.

[10] Zimmer WM, Tyack PL, Johnson MP, et al. Three-dimensional beam pattern of regular sperm whale clicks confirms bent-horn hypothesis. The Journal of the Acoustical Society of America, 2005, 117(3): 1473-1485.

[11] Madsen PT, Johnson M, De Soto NA, et al. Biosonar performance of foraging beaked whales (*Mesoplodon densirostris*). Journal of Experimental Biology, 2005, 208(2): 181-194.

[12] Kyhn LA, Jensen FH, Beedholm K, et al. Echolocation in sympatric Peale's dolphins (*Lagenorhynchus australis*) and Commerson's dolphins (*Cephalorhynchus commersonii*) producing narrow-band high-frequency clicks. Journal of Experimental Biology, 2010, 213(11): 1940-1949.

[13] Au WW, Kastelein RA, Rippe T, et al. Transmission beam pattern and echolocation signals of a harbor porpoise (*Phocoena phocoena*). The Journal of the Acoustical Society of America, 1999, 106(6): 3699-3705.

[14] Song Z, Zhang Y, Thornton SW, et al. The influence of air-filled structures on wave propagation and beam formation of a pygmy sperm whale (*Kogia breviceps*) in horizontal and vertical planes. The Journal of the Acoustical Society of America, 2017, 142(4): 2443-2453.

[15] Dible SA, Flint JA, Lepper PA. On the role of periodic structures in the lower jaw of the Atlantic bottlenose dolphin (*Tursiops truncatus*). Bioinspiration & Biomimetics, 2009, 4(1): 015005.

[16] Dobbins P. Dolphin sonar—modelling a new receiver concept. Bioinspiration & Biomimetics, 2007, 2(1): 19.

[17] Graf S, Megill WM, Blondel P, et al. Investigation into the possible role of dolphins' teeth in sound reception. The Journal of the Acoustical Society of America, 2008, 123(5): 3360.

[18] Wei C, Au WW, Ketten DR, et al. Biosonar signal propagation in the harbor porpoise's (*Phocoena phocoena*) head: the role of various structures in the formation of the vertical beam. The Journal of the Acoustical Society of America, 2017, 141(6): 4179-4187.

[19] Song Z, Zhang Y, Wei C, et al. Inducing rostrum interfacial waves by fluid-solid coupling in a Chinese river dolphin (*Lipotes vexillifer*). Physical Review E, 2016, 93(1): 012411.

[20] Wisniewska DM, Ratcliffe JM, Beedholm K, et al. Range-dependent flexibility in the acoustic field of view of echolocating porpoises (*Phocoena phocoena*). eLife, 2015, 4: e05651.

[21] Zhang Y, Song Z, Wang X, et al. Directional acoustic wave manipulation by a porpoise via multiphase forehead structure. Physical Review Applied, 2017, 8(6): 064002.

[22] Dong E, Song Z, Zhang Y, et al. Bioinspired metagel with broadband tunable impedance matching. Science Advances, 2020, 6(44): eabb3641.

[23] 杜功焕, 朱哲民, 龚秀芬. 声学基础. 3 版. 南京: 南京大学出版社, 2012.

第 4 章　海洋中的声折射

声波在不均匀介质中传播时，会由于声速梯度而产生声折射现象。声折射对海洋中声波传播的影响很大，它决定海洋中声场的分布情况，从而影响声呐作用距离。海洋中的声折射是水下声学探测与通信必须考虑的因素之一。如图 4.1 所示，深海声道效应可利用声折射来实现远距离的声传播。海洋中声波的折射及典型海洋环境中的声传播规律是海洋声学的重要内容。

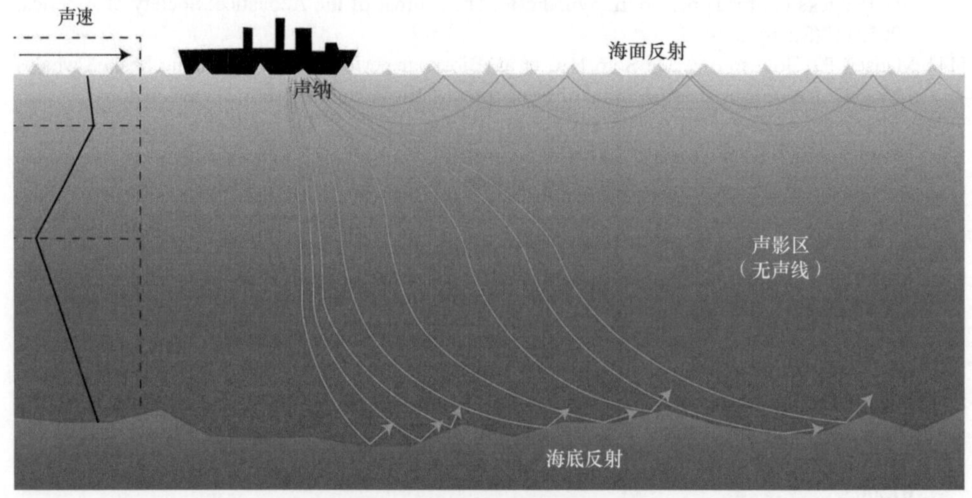

图 4.1　海洋中的声折射示意图

本章主要利用射线声学理论，介绍几种典型深海传播条件下的声折射，说明海洋中的声传播特性及其机制，并初步介绍径向声速梯度海水介质的声传播。

4.1　正声速梯度和表面声道

正声速梯度往往出现在冬季水文条件下，即海面水温低于下层的水温或者在海面附近由于湍流和风浪搅拌作用形成等温层，但压力增加使声速分布具有弱的正梯度。声速的最小值点一直延伸到接近海面，声速增加的一端可以与主跃层相接，如图 4.2（a）所示。在浅海中，声速正梯度分布可能一直延伸至海底，如图 4.2（b）所示。这种正声速梯度分布的水域称作表面声道或波导。

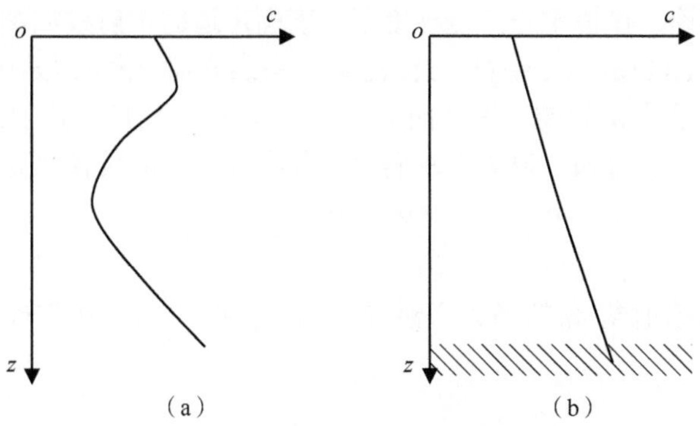

图 4.2　表面声道的声速剖面图

在声速剖面如图 4.3 所示的表面声道中[1]，声源产生的小掠射角声射线将向上折射，并由海面反射，通过不断地折射与反射向远处传播。其中，虚线声射线是表面声道的临界声线，对应声源处的掠射角为–1.76°。在声源处，掠射角在–1.76°以内的声射线均沿有一定厚度的表面声道传播，而掠射角超出–1.76°的声射线将折射入深海。声道声线不能到达的区域，称为声影区，如图 4.3 中的阴影部分。本节将应用射线理论来讨论表面声道的声传播特性。

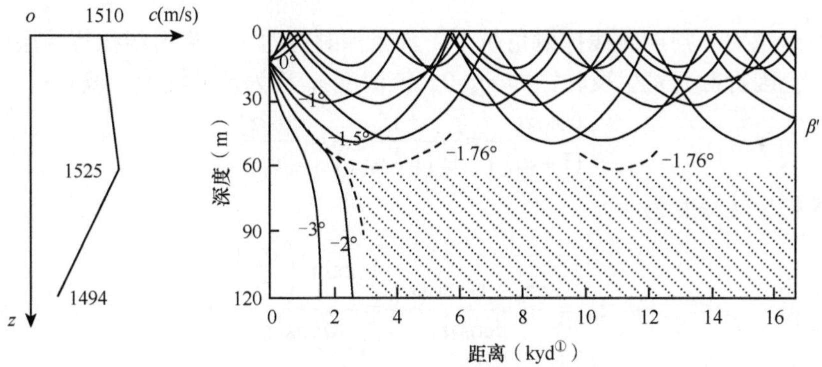

图 4.3　表面声道的声速剖面与声线图[1]

4.1.1　表面声道的声传播特性

表面声道正声速分布可简化为线性模型：

$$c(z) = c_s(1 + az)\ (0 \leqslant z \leqslant h) \tag{4.1}$$

式中，c_s 为海表面 $z=0$ 的声速；$a>0$ 为表面声道的正声速梯度；h 为表面声道的厚度。

① 1 kyd=914.4 m。

根据射线理论，在恒定正声速梯度下，表面声道的声射线如图 4.4 所示。由式（4.1）得，c_s、$c_0=c_s(1+az_0)$、$c=c_s(1+az)$、$c_h=c_s(1+az_h)$分别为海面（$z=0$）、声源（$z=z_0$）、接收点和表面声道 $z=h$ 处的声速，而 α_s、α_0、α、α_h 为对应的声射线掠射角。由分层介质中的射线声学可知，声波在垂向声速分布介质中的传播满足折射定律，即

$$\frac{\cos\alpha_s}{c_s}=\frac{\cos\alpha_0}{c_0}=\frac{\cos\alpha}{c}=\frac{\cos\alpha_h}{c_h} \tag{4.2}$$

可以看出，声源掠射角 α_0 的增大必然导致海面掠射角 α_s、接收掠射角 α、声道掠射角 α_h 的增大。

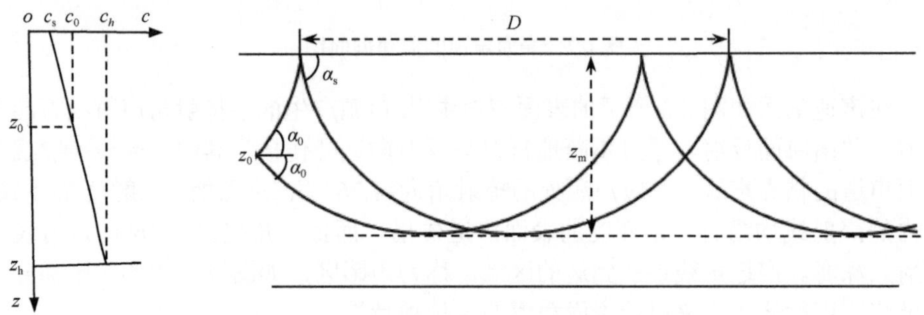

图 4.4　表面声道的声射线

声速越大，则声射线掠射角越小，直至掠射角为 0。声射线在等温层中某一深度上会因折射而发生反转，即 $\alpha_m=0$。该深度 z_m 称为反转深度，满足：

$$\frac{\cos\alpha_0}{c_s(1+az_0)}=\frac{1}{c_s(1+az_m)}=\frac{\cos\alpha_s}{c_s} \tag{4.3}$$

可以求得反转深度为

$$z_m=\frac{az_0+1-\cos\alpha_0}{a\cos\alpha_0}=\frac{2\sin^2\left(\dfrac{\alpha_s}{2}\right)}{a\cos\alpha_s} \tag{4.4}$$

对于小掠射角而言，$\cos\alpha_s\approx1$、$\cos\alpha_0\approx1$、$\sin\dfrac{\alpha_s}{2}\approx\dfrac{\alpha_s}{2}$，则反转深度可近似为

$$z_m\approx z_0+\frac{\alpha_0^2}{2a} \text{或} z_m\approx\frac{\alpha_s^2}{2a} \tag{4.5}$$

显然，当声源掠射角 $\alpha_0=0$ 时，$z_m\approx z_0$，则声射线在声源深度 z_0 处反转。此外，增大声源深度 z_0，或增大声源和海面射线的掠射角 α_0、α_s 都会使反转深度 z_m 增大，而减小声速梯度会使反转深度 z_m 增大。反转深度不会超过声道厚度 h，即 $z_0+\dfrac{\alpha_0^2}{2a}\leqslant h$ 或 $\dfrac{\alpha_s^2}{2a}\leqslant h$。因此，当反转深度等于表面声道的厚度时，可以求得声源和海面声射线的最大掠射角为

$$\alpha_{0\max} \approx \sqrt{2a(h-z_0)}\text{，}\ \alpha_{s\max} \approx \sqrt{2ah} \tag{4.6}$$

式中，$\alpha_{0\max}$ 和 $\alpha_{s\max}$ 分别称为声源处和海面掠射角的临界角，而沿临界角传播且在 $z=h$ 深度上翻转的声射线称为临界声线。当声源处掠射角 $\alpha_0<\alpha_{0\max}$ 或海面掠射角 $\alpha_s<\alpha_{s\max}$ 时，声射线将在表面声道内发生反转，改变其传播方向，传向海面并被海面反射。此过程不断重复，声射线被束缚在声道内向远处传播，称为声道声线。反之，当 $\alpha_0>\alpha_{0\max}$ 或 $\alpha_s>\alpha_{s\max}$ 时，声射线在声道厚度处的掠射角大于 0。这些未被束缚的声射线将越出表面声道，进入 $z>h$ 深的水域，在传播时经历海底反射，有较强的衰减，从而难以进行远距离传播。

表面声道的声射线接连两次发生海面反射，其反射点之间的水平距离为跨度 D。表面声道的跨度与海面掠射角的关系如图 4.5 所示。利用声射线水平距离计算公式 $D=2R\sin\alpha_s$ 和半径计算公式 $R=\dfrac{1}{a\cos\alpha_s}$，可得跨度为

$$D=\frac{2\tan\alpha_s}{a} \tag{4.7}$$

这表明海面掠射角 α_s 越大，声射线跨度越大。如图 4.6 所示，最小的海面掠射角 α_s 对应于声源掠射角 $\alpha_0=0$，即 $\alpha_{s\min}=\sqrt{2az_0}$，那么最小海面跨度为

$$D_{\min}=\frac{2\tan\alpha_{s\min}}{a}\approx\sqrt{\frac{8z_0}{a}} \tag{4.8}$$

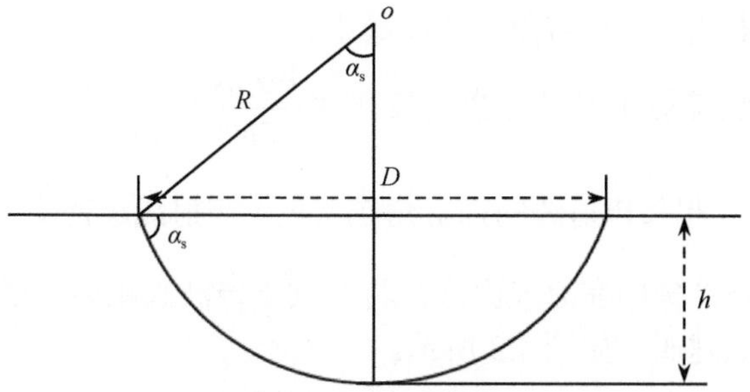

图 4.5 表面声道的跨度与海面掠射角的关系

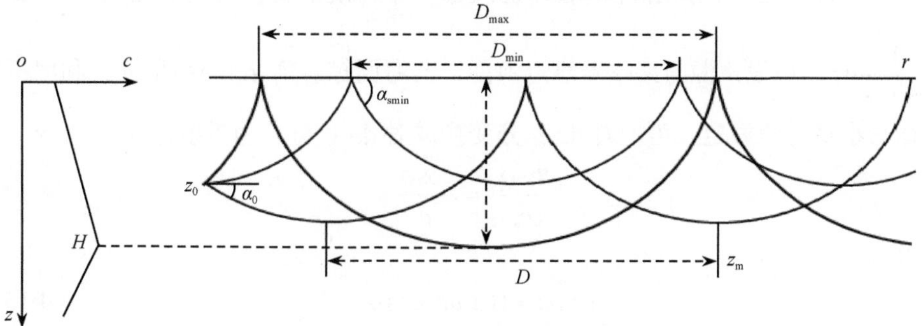

图 4.6 表面声道最小和最大的海面跨度

最大的海面掠射角 α_{smax} 对应最大的声源掠射角 $\alpha_{0max} \approx \sqrt{2a(h-z_0)}$，即 $\alpha_{smax} \approx \sqrt{2ah}$，那么最大海面跨度为

$$D_{max} = \frac{2\tan\alpha_{smax}}{a} \approx \sqrt{\frac{8h}{a}} \tag{4.9}$$

此外，随着声速梯度 a 增加，声射线跨度减小。例如，在表面声道内，声源位于海面附近，当声速正梯度为 $a \sim 10^{-5}\ \mathrm{m}^{-1}$，表面声道深度为 h=500 m 时，最大海面跨度为 D_{max}=20 km，而当声速正梯度为 $a \sim 10^{-1}\ \mathrm{m}^{-1}$ 时，最大海面跨度则减小为 D_{max}=0.2 km。可见，当声速梯度较小时，声射线跨度是很大的。

假设靠近海面的声源和接收器的水平距离 r 等于跨度的整数倍，即循环数 N，则有

$$N = \frac{r}{D} = \frac{ar}{2\tan\alpha_s}(N = 1, 2, \cdots) \tag{4.10}$$

到达同一接收点的各声射线掠射角应满足：

$$\alpha_{sN} = \arctan\left(\frac{ar}{2N}\right)(N = 1, 2, \cdots) \tag{4.11}$$

显然，N 存在最小值，对应于海面掠射角最大、跨度最大、反转深度最深的声射线，即临界声线。随着 N 增大，声射线掠射角减小，则声射线接近海面。此外，N 也存在最大值，当声源充分接近海面 $(\alpha_0 \to 0)$，则 $\alpha_s \to 0$、$N \to \infty$，这对应于沿海面传播的声射线，其掠射角和跨度最小。

考虑各声射线掠射角对循环数的变化率 $\frac{\partial \alpha_{sN} s}{\partial N} = \frac{2ar}{4N^2 + a^2 r^2}$。可以看出，$N$ 越大，$\frac{\partial \alpha_{sN}}{\partial N}$ 越小，相邻声射线的掠射角越接近，声射线越密集，声能越集中。这说明表面声道的声能集中在海表面层，将有利于声波长距离传播。深度越大，声射线越稀疏，声强越弱，如图 4.3 所示。

在表面声道中，声脉冲沿着声射线在一个跨度的传播时间满足 $\Delta t = \int \frac{1}{c}\mathrm{d}s = \int \frac{1}{c\sin\alpha}\mathrm{d}z$。假设声源与接收器靠近海面，其海面掠射角 α_s 为小角度。利用折射定律与小掠射角假定，可把对 dz 积分变换成对 dα 积分。由折射定律：

$$\frac{\cos\alpha_s}{c_s} = \frac{\cos\alpha}{c} \tag{4.12}$$

可得

$$\cos\alpha = (1 + az)\cos\alpha_s \tag{4.13}$$

求导得

$$\mathrm{d}z = -\frac{\sin\alpha \mathrm{d}\alpha}{a\cos\alpha_s} \tag{4.14}$$

反转点上 $\alpha = 0$，则海面到反转深度的传播时间为 $\int_0^{z_m} \frac{1}{c\sin\alpha}\mathrm{d}z = \int_0^{\alpha_s} \frac{1}{ac\cos\alpha_s}\mathrm{d}\alpha$ $= \int_0^{\alpha_s} \frac{1}{ac_s\cos\alpha}\mathrm{d}\alpha$，一个跨度的传播时间为其两倍，可得

$$\Delta t = 2\int_0^{\alpha_s} \frac{1}{ac_s\cos\alpha}\mathrm{d}\alpha = \frac{2}{ac_s}\int_0^{\alpha_s} \frac{1}{\cos\alpha}\mathrm{d}\alpha = \frac{1}{ac_s}\ln\frac{1+\sin\alpha_s}{1-\sin\alpha_s} \approx \frac{2}{ac_s}\left(\alpha_s + \frac{1}{6}\alpha_s^3\right) \tag{4.15}$$

把式（4.11）按级数展开，得 $\arctan\left(\frac{ar}{2N}\right) \approx \left(\frac{ar}{2N}\right) - \frac{1}{3}\left(\frac{ar}{2N}\right)^3$，代入式（4.15），得具有循环数 N 的声射线传播时间为

$$t_N = N\Delta t \approx \frac{2N}{ac_s}\left[\left(\frac{ar}{2N}\right) - \frac{1}{6}\left(\frac{ar}{2N}\right)^3\right] = \frac{r}{c_s}\left(1 - \frac{a^2r^2}{24N^2}\right) \tag{4.16}$$

这说明最接近海底传播的声射线，循环数 $N_{\min}$ 最小，其传播时间最短为 $t_{N_{\min}} = \frac{r}{c_s}\left(1 - \frac{a^2r^2}{24N_{\min}^2}\right)$，最先到达接收点。然而，最靠近海面传播的声射线，循环数 $N_{\max}$ 最大，其传播时间最长为 $t_{N_{\max}} = \frac{r}{c_s}\left(1 - \frac{a^2r^2}{24N_{\max}^2}\right)$，最后到达接收点。表面声道声射线的传播时间由第一束和最后一束到达接收点的声射线的时间差决定，即

$$\Delta t_N = \frac{a^2r^3}{24c_s}\left(\frac{1}{N_{\min}^2} - \frac{1}{N_{\max}^2}\right) \tag{4.17}$$

由于 $N_{\max} \gg N_{\min}$，且 $N_{\min} \approx \frac{ar}{2\alpha_{s\max}} = \frac{ar}{2\sqrt{2ah}}$、$N_{\max} \approx \frac{ar}{2\sqrt{2az_0}}$，式（4.17）可简化为

$$\Delta t_N = \frac{ahr}{3c_s} \tag{4.18}$$

因此，表面声道的声信号持续时间与距离 r、声速梯度 a 和声道深度 h 成正比。当 r、a 增大时，接收点接收到的声射线数量增加，因此信号时间延长增加。

4.1.2 表面声道的声强特性

对于无指向性声源产生的声射线，只有其掠射角在 $\pm\alpha_{0\max}$ 以内才会被限制在表面声道内。那么，这束声射线在 1 m 处声强为 I_1，分布的环面面积为

$A_1=\int_{-\alpha_{0\max}}^{\alpha_{0\max}}\int_0^{2\pi}\cos\alpha_0\mathrm{d}\theta\mathrm{d}\alpha_0=4\pi\sin\alpha_{0\max}$，其中 $\alpha_{0\max}=\sqrt{2a(h-z_0)}$，则这束声射线的总声能为 I_1A_1。如图 4.7 所示，这束声射线在远距离经过多次海面反射和声道反转后，其总声能将分布在柱面 $A_2=2\pi rh$ 上。由声能守恒，$I_1A_1=I_2A_2$，可得声强 I_2 为

$$I_2=\frac{2\sin\alpha_{0\max}}{rh}I_1=\frac{I_1}{rr_0} \tag{4.19}$$

式中，$r_0=\dfrac{h}{2\sin\alpha_{0\max}}$ 为过渡距离。可见，表面声道越厚，声速梯度越小，过渡距离越大。声传播距离在表面声道过渡距离以内可视为球面波扩展，即声强随距离呈二次方衰减，而声传播距离充分大于过渡距离后，为柱面波扩展，即声强随距离呈一次方衰减。此外，声源声射线的最大掠射角 $\alpha_{0\max}=\sqrt{2a(h-z_0)}$ 越大，过渡距离越小。这说明声速梯度增大、声道厚度减小及声源深度减小都能够减小表面声道的过渡距离。

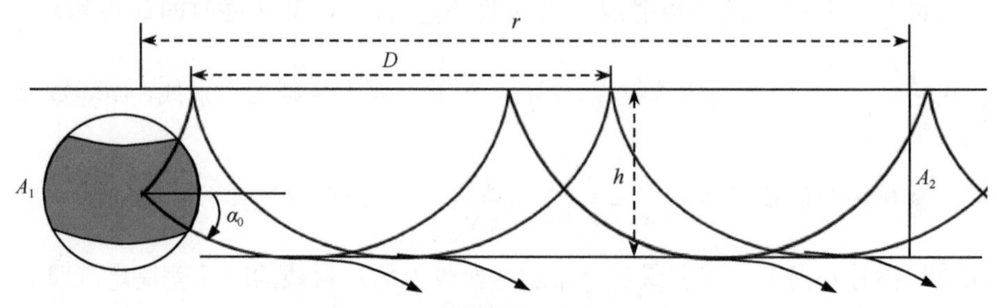

图 4.7　表面声道声能的柱面扩散

4.2　负声速梯度和反声道

负声速梯度往往出现在夏天水文条件下，即海面受到阳光照射而比下层有更高的温度，海面又较为平静，无风浪搅动，因而海表层声速比下层声速高。负声速梯度是一种常见的声速分布形式。在日照强烈的热带海域或中纬度海域的夏季，尤其是一天中的下午，经常出现这种分布。声速负梯度是一种不利于远距离声传播的声速剖面形式。

在负声速梯度下，声射线将向海底弯曲，如图 4.8 所示。这种传播情况与表面声道传播情况相反，称为反声道传播。向下弯曲的声射线到达海底，并在那里产生声散射和声能吸收，从而使声能衰减很快。此外，随着声源掠射角增大，声射线的水平传播距离也增大。声源掠射角增大到一定临界角度会使声射线与海面相切，该声射线为临界声线。当声源掠射角超过这个临界角度，声射线会被海面

反射后向海底传播。因此，临界声线给出了声传播的最远距离。在临界声线以内，声能量可以到达，区域为声亮区。然而，在临界声线以外，直达声线难以到达，从而形成声影区，如图 4.8 中阴影部分区域。

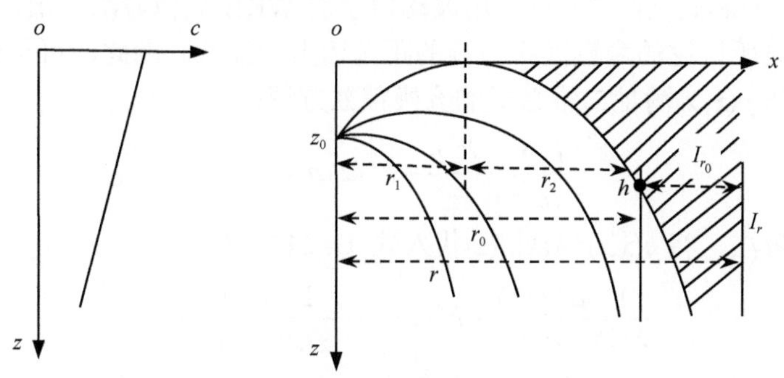

图 4.8　反声道声速梯度与临界声线

对于线性负声速梯度，声源深度为 z_0，接收深度为 h，如图 4.8 所示，临界声线是与海面相切的声射线（$\alpha_s=0$），其折射声线轨迹为向下弯曲的圆，半径为 $R=\dfrac{1}{a\cos\alpha_s}=\dfrac{1-az_0}{a\cos\alpha_0}$，其中 α_0 为声源声射线掠射角，故其半径为 $R=\dfrac{1}{a}$。对于接收深度 h 远小于 R，临界声线给出了水声设备最大的水平作用距离，即几何作用距离：

$$
\begin{aligned}
D=r_1+r_2&=\sqrt{R^2-\left(R-z_0\right)^2}+\sqrt{R^2-\left(R-h\right)^2}\\
&\approx\sqrt{2R}\left(\sqrt{z_0}+\sqrt{h}\right)=\sqrt{\frac{2}{a}}\left(\sqrt{z_0}+\sqrt{h}\right)
\end{aligned}
\tag{4.20}
$$

举例来说，声速梯度为 $a\sim10^{-5}\ \mathrm{m}^{-1}$，声源和接收点深度为 10 m 时，跨度约为 $D_{\max}$=2.8 km。

按照射线理论，在临界声线以外，如果不存在海面、海底的反射和散射，声影区内是无声的。然而，由于声波的波动性质，衍射效应使声波进入声影区。波动理论表明，当不存在海面及海底反射时，声影区内声强呈指数衰减特性，即

$$
I_r\cdot2\pi r=I_{r_0}\cdot2\pi r_0\mathrm{e}^{-\beta(r-r_0)}
\tag{4.21}
$$

因此，声影区的声强满足[2]：

$$
I_r=I_{r_0}\frac{r_0}{r}\mathrm{e}^{-\beta(r-r_0)}
\tag{4.22}
$$

式中，I_r 表示声影区内距声源水平距离 r 处的声强；I_{r_0} 为声影区边界处的声强。衰减系数 β 满足：

$$
\beta\sim g^{2/3}f^{1/3}
\tag{4.23}
$$

式中，f 为频率；$g=\dfrac{\mathrm{d}c}{\mathrm{d}z}$ 为声速梯度。可以看出，声速梯度越大、频率越高，声强衰减越快。

式（4.22）和式（4.23）可以用波动声学的 WKB 近似方法得出。WKB 近似实际上是假设所讨论的声影区距声源的距离远大于波长。因此，可忽略波阵面的弯曲，则声压 $p(x,z)$满足二维形式的亥姆霍兹方程：

$$\frac{\partial^2 p}{\partial x^2}+\frac{\partial^2 p}{\partial z^2}+k^2(z)p=0 \tag{4.24}$$

应用分离变量法，将 $p(x,z)=X(x)Z(z)$代入式（4.24），得

$$\frac{1}{Z(z)}\frac{\partial^2 Z(z)}{\partial z^2}+k^2(z)=-\frac{1}{X(x)}\frac{\partial^2 X(x)}{\partial x^2} \tag{4.25}$$

要使等式恒成立，则等号两边都等于常数 μ^2，可得

$$\begin{cases}\dfrac{\partial^2 Z(z)}{\partial z^2}+\left[k^2(z)-\mu^2\right]Z(z)=0\\[2ex] \dfrac{\partial^2 X(x)}{\partial x^2}+\mu^2 X(x)=0\end{cases} \tag{4.26}$$

考虑 $X(x)$为沿着 x 正方向衰减的行波，即满足：

$$X(x)=A\mathrm{e}^{\mathrm{j}\mu x} \tag{4.27}$$

显然，μ 的实部与虚部应分别满足 $\mathrm{Re}\mu>0$，$\mathrm{Im}\mu>0$。

对于 $Z(z)$的方程，可写为以下形式：

$$\frac{\partial^2 Z(z)}{\partial z^2}+\theta^2(z)Z(z)=0\,,\quad \theta^2(z)=k^2(z)-\mu^2 \tag{4.28}$$

如果 θ 是常数，则该方程的解是平面波 $\mathrm{e}^{\mathrm{j}\theta z}$ 与 $\mathrm{e}^{-\mathrm{j}\theta z}$，它们分别表示沿 z 轴的正方向与负方向传播的波。然而，θ 与 z 有关，严格求解较为困难，需取缓变近似，即将幅度视为局部均匀。假定当 z 变化一个波长 λ 时，θ 变化很小，则方程（4.28）的形式解为

$$Z(z)=F(z)\mathrm{e}^{\mathrm{j}\varphi(z)} \tag{4.29}$$

式中，$F(z)$与 $\varphi(z)$是缓变函数。将式（4.29）代入式（4.28），得

$$\frac{\partial^2 F(z)}{\partial z^2}+\mathrm{j}\left[2\frac{\partial F(z)}{\partial z}\frac{\partial\varphi(z)}{\partial z}+F(z)\frac{\partial^2\varphi(z)}{\partial z^2}\right]+F(z)\left\{\theta^2(z)-\left[\frac{\partial\varphi(z)}{\partial z}\right]^2\right\}=0 \tag{4.30}$$

要使等式成立，需使虚部、实部分别为 0。由于幅度 $F(z)$是缓变函数，其对 z 变量的二阶导数可以忽略，则有

$$\frac{\partial \varphi(z)}{\partial z} = \pm\theta\text{，}\quad 2\frac{\partial F(z)}{\partial z}\frac{\partial \varphi(z)}{\partial z} + F(z)\frac{\partial^2 \varphi(z)}{\partial z^2} = 0 \tag{4.31}$$

从第一个等式可得

$$\varphi = \pm\int_{z_0}^{z} \theta \mathrm{d}z \tag{4.32}$$

式中，z_0 是常数。利用第一个等式可将第二个等式化简为

$$\frac{\dfrac{\partial F(z)}{\partial z}}{F(z)} = \frac{-\dfrac{\partial \theta}{\partial z}}{2\theta} \tag{4.33}$$

其积分解为

$$F(z) = \frac{a}{\sqrt{\theta(z)}} \tag{4.34}$$

式中，a 为常数。因此，$Z(z)$的形式解满足：

$$Z(z) = \frac{1}{\sqrt{\theta(z)}}\left(a_1 \mathrm{e}^{\mathrm{j}\int_0^z \theta \mathrm{d}z} + a_2 \mathrm{e}^{-\mathrm{j}\int_0^z \theta \mathrm{d}z}\right) \tag{4.35}$$

式（4.32）、式（4.34）推导中的常数都被归并到系数 a_1 和 a_2。如果 $\theta(z)$在各处皆不为零，则表示式（4.35）就应是方程（4.28）在一般情况下的 WKB 近似解。

当距离变化 1 m 时声强将下降[3, 4]：

$$Q = -20\lg\left(\mathrm{e}^{-\beta_1}\right) = 8.68\beta_1 = 8.68\left(a^2 k_0\right)^{\frac{1}{3}} \tag{4.36}$$

式中，Q 的单位为 dB/m；$c(z)\approx c_\mathrm{s}(1+az/2)$，即 $a = 2\dfrac{\mathrm{d}c}{\mathrm{d}z}\dfrac{1}{c_\mathrm{s}}$。因此，衍射效应使声波能够进入声影区的多个波长范围内。然而，声波进入声影区内的绝对距离仍然很小。图 4.9 为不同声速梯度下声强衰减随频率的变化曲线。可以看出，频率越高，声速梯度越大，则声强衰减越快。如图 4.10 所示，以大亚湾湾区为例，实测声速梯度 $a\approx 5\times 10^{-4}\ \mathrm{m}^{-1}$，当中心频率为 f=7 kHz 时，计算可得声影区内的声强衰减为 168 dB/km。另外，以漳州市九龙江为例，实测声速梯度 $a\approx 7\times 10^{-4}\ \mathrm{m}^{-1}$，对于更高频段 f=60 kHz，声影区内的声强衰减为 432 dB/km。声强很快衰减说明声影区和声亮区有明显界线。水声设备在反声道区域的作用距离将显著减小。所谓的午后效应，即在夏季炎热的下午，水声设备性能较差。临界声线界线在实际上常被称为水声仪器作用距离的边界。当然，也可以利用声影区进行特定的海洋作业，以降低水声活动的影响，例如，海上施工利用午后效应将有助于降低施工过程中产生的水下辐射噪声的影响。

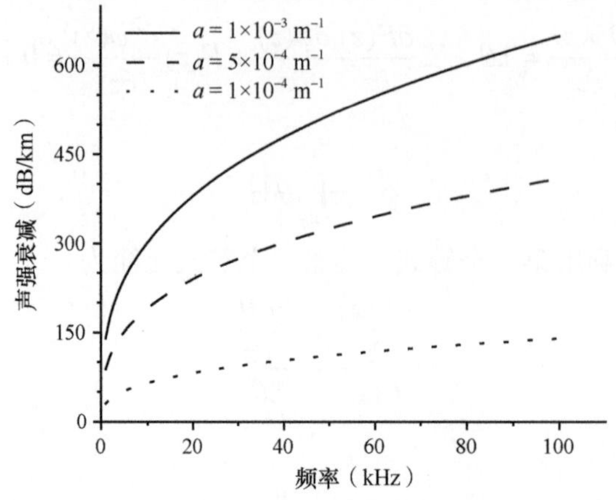

图 4.9　不同声速梯度下声强衰减随频率的变化曲线

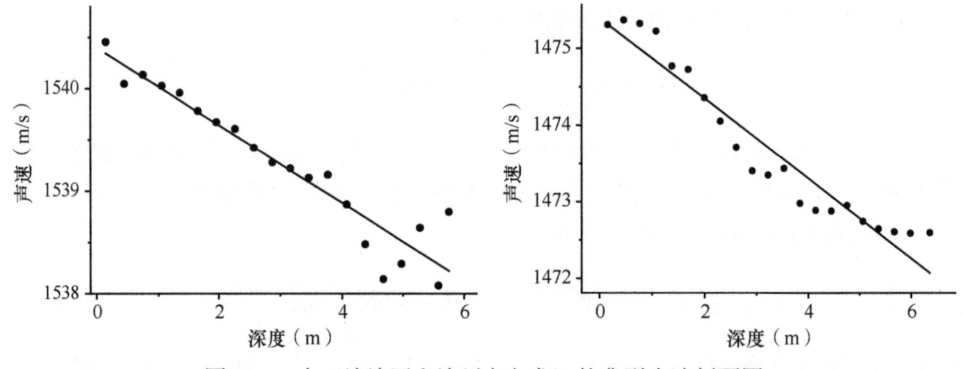

图 4.10　大亚湾湾区和漳州市九龙江的典型声速剖面图

4.3　深海跃变层

深海跃变层是一种常见的声速分布模型。海洋表面受强风浪搅拌作用形成等温层，其厚度由十几米到几十米，热带深海甚至可达百米。如果忽略盐度梯度和压力的影响，声速在等温层是均匀的。而在等温层下方常出现温度剧烈下降的薄层，声速也显著下降。这种声速突然变化的水层称为跃变层。当声波通过跃变层时，声射线明显发生折射，声强减弱，对声呐作用距离的影响很大。

跃变层的声速分布与声折射如图 4.11 所示。设跃变层上方声速为 c_1，下方声速为 c_2。声源 o 点在跃变层上方 H_1 处，声波以掠射角 θ_0 入射到跃变层。声射线在跃变层由于声速改变而发生折射。接收点 B 在跃变层下方 H_2 处，声波以掠射角 θ 从跃变层出射。

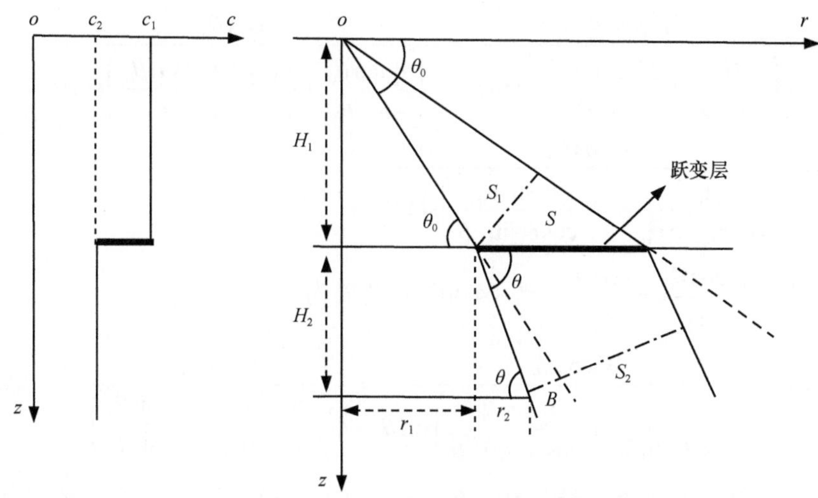

图 4.11　跃变层的声速分布与声折射

由于跃变层上下介质均匀，可知声射线的水平传播距离为

$$r = r_1 + r_2 = H_1\cot\theta_0 + H_2\cot\theta \tag{4.37}$$

基于折射定律 $\cos\theta = \dfrac{c_2}{c_1}\cos\theta_0$，$c_2 < c_1$ 表明 $\theta > \theta_0$，即声射线偏离跃变层。对 θ_0 求导，得 $\dfrac{\partial\theta}{\partial\theta_0} = \dfrac{c_2}{c_1}\dfrac{\sin\theta_0}{\sin\theta}$。因此，式(4.37)对 θ_0 的导数为 $\dfrac{\partial r}{\partial\theta_0} = -\left(\dfrac{H_1}{\sin^2\theta_0} + \dfrac{H_2 c_2 \sin\theta_0}{c_1\sin^3\theta}\right)$。

跃变层引起声波的折射，使其声强发生改变。这里先通过声射线管能量守恒的方法来推导声波经过跃变层的声强衰减。对于声射线管而言，其声强和截面积的乘积是一定的，即

$$IS = I_{上}S_1 = I_{下}S_2 \tag{4.38}$$

式中，跃变层上方和下方声射线管的截面积分别为 $S_1=S\times\sin\theta_0$、$S_2=S\times\sin\theta$；S 为声射线管在跃变层的界面面积。跃变层的声射线强度满足：

$$\frac{I_{上}}{I_{下}} = \frac{\sin\theta}{\sin\theta_0} = \sqrt{\frac{1-\left(\dfrac{c_2}{c_1}\cos\theta_0\right)^2}{1-\cos^2\theta_0}} \tag{4.39}$$

此外，声波经过跃变层的声强衰减也可以采用射线声学的声强公式 $I = \dfrac{W\cos\theta_0}{r\left|\dfrac{\partial r}{\partial\theta_0}\right|\sin\theta}$ 来推导。将式（4.37）代入得

$$I=\frac{W\cos\theta_0}{r\left(\dfrac{H_1}{\sin^2\theta_0}+\dfrac{H_2c_2\sin\theta_0}{c_1\sin^3\theta}\right)\sin\theta}=\frac{W\cos\theta_0}{r\left(\dfrac{r_1\tan\theta_0}{\sin^2\theta_0}+\dfrac{c_2}{c_1}\dfrac{r_2\tan\theta\sin\theta_0}{\sin^3\theta}\right)\sin\theta}$$
$$=\frac{W\cos\theta_0}{r\left(\dfrac{r_1}{\cos\theta_0\sin\theta_0}+\dfrac{c_2}{c_1}\dfrac{r_2\sin\theta_0}{\cos\theta\sin^2\theta}\right)\sin\theta} \tag{4.40}$$

根据折射定律$\dfrac{\cos\theta_0}{c_1}=\dfrac{\cos\theta}{c_2}$，式（4.40）可化简为

$$I=\frac{W\cos\theta_0}{r\left(\dfrac{r_1}{\cos\theta_0\sin\theta_0}+\dfrac{r_2\sin\theta_0}{\cos\theta_0\sin^2\theta}\right)\sin\theta}=\frac{W\cos^2\theta_0}{r^2\left(\dfrac{r_1}{r}\dfrac{\sin\theta}{\sin\theta_0}+\dfrac{r_2}{r}\dfrac{\sin\theta_0}{\sin\theta}\right)} \tag{4.41}$$

跃变层上方附近的接收点满足$\theta_0=\theta$、$r=r_1$、$r_2=0$，下方附近的接收点满足$r\approx r_1$、$r_2\approx 0$，则其声强分别为

$$I_{上}\approx\frac{W\cos^2\theta_0}{r^2},\quad I_{下}\approx\frac{W\cos^2\theta_0}{r^2}\cdot\frac{\sin\theta_0}{\sin\theta} \tag{4.42}$$

由式（4.42）可得$\dfrac{I_{上}}{I_{下}}\approx\dfrac{\sin\theta}{\sin\theta_0}$。可见，这两种方法得到的跃变层上方声强与下方声强之比是一致的。

由于跃变层呈现声速突降的变化特性，折射定律表明$\theta_0<\theta$，因此$I_{上}>I_{下}$，故穿过跃变层会导致声强减小。图 4.12 为跃变层声强随声速及掠射角的变化曲线，它表明跃变层的声速变化对声强变化有影响。当温度变化 10℃时，c_2/c_1=0.97，若声源掠射角$\theta_0\approx 2°$，则$\dfrac{I_{上}}{I_{下}}\approx 7$；而当温度变化 5℃时，$c_2/c_1$=0.996，若声源掠射

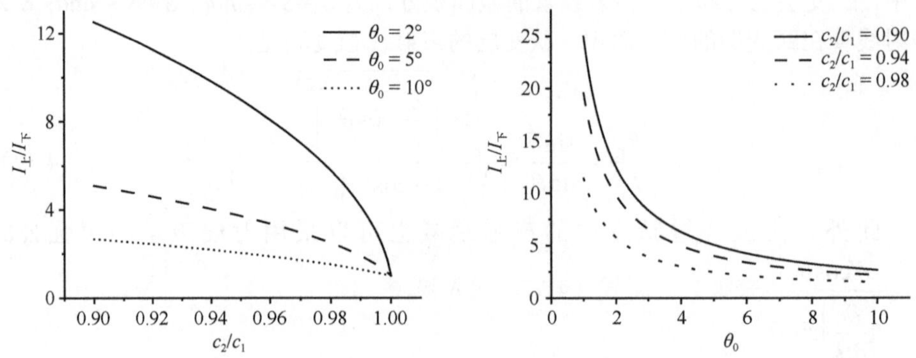

图 4.12　跃变层声强随声速及掠射角的变化曲线

角 $\theta_0 \approx 2°$，则 $\dfrac{I_上}{I_下} \approx 5$ 。可以看出，声波经过跃变层后会发生强烈的声强衰减，声速变化越大，或声源掠射角越小，则声强衰减越大。

4.4　深 海 声 道

在深海条件下，由于负声速梯度的跃变层和正声速梯度的深海等温层相接，在深海某深度处存在最小的声速。具有这种声速剖面分布特性的深海介质称为深海声道，而声速极小值的水层称为声道轴。在纬度较高的海洋中，声道轴在水下 60～100 m 的深度处，而在冬季可以上升到海表面以下。图 4.13 为典型深海声道的声速剖面，可以看出，声道轴深度大致在 1500 m 处。当声源放在声速极小的水层附近，声波由于上层负声速梯度、下层正声速梯度的折射作用，向声速极小的水层弯曲，减小了海面和海底反射或散射的传播损失，从而实现远距离传播，这种现象称为深海声道现象。

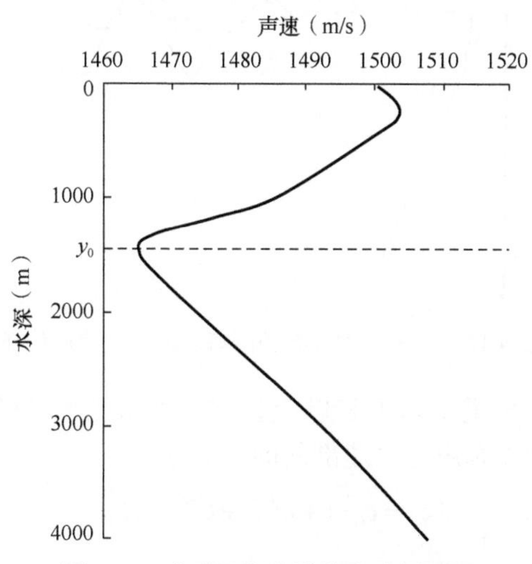

图 4.13　典型深海声道的声速剖面图

声波在深海声道中超远传播的现象早在 20 世纪 40 年代就被发现。海上爆炸声学实验发现，深海声道的声接收系统能够在比较远的距离上接收到可分辨的信号，甚至可以在 5700 km 以上的超远距离接收到 27 kg 炸药爆炸的声信号。此外，被接收的信号要持续一段时间，其持续时间随信号发射地点与接收器之间的距离增大而延长。按照 Ewing 和 Worzel[5]的实验结果，距离增加 1000 km，信号的持续时间增加 0.67 s。最初收到的信号很弱，然后逐步增强，最后达到的信号最强，并且强度迅速降到零，而后中断。在信号强度中断后，还会有比较小的信号随后到达，主要是海面或海底的反射信号。深海声道能够使声波远距离传播，也称为SOFAR声道（sound fixing and ranging channel），其在海洋声学通信定位和测距中有广泛的应用。

4.4.1 深海声道的声传播特性

图4.14显示了声道轴以下呈正声速梯度而声道轴以上声速迅速增加的深海声道模型的声传播。声射线进入该声道轴以上的区域很少。该深海声道模型具有和表面声道相似的正声速梯度形式。因此，该深海声道模型的声传播、声强特性应和表面声道类似。表面声道的临界声线、跨度、反转深度、声能分布、声传播特性等规律也适用于此深海声道模型。声源掠射角越大，则深海声道的掠射角和跨度也越大。深海声道的掠射角最大，则声射线跨度最大，其反转深度最深。深海声道声射线的循环数越大，则声射线越接近声道轴，声能越集中。

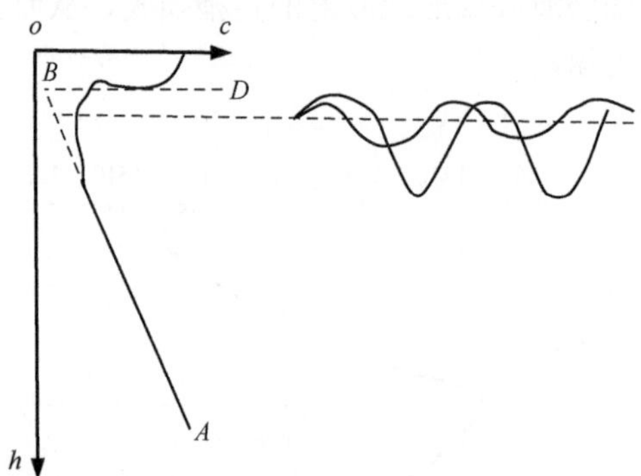

图4.14 声速线性分布的深海声道模型的声传播

典型深海声道在声道轴以下和以上区域分别由正声速梯度和负声速梯度构成。Munk[6]提出典型深海声道声速剖面的标准分布为

$$c(z)=c_0\left[1+\varepsilon\left(Z+\mathrm{e}^{-Z}-1\right)\right] \tag{4.43}$$

式中，$Z=\dfrac{2(z-z_0)}{B}$；c_0为声速极小值；z_0为声速极小值对应的深度；ε为偏离极小值的量级；B为深海声道宽度。Munk[6]给出了一组典型深海声道模型数据：c_0=1500 m/s、z_0=1000 m、ε=0.57×10^{-2}、B=1000 m。声道轴深度与纬度相关，一般来说，纬度越高，声道轴深度越浅。在南海，声道轴深度在1100 m左右；而在地中海、日本海及温带太平洋等中纬度地区，声道轴深度在100～300 m；在两极地区，声道轴深度在海面下方附近。本书为了分析方便，采用简化的声速双线性分布的深海声道模型，如图4.15（a）所示。这里考虑声速关于声道轴对称的情况，则简化的深海声道声速分布模型满足：

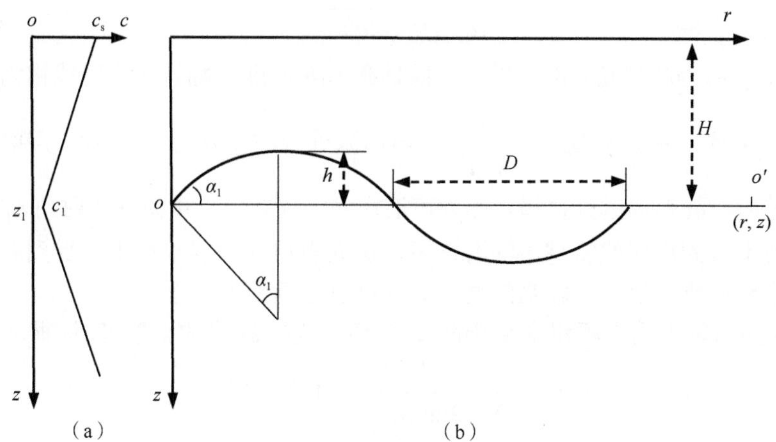

图 4.15　声速双线性分布的深海声道模型的声传播

$$\begin{aligned} c(z) &= c_s(1-az) \qquad && z<z_1 \\ c(z) &= c_1\left[1+a'(z-z_1)\right] \qquad && z \geqslant z_1 \end{aligned} \tag{4.44}$$

式中，$ac_s = \left|\dfrac{dc}{dz}\right| = a'c_1$，$c_1 = c_s(1-az_1)$ 是声道轴的声速。声速关于声道轴的对称性使得声射线轨迹是对称的圆弧。假设声源位于声道轴上，接收点处声速为 c，掠射角为 α，则根据折射定律，可得

$$\frac{\cos\alpha_1}{c_1} = \frac{\cos\alpha}{c} \tag{4.45}$$

可以看出，声源掠射角 α_1 增大必然导致接收点的掠射角 α 也增大。当声射线偏离声道轴时，随着声速增大，掠射角减小。声射线在反转深度的掠射角最小（α=0），发生反转后，回到声道轴，即完成一个跨度 D。对于小掠射角而言，声射线在声道轴上的跨度 D 和反转深度 z_m 可以利用声射线水平距离计算公式 $D = 2R\sin\alpha_1$ 和半径计算公式 $R = \dfrac{1}{a\cos\alpha_s} = \dfrac{1-az_1}{a\cos\alpha_1}$ 求得

$$D = \frac{2}{a\cos\alpha_s}\sin\alpha_1 = \frac{2(1-az_1)}{a\cos\alpha_1}\sin\alpha_1 = \frac{2\tan\alpha_1}{a}\frac{c_1}{c_s} = \frac{2\tan\alpha_1}{a'} \approx \frac{2\alpha_1}{a'} \tag{4.46}$$

$$z_m = \frac{1-az_1}{a\cos\alpha_1}(1-\cos\alpha_1) \approx \frac{\alpha_1^2}{2a'} \tag{4.47}$$

式中，$a' = a\dfrac{c_s}{c_1}$。式（4.47）表明，声源掠射角的增大会使反转深度 z_m 和跨度 D 都增大，而声速梯度和声源深度的增大会使反转深度 z_m 和跨度 D 都减小。当反转深度等于深海声道轴深度 z_1 时，可以求得声源最大掠射角为

$$\alpha_{1\max} \approx \sqrt{2a'z_1} \tag{4.48}$$

式中，$\alpha_{1\max}$ 称为临界角。沿临界角传播且在 $z=B$ 深度上翻转的声射线称为临界声线，对应的最大跨度为 $D_{\max}=\sqrt{\frac{8H}{a'}}$。当声源处掠射角 $\alpha_1<\alpha_{1\max}$ 时，声射线将在深海声道内沿圆弧向远处传播，称为声道声线。反之，当声源处掠射角 $\alpha_1>\alpha_{1\max}$ 时，未被束缚的声射线将越出深海声道，进入表层或深层水域中，受到海面和海底的多次反射或散射，有较强的衰减，难以进行远距离传播。

假设声道轴上的声源和接收器的水平距离 r 等于跨度的整数倍，即循环数 N 为

$$N=\frac{r}{D}=\frac{a'r}{2\tan\alpha_1}(N=1, 2, \cdots) \tag{4.49}$$

各声射线要到达同一接收点 r，其掠射角应满足：

$$\alpha_{1N}=\arctan\left(\frac{a'r}{2N}\right)(N=1, 2, \cdots) \tag{4.50}$$

对于临界声线而言，N 存在最小值（$N_{\min}\approx r\sqrt{\frac{a'}{8z_1}}$），声源掠射角最大（$\alpha_{1\max}\approx\sqrt{2a'z_1}$）、跨度最大、反转深度最深。随着循环数 N 增大，声射线掠射角减小，声射线接近声道轴。当声源处于声道轴深度并且 $N\to\infty$时，所对应的声射线沿声道轴传播。考虑声源掠射角对循环数的变化率 $\left|\frac{\partial\alpha_{1N}}{\partial N}\right|=\frac{2a'r}{4N^2+a'^2r^2}$，$N$ 越大，则 $\left|\frac{\partial\alpha_{1N}}{\partial N}\right|$ 越小，声射线越密集，携带能量越大。当声源处于声道轴深度并且 $N\to\infty$ 时，$\left|\frac{\partial\alpha_{1N}}{\partial N}\right|\to 0$，即声射线掠射角极其接近，这说明声能集中在深海声道轴上，如图 4.14 所示。

4.4.2 深海声道的声传播时间

深海声道声射线在一个跨度的传播时间满足 $\Delta t=\int\frac{1}{c}\mathrm{d}s=\int\frac{1}{c\sin\alpha}\mathrm{d}z$。采用与表面声道相似的处理方法，利用折射定律与小掠射角假定，可把对 dz 积分变换成对 dα 积分，则有

$$\Delta t=\frac{2}{a'c_1}\int_0^{\alpha_1}\frac{1}{\cos\alpha}\mathrm{d}\alpha=\frac{1}{a'c_1}\ln\frac{1+\sin\alpha_1}{1-\sin\alpha_1}\approx\frac{2}{a'c_1}\left(\alpha_1+\frac{1}{6}\alpha_1^3\right) \tag{4.51}$$

把式（4.50）按级数展开，得 $\arctan\left(\frac{a'r}{2N}\right)\approx\left(\frac{a'r}{2N}\right)-\frac{1}{3}\left(\frac{a'r}{2N}\right)^3$，代入式（4.51），

可以得到具有循环数 N 的声射线传播时间为

$$t_N = N\Delta t \approx \frac{2N}{a'c_1}\left[\left(\frac{a'r}{2N}\right)-\frac{1}{6}\left(\frac{a'r}{2N}\right)^3\right]=\frac{r}{c_1}\left(1-\frac{a'^2r^2}{24N^2}\right) \tag{4.52}$$

与表面声道类似，沿着临界声线传播的声脉冲具有最短的传播时间 $t_{N\min} = \frac{r}{c_1}\left(1-\frac{a'^2r^2}{24N_{\min}^2}\right)$。该声射线偏离深海声道轴最远，传播路程最长，但穿越声道轴和反转次数最少，从而最先到达。然而，对于声源位于声道轴上时，沿声道轴传播的声射线具有最大传播时间 $t_{\infty\max} = \frac{r}{c_1}$。该声射线在声道内反转次数最多，穿越声道轴次数也最多，则脉冲达到接收点的时间最长。声道声线在整个传播过程中的时间为

$$\Delta t_N \approx \frac{a'^2r^3}{24N_{\min}^2c_1}=\frac{a'rz_1}{3c_1} \tag{4.53}$$

可见，信号的持续时间与接收距离 r、声速梯度 a'、声道轴深度 z_1 成正比。在最后一束声道声线到达接收点后，由于所有声道声线都已到达，声强急剧下降。

在近距离处接收时，声道声线后还跟随着由海面、海底反射和散射的声信号（即混响信号），产生“拖尾”现象。在远距离处接收时，那些反射和散射的声信号强度不大，经过多次海底、海面反射和散射作用后衰减很快，但是声道声线可以长距离传播。

如图 4.16 所示，有关海上实验证实了深海线性声道模型得到的定性特征：①在较近距离处，主要表现多途特征。在持续收到一段直达信号后，还会收到从海面、海底多次反射和散射后到达接收点的多途混响信号，形成强混响区。尽管混响信号在经过多次海面、海底衰减后能量迅速减弱，但各声道声线的传播时间在短距离内还是难以充分分开。②在较远距离处，主要表现声道声线特征。没有明显的海面、海底反射和散射等混响信号。声道声线掠射角越大，传播时间越短，而沿着声道轴传播的声射线掠射角最小，传播时间最长。接收点距离越远，信号延续时间越长。

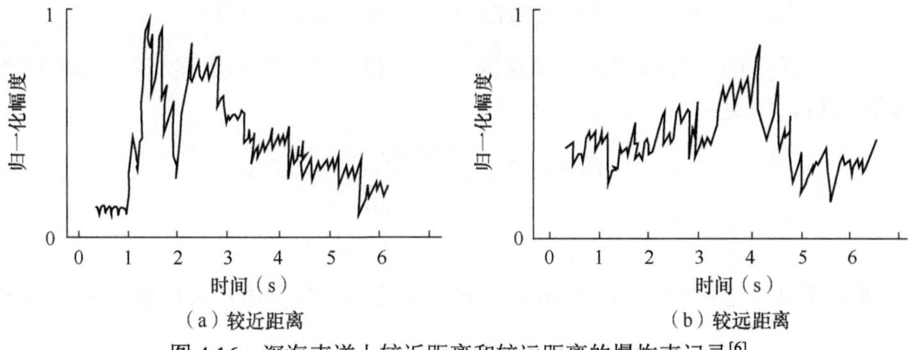

（a）较近距离　　（b）较远距离

图 4.16　深海声道上较近距离和较远距离的爆炸声记录[6]

声源在声道轴发出的能量集中在声道轴，可以实现远距离传播。接收到的信号幅度随着时间逐渐增大而后急剧减小，最后信号与背景噪声重合在一起。

4.4.3 深海声道的会聚区和声影区

从深海声道的声射线可以看出，当声源位于海面或接近海底时，可以形成高声强区域（图 4.17）。由于声射线密度高，声能在该区域有聚焦作用，被称为会聚区。深海声道会聚区可以用来实现远场探测。

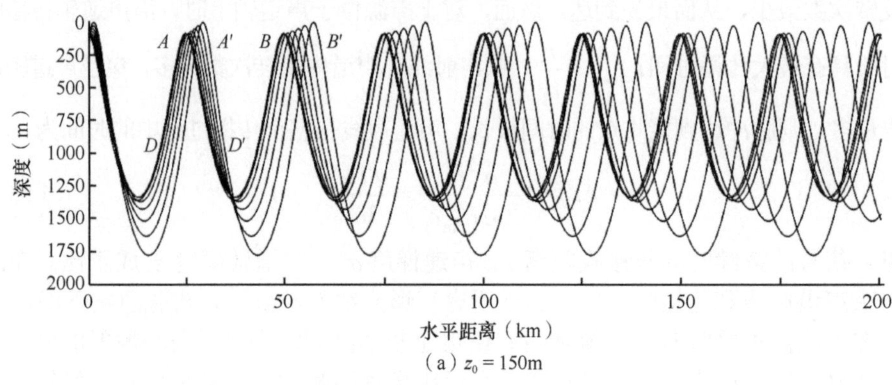

（a）$z_0 = 150\text{m}$

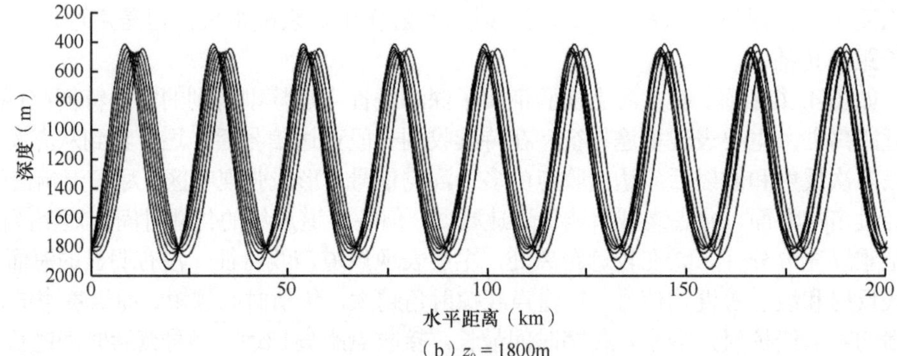

（b）$z_0 = 1800\text{m}$

图 4.17 不同深度深海声道的会聚区和声影区[7]

根据海洋中的声传播理论，聚焦因子表示非均匀介质中声强相对于均匀介质的变化程度，满足：

$$F(x,z) \approx \frac{x\cos\alpha_0}{\left(\dfrac{\partial x}{\partial \alpha}\right)_{\alpha_0} \sin\alpha_z} \tag{4.54}$$

对于深海声道，$x \approx r = 2N\tan\alpha_{1N} / a'$。显然，深海声道也会出现$\left(\dfrac{\partial x}{\partial \alpha}\right)_{\alpha_0} \to 0$，$F(x,z) \to \infty$，声射线管聚焦的情况，因此，射线声学在深海声道也是有限制的。当

接收距离充分大时，$F>1$，从而使声道对声能有会聚作用。会聚带现象可以由声射线图进行简单的解释。当声源和接收器都不在声道轴时，则由声源出射的声射线在一定的掠射角范围内能够保留在声道内而不受到界面反射损失。这些声束将覆盖有限区域。在海表面附近，声道声线会到达 AA' 和 BB' 区，从而会出现明显的会聚区，如图 4.17 所示。AA' 和 BB' 分别称为第一会聚区和第二会聚区。可以看出，会聚区宽度随着序号增大而增大。而在 D 和 D' 区，声道声线无法到达，经过海面和海底反射的声射线能够到达，称为声影区。声影区内，声强明显小于会聚区声强。不同深度声源产生的会聚区和声影区可能不同。

Hale[8]对会聚带进行了较为详细的研究，给出了会聚区内平均强度的估计方法。会聚带的几何位置与声射线图的分析是符合的。设无指向性声源的发射声功率为 W，那么单位立体角的发射声功率为 $W/4\pi$。形成会聚区的声源掠射角范围为 $(-\alpha_{\max}, \alpha_{\max})$，对应会聚区的掠射立体角为 $2\alpha_{\max}\cdot 2\pi$，则声道内会聚区的总声功率为

$$W/4\pi \cdot 2\alpha_{\max} \cdot 2\pi = \alpha_{\max} W \tag{4.55}$$

如图 4.18 所示，假设水平距离 x 处的声射线平均掠射角为 $\alpha_{\max}/2$，Δx 为会聚区宽度，则垂直声射线方向的环形截面积等于 $2\pi x\Delta x\sin(\alpha_{\max}/2)$。声功率 $\alpha_{\max}W$ 均匀分布在环面上，则会聚区的平均声强为

$$I = \frac{\alpha_{\max} W}{2\pi x \cdot x\sin(\alpha_{\max}/2)} \approx \frac{W}{\pi x \cdot x} \tag{4.56}$$

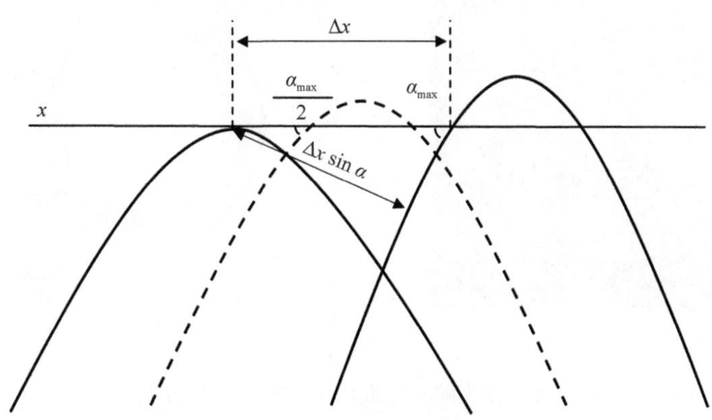

图 4.18　会聚带示意图

定义会聚增益（G）为会聚区声强与球面扩展声强 $I_0 = \dfrac{W}{4\pi r^2}$ 之比，即

$$G = \frac{I}{I_0} = \frac{4r^2}{x\Delta x} \approx \frac{4x}{\Delta x} \tag{4.57}$$

可以看出，会聚增益随距离增大而增大。例如，x=60 km、Δx=15 km 时，会聚增益约为 16。这表明会聚区声强远高于球面扩展声强。在物理上可以理解为，声能

分布在环面的声强远高于分布在球面的声强。

4.5 径向声速梯度海水介质中的声传播

利用海洋垂直分层的声速梯度对声的折射作用，在深海声道可实现长距离声传播。实际上，声速梯度现象在气泡帷幕、海底气体渗漏、曝气人工上升流等海洋资源开发与利用中常看到，甚至出现在海洋鲸豚类特殊的捕食方式中。这些现象显现了典型的圆环声道的径向声速分布特性。座头鲸在捕食鱼群时，会产生大量气泡，形成直径达 30 m 的气泡网，并发出高亢的声音来围困鱼群，即形成所谓的声墙（“wall of sound”）[9]，如图 4.19 所示，图中还显示了环形气泡网的声速径向分布。根据含气泡水的声学特性可知，气泡网内气泡密度最大，对应的声速最低，约为 750 m/s，而气泡网外气泡很少，其声速和海水一致，即约为 1500 m/s，从而形成一个两边声速高、中间声速低的环形声道。最低声速的圆环为声道轴。研究发现，环形气泡网内的声波能量显著高于环形气泡网外，这表明座头鲸的捕鱼机制与气泡网的径向声速梯度特性有关。因此，本节简要讨论环形声道的径向声速梯度分布对声传播的影响[10]。

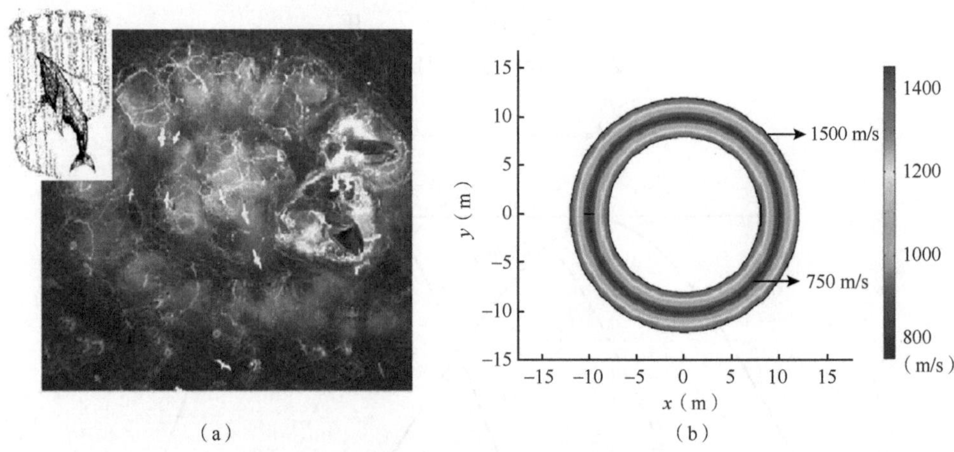

图 4.19　座头鲸与气泡网及其声速梯度分布[9]

假定海水声速呈径向线性分布，如图 4.20 所示。该结构由海水均匀介质 A 和环形声道（如气泡水）B 构成。环形声道为非均匀流体介质，其密度和声速分别为 $\rho_{\mathrm{B}}(\boldsymbol{r})$ 和 $c_{\mathrm{B}}(\boldsymbol{r})$，其中声速径向分布满足以下分段线性函数：

$$c_{\mathrm{c}}(\boldsymbol{r})=\begin{cases}\dfrac{c_0-c_{\min}}{R_2-R_0}\big||\boldsymbol{r}|-R_0\big|+c_{\min} & R_1<|\boldsymbol{r}|<R_2\\ c_0 & R_2<|\boldsymbol{r}|\text{或}|\boldsymbol{r}|<R_1\end{cases}\tag{4.58}$$

式中，R_1、R_2 分别为环形声道的内、外半径；R_0 为环形声道的声道轴半径，$R_0=(R_1+R_2)/2$；$c_{\min}$ 是环形声道的最低声速；c_0 为海水均匀介质 A 的声速。显然，对于气泡尺度远小于声波波长（即亚波长尺度）而言，$c_{\min} \ll c_0$ 符合气泡水的声速特性[11, 12]。

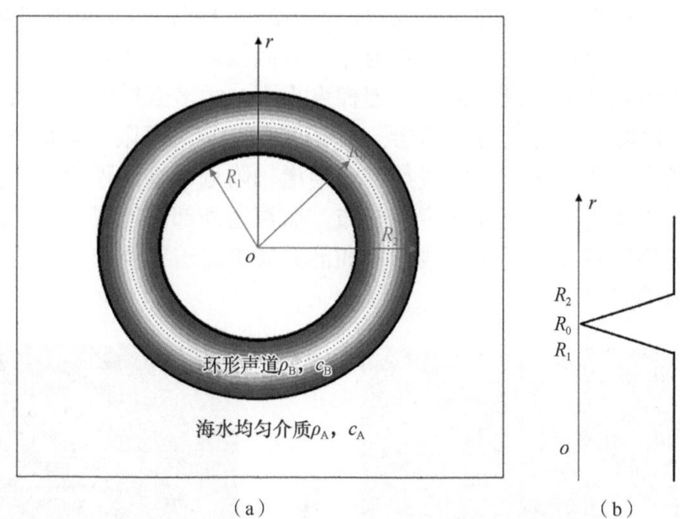

图 4.20　径向声速梯度分布及其声速剖面[10]

在高频近似下，环形声道的声传播可以用射线方程来描述[13, 14]：

$$\frac{\mathrm{d}}{\mathrm{d}s}\left(n_c \frac{\mathrm{d}\boldsymbol{r}}{\mathrm{d}s}\right) = \nabla n_c \tag{4.59}$$

式中，$n_c(\boldsymbol{r})=c_0/c_c(\boldsymbol{r})$为环形声道的折射率；$\boldsymbol{r}$ 为径向矢量。对于声道声线弧长 s，其曲率矢量 $\boldsymbol{K}$ 的模值即曲率满足：

$$\left|\boldsymbol{K}\right| = \boldsymbol{v} \cdot \nabla(\ln n_c) \tag{4.60}$$

式中，$\boldsymbol{v}$ 是声射线的单位矢量。可以看出，正$|\boldsymbol{K}|$导致声射线沿着折射率增大的方向传播，即声射线总是向高折射率或低声速弯曲。此外，当 n_c 梯度充分大时，曲率足够大，圆环半径足够小，即声射线将集中在声道内。

根据声射线理论 $\frac{\mathrm{d}}{\mathrm{d}s}(n\cos\alpha) = \frac{\partial n}{\partial x}$、$\frac{\mathrm{d}}{\mathrm{d}s}(n\cos\beta) = \frac{\partial n}{\partial \eta}$，且令 $\xi = \frac{\cos\alpha}{c_c}$，得

$$\frac{\mathrm{d}x}{\mathrm{d}s} = \cos\alpha = c_c \xi \tag{4.61}$$

则由式（4.61）可得

$$\frac{\mathrm{d}\xi}{\mathrm{d}s} = \frac{\mathrm{d}}{\mathrm{d}s}\left(\frac{\cos\alpha}{c_c}\right) = \frac{1}{c_0}\frac{\mathrm{d}}{\mathrm{d}s}(n\cos\alpha) = \frac{1}{c_0}\frac{\partial n}{\partial x} = -\frac{1}{{c_c}^2}\frac{\partial c_c}{\partial x} \tag{4.62}$$

同理可得

$$\frac{\mathrm{d}y}{\mathrm{d}s}=c_{\mathrm{c}}\eta\,,\quad \frac{\mathrm{d}\eta}{\mathrm{d}s}=-\frac{1}{{c_{\mathrm{c}}}^{2}}\frac{\mathrm{d}c_{\mathrm{c}}}{\mathrm{d}y} \tag{4.63}$$

可以用龙格-库塔（Runge-Kutta）数值计算方法求解方程（4.63）。如图 4.21 所示，圆点表示在声道轴上的声源位置，该声源以 10°、50°、90°、140°、170°出射声射线。可以看出，声射线由于折射作用弯向低声速声道轴，在声道内多次反转，并绕着声道轴弯曲前进。由于声速梯度很大，大多数声射线难以穿过环形声道向外出射。声源出射角度为–170°至–10°的声射线将被局限在环形声道内部。从能量传输的角度来看，由于声射线集中在声道轴附近传播，因此声能量主要分布在声道轴上。声道内部有很强的声能分布，而声道外部声能很弱。因此，环形声道的径向声速梯度特征对于声射线弯曲和能量集中起着重要作用，这与深海声道的特性是类似的[13, 15]。

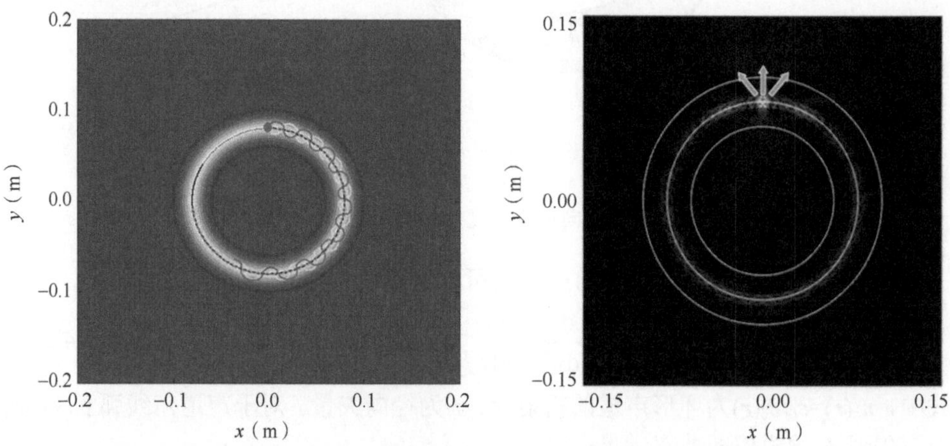

图 4.21　环形声道内不同角度声线出射的声传播轨迹[9]

本 章 习 题

1. 简要描述表面声道的声速梯度特点及其形成的条件。

2. 讨论表面声道反转深度、临界声线及跨度的定义及特点，分析声源深度和掠射角增大对反转深度和跨度的影响。

3. 画出表面声道声速剖面，应用射线理论解释声波在表面声道中远距离传播的原因，并讨论其传播时间的影响因素。

4. 夏日晴天，正午阳光辐照，试讨论同一台水声设备在早晨水下声传播距离远还是在下午声传播距离远。

5. 在负声速梯度下，设其声速梯度绝对值为$\left|\frac{\mathrm{d}c}{\mathrm{d}z}\right|=g$，声源深度为 z_0，海面

声速为 c_0，求声线的轨迹恰巧与海面相切时的出射角 α_0。

6. 某地反声道的声速梯度绝对值为 $10^{-4}\ \text{m}^{-1}$，声学换能器频率为 40 kHz，试估算其声影区内的声强衰减。

7. 在深海跃变层条件下，温度下降 10℃，如果声源掠射角为 5°，试计算其声强衰减。

8. 简要描述深海声道会聚区和声影区的定义及特征并比较二者之间声强大小，讨论会聚增益。

9. 画出深海声道声速分布，应用射线理论说明声波在深海声道中远距离传播的原因。

10. 讨论深海声道近距离与远距离的声传播特性。

11. 试用径向声速梯度介质中的声传播特性分析座头鲸的声墙（“wall of sound”）现象。

12. 证明公式：

$$\frac{\mathrm{d}x}{\mathrm{d}s}=c_{\mathrm{c}}\xi,\ \frac{\mathrm{d}\xi}{\mathrm{d}s}=-\frac{1}{c_{\mathrm{c}}^{\ 2}}\frac{\mathrm{d}c_{\mathrm{c}}}{\mathrm{d}x}$$

$$\frac{\mathrm{d}y}{\mathrm{d}s}=c_{\mathrm{c}}\eta,\ \frac{\mathrm{d}\eta}{\mathrm{d}s}=-\frac{1}{c_{\mathrm{c}}^{\ 2}}\frac{\mathrm{d}c_{\mathrm{c}}}{\mathrm{d}y}$$

参 考 文 献

[1] Urick RJ. Principles of Underwater Sound. New York: McGraw-Hill Book Company, 1983.

[2] Bergmann PG, Spitzer L. The physics of sound in the sea. Office of Scientific Research and Development, 1946.

[3] 许天增, 许鹭芬. 水声数字通信. 北京: 海洋出版社, 2010.

[4] 布列霍夫斯基. 海洋声学. 山东海洋学院海洋物理系，中国科学院声学研究所水声研究室, 译. 北京: 科学出版社, 1983.

[5] Ewing M, Worzel JL. Long-range sound transmission. Geological Society of America, 1948, 27: 1-32.

[6] Munk WH. Sound channel in an exponentially stratified ocean, with application to SOFAR. The Journal of the Acoustical Society of America, 1974, 55(2): 220-226.

[7] 布列霍夫斯基赫, 雷桑诺夫. 海洋声学基础. 朱柏贤, 金国亮, 译. 北京: 海洋出版社, 1985.

[8] Hale FE. Long-range sound propagation in the deep ocean. The Journal of the Acoustical Society of America, 33(4): 456-464.

[9] Leighton TG, Richards SD, White PR. Trapped within a wall of sound. Acoustics Bulletin, 2004, 29(1): 24-29.

[10] Zhang S, Zhang Y. Broadband unidirectional acoustic transmission based on piecewise linear acoustic metamaterials. Chinese Science Bulletin, 2014, 59(26): 3239-3245.

[11] Terrill EJ, Melville WK. A broadband acoustic technique for measuring bubble size distributions: laboratory and shallow water measurements. Journal of Atmospheric and Oceanic Technology, 2000, 17(2): 220-239.

[12] Torrent D, Sánchez-Dehesa J. Effective parameters of clusters of cylinders embedded in a nonviscous fluid or gas. Physical Review B, 2006, 74(22): 224305.

[13] Brekhovskikh LM, Lysanov YP, Lysanov JP. Fundamentals of Ocean Acoustics. New York: Springer Science & Business Media, 2003.

[14] Born M, Wolf E. Principles of Optics: Electromagnetic Theory of Propagation, Interference and Diffraction of Light. New York: Elsevier, 2013.

[15] Li X, Zhang Y, Du G. Influence of perturbations on chaotic behavior of the parabolic ray system. The Journal of the Acoustical Society of America, 1999, 105(4): 2142-2148.

第 5 章　海洋层状介质中的声传播

声波在浅海中的传播十分常见。从地理概念上讲，一般称水深小于 200 m 的海域为浅海。我国沿海海域大都属于浅海海区，因此研究声波在浅海中的传播是很有意义的。从声学角度，深海和浅海可以根据海底对声传播影响的程度来区分。深海的声传播一般忽略海底边界的影响，而浅海的声传播明显受海底边界的影响。除此之外，考虑海洋声学参数的分层特性，多层介质对声传播的影响也是显而易见的，如图 5.1 所示。

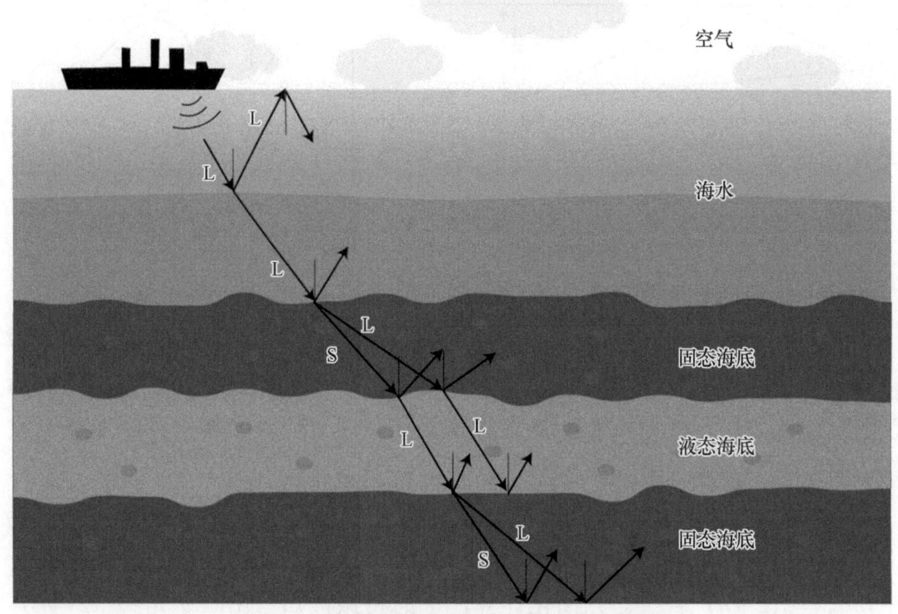

图 5.1　海洋层状介质中的声传播示意图

L-纵波；S-横波

本章介绍海洋层状介质中的声传播，讨论海面和海底界面对声传播的影响，介绍硬质均匀浅海声场简正波理论和虚源描述，讨论浅海均匀声场的声强特性，并初步介绍声波在多层介质中的传播理论和水声超材料。

5.1　海面对声传播的影响

声波在海面附近传播时，直达波与海面的反射波会发生迭加，从而产生干涉现象。当海面波浪尺度远小于声波的半波长时，海面可视为镜面反射，则可以研究海面附近的干涉声场特性。

设点声源 A 在海面附近，其深度为 h，坐标为 $(0, h)$，接收点 B 在坐标 (x, z) 处，如图 5.2 所示。海面以下的等温层足够厚，声速为常数 c_0。声波沿直线传播，满足球面波规律 $p=\dfrac{A}{r_1}\mathrm{e}^{\mathrm{j}(\omega t-kr_1)}$。把时间项 $\mathrm{e}^{\mathrm{j}\omega t}$ 分离后，点源发射的球面波可表示为

$$p=\frac{A}{r_1}\mathrm{e}^{-\mathrm{j}kr_1} \tag{5.1}$$

式中，$r_1=\sqrt{(z-h)^2+x^2}$。

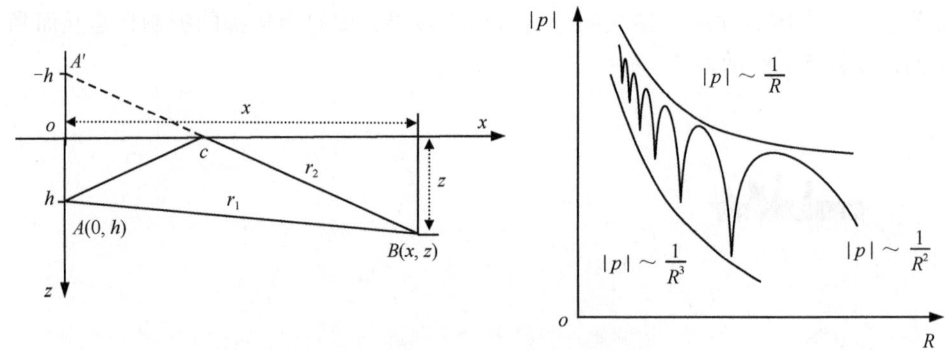

图 5.2　接近海面的水下声场模型及其声压干涉解

视海面为绝对软平面，则声压满足以下边界条件：

$$p\big|_{z=0}=0 \tag{5.2}$$

根据镜面反射原理，可以在 $(0, -h)$ 处引入虚源 A'。那么，总声场是由点源声场（代表直达波）和反射系数为−1 的虚源声场（代表反射波）相干涉而形成，故 B 点接收声压为

$$p=\frac{A}{r_1}\mathrm{e}^{-\mathrm{j}kr_1}-\frac{A}{r_2}\mathrm{e}^{-\mathrm{j}kr_2} \tag{5.3}$$

式中，$r_2=\sqrt{(z+h)^2+x^2}$。为简化计算，下面将振幅归一化，令 $R^2=x^2+z^2+h^2$，由于距离 r_1 远大于声源和接收点深度，即 $\dfrac{hz}{R^2}\ll 1$，取一阶近似得

$$r_1=\sqrt{x^2+z^2+h^2-2hz}=\sqrt{R^2\left(1-\frac{2hz}{R^2}\right)}\approx R\left(1-\frac{hz}{R^2}\right) \tag{5.4}$$

$$r_2=\sqrt{x^2+z^2+h^2+2hz}=\sqrt{R^2\left(1+\frac{2hz}{R^2}\right)}\approx R\left(1+\frac{hz}{R^2}\right) \tag{5.5}$$

把 r_1 和 r_2 代入式（5.3）得

$$p = \frac{1}{r_1} e^{-jkr_1} - \frac{1}{r_2} e^{-jkr_2} = e^{-jkR} \left(\frac{e^{jkhz/R}}{R - hz/R} - \frac{e^{-jkhz/R}}{R + hz/R} \right) \tag{5.6}$$

由于 $hz \ll R^2$，干涉解式（5.6）可近似为

$$p \approx \frac{2}{R} \left[\frac{hz}{R^2} \cos\left(\frac{khz}{R} \right) + j\sin\left(\frac{khz}{R} \right) \right] e^{-jkR} \tag{5.7}$$

显然，当距离 R 在近场满足 $\left| \sin\left(\frac{khz}{R} \right) \right| = 1$ 时，即满足以下特定关系：

$$R_N = \frac{khz}{\pi(N + 1/2)} \ (N = 0, 1, 2, \cdots) \tag{5.8}$$

声压幅值达到极大值：

$$|p|_{\max} \approx \frac{2}{R_N} \tag{5.9}$$

这时接收点在近场内，其声压振幅起伏变化。当直达声与海面反射声同相迭加时，声压振幅是单个声源的 2 倍。式（5.8）表明，声压幅值极大值距离随着声源与接收点深度的增大而增大，且最后一个声压幅值极大值的距离为 $R_0 = \frac{2khz}{\pi}$。

然而，当距离 R 满足 $\left| \sin\left(\frac{khz}{R} \right) \right| = 0$ 时，可得

$$R_M = \frac{khz}{\pi M} \ (M = 1, 2, \cdots) \tag{5.10}$$

声压幅值达到极小值，约为

$$|p|_{\min} \approx \frac{2hz}{{R_M}^3} \tag{5.11}$$

这时由于直达声与海面反射声反相迭加，声压幅值极小值在近场随 R^{-3} 减小。

进一步，当距离 R 在远场且满足 $R \gg khz$ 时，$\left| \sin\left(\frac{khz}{R} \right) \right|$ 远小于 1 且单调减小，接收点在远场，则式（5.7）可近似为

$$|p| \approx \frac{2khz}{R^2} \tag{5.12}$$

因此，接近海面的水下声场的声压幅值极大值在近场随 R^{-1} 减小，但在远场随 R^{-2} 减小。

在深度方向上，由式（5.7）可知，当声源深度 h 和接收点水平距离 x 给定后，随着接收点深度 z 变化，声场将出现一系列极大值、极小值，即干涉现象。相邻

两个极大值的深度间隔为$\dfrac{\pi R_N}{hk}=\dfrac{R_N\lambda}{2h}$。例如，对于$f$=30 kHz、$h$=0.5 m、$R$=300 m而言，相邻两个声压极大值的深度间隔为15 m，而对于h=5 m而言，相邻两个极大值的深度间隔为1.5 m。因此，对于接近海面的水下声场而言，要克服垂直方向的干涉现象，可以增大声源深度 h 来减小极值深度（$h\gg\lambda$），或者提高频率来减小声波波长。

5.2 浅海均匀声场的声传播

5.2.1 硬底浅海均匀声场

声波在浅海中的传播可以假设为以下模型：声速为常数 c_0，水深为常数 H，声源位于（$0, z_0$）；海面为自由平整界面，即边界声压为 0，海底为完全硬质的平整界面，即边界上质点的法向振动速度为 0（图 5.3）。

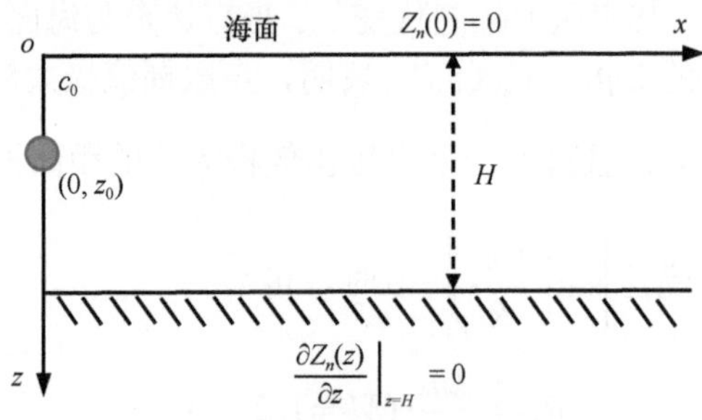

图 5.3　硬质均匀浅海模型

考虑（x, z）的二维直角坐标系，其中水平轴 x 表示水平距离，而垂直轴 z 表示深度。不考虑声源的奇性条件，声波在水平方向往无穷远处传播，具有行波特性。声波在垂直方向受到海面和海底界面的约束，具有驻波特性。声波在这种浅海模型中传播满足均匀介质的波动方程。利用数学物理方法的分离变量法，分离出时间变量 $\mathrm{e}^{\mathrm{j}\omega t}$，可把波动方程转换成亥姆霍兹方程：

$$\frac{\partial^2 p}{\partial x^2}+\frac{\partial^2 p}{\partial z^2}+k^2 p=0 \tag{5.13}$$

根据海面为绝对软边界，而海底为绝对硬边界的边界条件，可得定解条件为

$$\begin{cases} p\big|_{z=0}=0 \\ \left.\dfrac{\partial p}{\partial z}\right|_{z=H}=0 \end{cases} \tag{5.14}$$

对于亥姆霍兹方程（5.13），在直角坐标系（x, z）中应用分离变量法，可将垂

直变量和水平变量分离。将 $p=\sum R_n(x)Z_n(z)$ 代入式（5.13）得

$$R_n(x)\frac{\partial^2 Z_n(z)}{\partial z^2}+Z_n(z)\frac{\partial^2 R_n(x)}{\partial x^2}+k^2 R_n(x)Z_n(z)=0 \tag{5.15}$$

将 $R_n(x)$和 $Z_n(z)$进行整理得

$$\frac{1}{R_n(x)}\frac{\partial^2 R_n(x)}{\partial x^2}+k^2=-\frac{1}{Z_n(z)}\frac{\partial^2 Z_n(z)}{\partial z^2} \tag{5.16}$$

等式左边仅含有 x 表达式，而等式右边仅含有 z 表达式，要使等式恒成立，当且仅当等号两边表达式都等于常数 k_{zn}^2，可得

$$\begin{cases}\dfrac{\partial^2 Z_n(z)}{\partial z^2}+k_{zn}^2 Z_n(z)=0\\ \dfrac{\partial^2 R_n(x)}{\partial x^2}+(k^2-k_{zn}^2)R_n(x)=0\end{cases} \tag{5.17}$$

考虑到声波在 z 轴垂直方向受到海面 z=0 和海底 z=H 的边界条件约束，则 z 轴分量 $Z_n(z)$应具有驻波形式解：

$$Z_n(z)=A_n\sin(k_{zn}z)+B_n\cos(k_{zn}z) \tag{5.18}$$

由于 z=0 的边界满足绝对软边界条件，即声压为 0，而 z=H 的边界满足绝对硬边界条件，即质点的法向振动速度为 0，则有

$$Z_n(0)=B_n=0\text{，}\left.\frac{\partial Z}{\partial z}\right|_{z=H}=k_{zn}A_n\cos(k_{zn}H)=0 \tag{5.19}$$

式中，k_{zn} 为本征值，满足特征方程：

$$k_{zn}=\left(\frac{2n-1}{2}\right)\frac{\pi}{H}\quad (n=1,2,3,\cdots) \tag{5.20}$$

考虑到 $Z_n(z)$ 为本征函数，应满足正交归一化条件 $\int_0^H Z_n(z)Z_m(z)\mathrm{d}z=\begin{cases}1 & m=n\\ 0 & m\neq n\end{cases}$，即 $\int_0^H A_n^2\sin^2 k_{zn}z\mathrm{d}z=\frac{1}{2}A_n^2 H=1$，可得 $A_n=\sqrt{2/H}$，故 $Z_n(z)=\sqrt{\frac{2}{H}}\sin\left[\left(\frac{2n-1}{2}\right)\frac{\pi z}{H}\right]$。

此外，考虑到声波在 x 轴水平方向具有行波形式解：

$$R_n(x)=C_n \mathrm{e}^{-\mathrm{j}\sqrt{k^2-k_{zn}^2}x}+D_n \mathrm{e}^{\mathrm{j}\sqrt{k^2-k_{zn}^2}x} \tag{5.21}$$

由于所讨论的波仅沿 x 轴正方向传播，根据辐射条件，可得 D_n=0。由式（5.18）和式（5.21）的线性组合，得声压解的形式为

$$p(x,z)=\sum_{n=1}^{\infty}p_n(x,z)=\sum_{n=1}^{\infty}E_n\sin\left[\left(\frac{2n-1}{2}\right)\frac{\pi z}{H}\right]\mathrm{e}^{-\mathrm{j}\sqrt{k^2-\left[\left(\frac{2n-1}{2}\right)\frac{\pi}{H}\right]^2}x} \tag{5.22}$$

式中，$E_n=\sqrt{\frac{2}{H}}C_n$；$p_n(x,z)=E_n\sin\left[\left(\frac{2n-1}{2}\right)\frac{\pi z}{H}\right]\mathrm{e}^{-\mathrm{j}\sqrt{k^2-\left[\left(\frac{2n-1}{2}\right)\frac{\pi}{H}\right]^2}x}$ 为第 n 阶简正波。图 5.4 给出了前四阶简正波振幅随深度的分布。可以看出，不同阶数 n 的简正波随深度的分布形式不同。每一阶简正波都满足波动方程和边界条件：在海面，幅值为零；而在海底，幅值最大且对 z 轴变化率为 0。

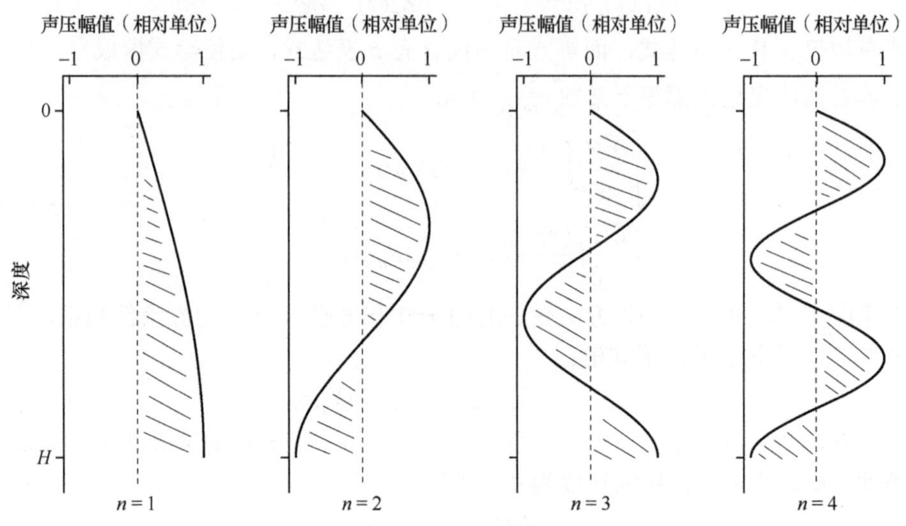

图 5.4　前四阶简正波振幅随深度的分布

简正波波数是矢量，可分解为水平分量 $\sqrt{k^2-k_{zn}^2}$ 和垂直分量 k_{zn}。利用正弦函数与复指数的关系，第 n 阶简正波可表示为

$$\begin{aligned}p_n(x,z)&=E_n\sin(k_{zn}z)\mathrm{e}^{-j\sqrt{k^2-k_{zn}^2}x}\\&=\frac{E_n}{2\mathrm{j}}\left[\mathrm{e}^{-\mathrm{j}\left(\sqrt{k^2-k_{zn}^2}x-k_{zn}z\right)}-\mathrm{e}^{-\mathrm{j}\left(\sqrt{k^2-k_{zn}^2}x+k_{zn}z\right)}\right]\end{aligned}\tag{5.23}$$

如图 5.5 所示，第 n 阶简正波在 z 方向由两个波迭加，即一个波沿 z 正方向，另一个波沿 z 负方向，与水平方向成 $\theta_n=\arcsin(k_{zn}/k)$ 角斜向传播，在海面和海底界面不断反射而曲折向 x 方向传播的平面波。显然，这两个波的水平掠射角必须为 $\theta_n=\arcsin(k_{zn}/k)$，其声压之和才能满足边界条件。

第 n 阶简正波在深度 z 方向上作驻波分布，其波数 k 的垂直分量满足 $k_{zn}=\left(\frac{2n-1}{2}\right)\frac{\pi}{H}$，而在水平 x 方向上作行波传播，其波数 k 的水平分量满足 $k_{xn}=\sqrt{k^2-k_{zn}^2}$。其中，$k_{zn}$ 是波数 k 在 z 轴上的投影，即 $k_{zn}=k\sin\theta_n$。

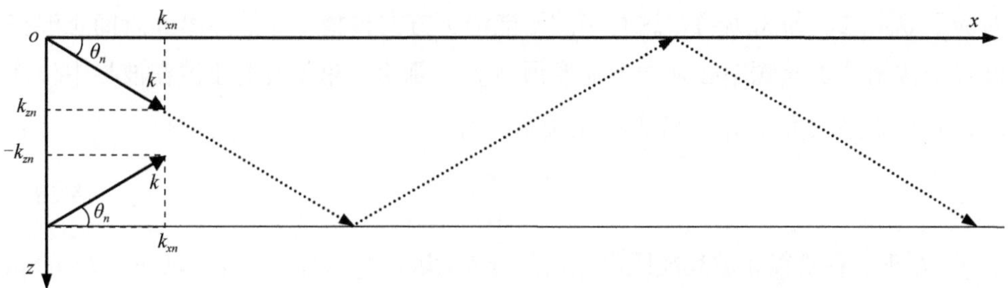

图 5.5　简正波分解为沿 z 正方向和负方向传播的两个平面波

对于给定深度 H，阶次 n 越高，k_{zn} 越大，水平分量 $\sqrt{k^2-k_{zn}^2}$ 越小。对于给定阶数 n，H 越大，k_{zn} 越小，水平分量 $\sqrt{k^2-k_{zn}^2}$ 越接近 k。显然，当 $H\to\infty$ 时，$\sqrt{k^2-k_{zn}^2}\to k$，声波可以看成自由平面波传播。对于稳定传播的简谐波而言，第 n 阶简正波波数的水平分量 $\sqrt{k^2-k_{zn}^2}$ 要求 $k^2 \geqslant k_{zn}^2 = \left[\left(\dfrac{2n-1}{2}\right)\dfrac{\pi}{H}\right]^2$。否则，根号会出现虚数 $-\mathrm{j}\sqrt{k_{zn}^2-k^2}$，这时因子 $\mathrm{e}^{-\sqrt{k_{zn}^2-k^2}x}$ 表示该简谐波 $p_n(x,n)$ 的幅值随 x 的增加呈指数衰减。考虑到 $n \leqslant \dfrac{H\omega}{\pi c}+\dfrac{1}{2}$，那么对于深度 H 一定的情况下，n 存在最大阶数 N，其值为

$$N = \mathrm{ent}\left(\frac{H\omega}{\pi c}+\frac{1}{2}\right) \tag{5.24}$$

当 $n>N$ 时，更高阶简正波的水平波数为虚数，其幅值离开声源后迅速衰减，从而无法在波导中传播。因此，远场声场可表示成有限项的级数和：

$$p(r,z) = \sum_{n=1}^{N} E_n \sin\left[\left(\frac{2n-1}{2}\right)\frac{\pi z}{H}\right]\mathrm{e}^{-\mathrm{j}\sqrt{k^2-\left[\left(\frac{2n-1}{2}\right)\frac{\pi}{H}\right]^2}x} \tag{5.25}$$

此外，第 n 阶简正波波数在波导中传播应满足：

$$\omega_n \geqslant \left(\frac{2n-1}{2}\right)\frac{\pi c}{H} \tag{5.26}$$

当声波频率 $\omega_n < \left(\dfrac{2n-1}{2}\right)\dfrac{\pi c}{H}$ 时，对应水平波数为虚数，呈现指数衰减，则波导中不存在第 n 阶及以上各阶简正波的传播。

定义第 n 阶简正波的临界频率为

$$f_n^* = \left(\frac{2n-1}{2}\right)\frac{c}{2H} \tag{5.27}$$

对应于 $\theta_n=\pi/2$，即 $k_{zn}/k=1$，这时声波不能沿 x 方向传播。显然，第 n 阶简正波在波导中传播要求其频率必须大于临界频率 f_n^*。那么，第 1 阶简正波在波导中传播时，其频率必须大于 f_1^*，称为截止频率，有

$$f_1^* = \frac{c}{4H} \tag{5.28}$$

当 $f<f_1^*$ 时，各阶简正波均随距离按指数衰减，远场声压趋近于零。以深度 H=60 m 为例，计算得出截止频率为 6.25 Hz。对于给定深度的浅海波导，声传播的频率需大于截止频率。这一现象在声学基础[1]声波在管中的传播已做了讨论，体现了空气声波导和水声波导理论的相似性。

相速 c_{p} 是等相位面的传播速度。群速 c_{g} 是声波能量的传播速度。对于自由空间$\left[H\to\infty, k_{zn}=\left(\frac{2n-1}{2}\right)\frac{\pi}{H}\to 0\right]$而言，波数 k 的水平分量 $\sqrt{k^2-k_{zn}^2}$ 趋于 k，k_{zn} 趋于 0，则相速和群速接近，有 $c_0=\omega/k$。对于浅海波导而言，海面和海底的边界约束使第 n 阶简正波斜向传播，其传播方向沿着 AB，传播速度为 c_0，如图 5.6 所示。简正波的传播距离为 AB，该简正波的波阵面从 aa' 传播到 bb'，波阵面沿着 x 轴的传播距离为 AC。因此，第 n 阶简正波的相速大于 c_0，满足：

$$c_{\mathrm{p}n} = \frac{c_0}{\cos\theta_n} = \frac{c_0}{\sqrt{1-\left(\frac{\omega_n}{\omega}\right)^2}} = \frac{\omega}{\sqrt{k^2-\left[\left(\frac{2n-1}{2}\right)\frac{\pi}{H}\right]^2}} \tag{5.29}$$

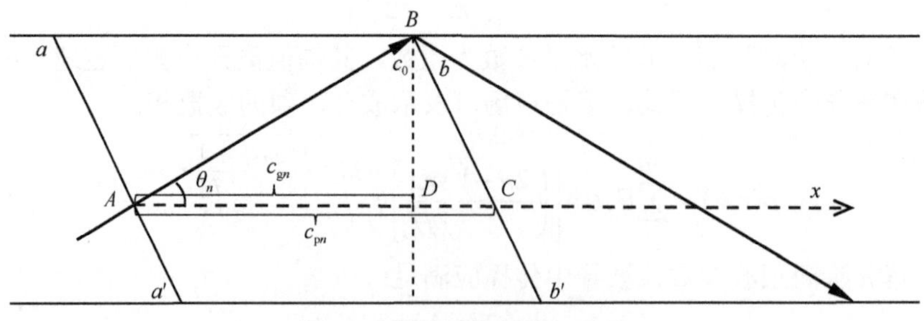

图 5.6 简正波的相速与群速

类似地，声波能量沿着 x 轴的传播距离为 AD。因此，第 n 阶简正波的群速小于 c_0，满足：

$$c_{\mathrm{g}n} = c_0\cos\theta_n = c_0\sqrt{1-\left(\frac{\omega_n}{\omega}\right)^2} = \omega\sqrt{k^2-\left[\left(\frac{2n-1}{2}\right)\frac{\pi}{H}\right]^2} \tag{5.30}$$

图 5.7 给出了简正波的相速和群速随频率的变化曲线。相速随频率增大而减小，当 $\omega\to\infty$ 时，$c_{\mathrm{p}n}\to c_0$。当频率趋近于各阶简正波临界频率时，相速将趋于无穷

大。阶数越高，相速越大。对于频散介质，相速和波数相关，$\frac{\mathrm{d}c}{\mathrm{d}k} \neq 0$，则 $c_{gn} \neq c$，能量随波的传播而被分散，可见波导为频散介质，导致脉冲波形传播畸变。而群速随频率增大而增大，当 $\omega \to \infty$ 时，$c_{gn} \to c_0$。当频率趋近于各阶简正波临界频率时，群速趋于 0。阶数越高，群速越小。

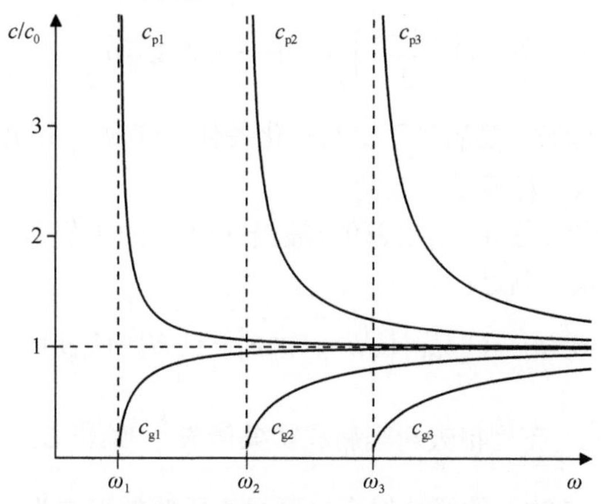

图 5.7　简正波的相速和群速随频率的变化曲线

上述简正波分析也可应用于求解浅海模型的柱面波声场。由于求解问题具有圆柱对称性，以下采用柱坐标系(r, z)，将 $p = \sum R_n(r) Z_n(z)$ 代入柱坐标系下的亥姆霍兹方程 $\frac{\partial^2 p}{\partial z^2} + \frac{\partial^2 p}{\partial r^2} + \frac{1}{r}\frac{\partial p}{\partial r} + k^2 p = 0$，得

$$R_n(r)\frac{\partial^2 Z_n(z)}{\partial z^2} + Z_n(z)\frac{\partial^2 R_n(r)}{\partial r^2} + \frac{Z_n(z)}{r}\frac{\partial R_n(r)}{\partial r} + k^2 R_n(r) Z_n(z) = 0 \qquad (5.31)$$

将 $R_n(r)$ 和 $Z_n(z)$ 进行整理得

$$\frac{1}{R_n(r)}\frac{\partial^2 R_n(r)}{\partial r^2} + \frac{1}{rR_n(r)}\frac{\partial R_n(r)}{\partial r} + k^2 = -\frac{1}{Z_n(z)}\frac{\partial^2 Z_n(z)}{\partial z^2} \qquad (5.32)$$

要使等式恒成立，当且仅当等号两边都等于常数 k_{zn}^2，可得

$$\begin{cases} \dfrac{\partial^2 Z_n(z)}{\partial z^2} + k_{zn}^2 Z_n(z) = 0 \\ \dfrac{\partial^2 R_n(r)}{\partial r^2} + \dfrac{1}{r}\dfrac{\partial R_n(r)}{\partial r} + \left(k^2 - k_{zn}^2\right) R_n(r) = 0 \end{cases} \qquad (5.33)$$

考虑到声波在 z 轴垂直方向受到海面 z=0 和海底 z=H 的约束，$Z_n(z)$ 应具有驻波形式解：

$$Z_n(z) = A_n \sin\left(k_{zn} z\right) + B_n \cos\left(k_{zn} z\right) \tag{5.34}$$

在 z=0 的绝对软边界，声压为零，而在 z=H 的绝对硬边界，法向速度为零，则有

$$Z_n(0) = B_n = 0,\ \left.\frac{\partial Z_n(z)}{\partial z}\right|_{z=H} = k_{zn} A_n \cos k_{zn} H = 0 \tag{5.35}$$

式中，k_{zn} 为本征值，即波数 k_0 的垂直分量，满足特征方程：

$$k_{zn} = \left(\frac{2n-1}{2}\right)\frac{\pi}{H} \quad (n = 1, 2, 3, \cdots) \tag{5.36}$$

考虑到 $Z_n(z)$为本征函数，要满足正交归一化条件，可得 $A_n = \sqrt{2/H}$ 。可见，驻波解在柱坐标系与直角坐标系是一致的。

此外，考虑到声源在$(0, z_0)$激发的声波沿 r 轴正方向传播，其水平分量具有行波解，则在柱坐标系下满足：

$$R_n(r) = C_n H_0^{(2)}\left(\sqrt{k^2 - k_{zn}^2}\, r\right) = C_n H_0^{(2)}(k_{rn} r) \tag{5.37}$$

式中，$k_{rn} = \sqrt{k^2 - k_{zn}^2}$ 。布列霍夫斯基赫和雷桑诺夫[2, 3]给出 $C_n = -\mathrm{j}\pi\sqrt{\dfrac{2}{H}}\sin(k_{zn} z_0)$ 。由式（5.34）和式（5.37）的线性组合，可得声压解的形式为

$$p(r,z) = \sum_{n=1}^{\infty} p_n(r,z) = -\mathrm{j}\frac{2\pi}{H}\sum_{n=1}^{\infty}\sin(k_{zn} z)\sin(k_{zn} z_0) H_0^{(2)}\left(\sqrt{k^2 - k_{zn}^2}\, r\right) \tag{5.38}$$

若传播距离足够大，即 $k_{rn} r \gg 1$，则 $H_0^{(2)}(k_{rn} r) \approx \sqrt{\dfrac{2}{\pi k_{rn} r}}\mathrm{e}^{-\mathrm{j}\left(k_{rn} r - \frac{\pi}{4}\right)}$，得到远场解为

$$p(r,z) \approx -\mathrm{j}\frac{2}{H}\sum_{n=1}^{\infty}\sqrt{\frac{2\pi}{k_{rn} r}}\sin(k_{zn} z)\sin(k_{zn} z_0)\mathrm{e}^{-\mathrm{j}\left(k_{rn} r - \frac{\pi}{4}\right)} \tag{5.39}$$

可见，简正波在柱坐标系下的振幅分布、截止频率、波数、相速等特性与直角坐标系下简正波的各参数特性类似，这里不再展开讨论。

5.2.2 浅海均匀声场的虚源描述

上面通过简正波分析论述了水层中声传播的简正波解，给出了浅海均匀声场的声传播规律。这里介绍浅海均匀层中多途效应的另一种描述，即虚源描述。将多途看作来自声源的直达声波和一系列“虚源”辐射声波的迭加。这些虚源实际上是由声波在均匀层的上、下界面多次反射所形成的等效描述。

假设均匀层的上界面（z=0）为自由表面，下界面（z=H）为硬质海底，如图 5.8 所示。根据声学基础[1]，自由表面可产生虚镜像，而硬质海底产生实镜像。点声源 O_{01} 位于 z 轴上的 z=z_0 点，接收点在(r, z)处。点声源 O_{01} 产生的归一化直达波声压为

$$p = \frac{e^{-jkR_{01}}}{R_{01}} \tag{5.40}$$

式中，$R_{01} = \sqrt{r^2 + (z - z_0)^2}$。

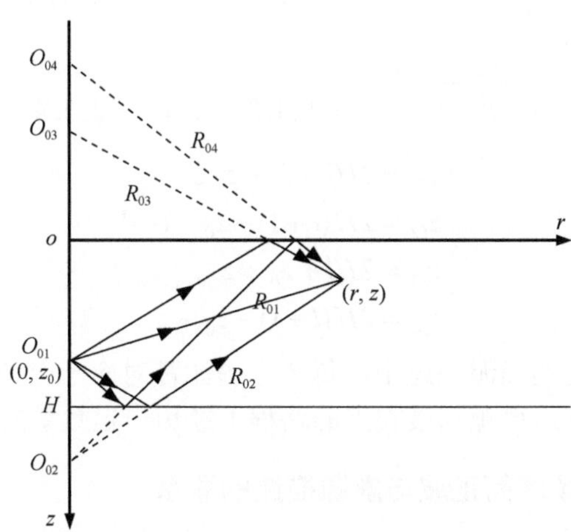

图 5.8　声波在水层边界上的反射及其虚源描述

计入经硬质海底一次反射的声线，与直达声波迭加后，其声压为

$$p = \frac{e^{-jkR_{01}}}{R_{01}} + \frac{e^{-jkR_{02}}}{R_{02}} \tag{5.41}$$

式中，$R_{02} = \sqrt{r^2 + (2H - z - z_0)^2}$。反射波 $\frac{e^{-jkR_{02}}}{R_{02}}$ 可看成由虚源 O_{02} 发出，是点源 O_{01} 相对于硬质下界面的实镜像，二者同相。式（5.41）满足硬质下界面的边界条件，但不满足自由上界面的边界条件。

因此，需要在 O_{01} 和 O_{02} 上再迭加一对虚源 O_{03} 和 O_{04}，即 O_{03} 与 O_{01} 对称，而 O_{04} 与 O_{02} 对称。自由上界面条件使虚镜像 O_{03}、O_{04} 与 O_{01}、O_{02} 反相，因而 4 个声源的总声场为

$$p = \frac{e^{-jkR_{01}}}{R_{01}} + \frac{e^{-jkR_{02}}}{R_{02}} - \frac{e^{-jkR_{03}}}{R_{03}} - \frac{e^{-jkR_{04}}}{R_{04}} \tag{5.42}$$

式中，$R_{03} = \sqrt{r^2 + (z + z_0)^2}$，$R_{04} = \sqrt{r^2 + (2H + z - z_0)^2}$。式（5.42）满足上界面边界条件，但不满足下界面边界条件。为此，需要继续增加虚源 O_{11} 和 O_{12}，它们分别由 O_{03} 和 O_{04} 在下界面镜反射得到。这时下界面边界条件得到满足，但上界面边界条件又被破坏，需要继续增加虚源。如此交替地满足下边界和上边界条件，不断增加虚源。每次迭加产生的一对虚源越来越远，对声场的贡献越来越小。那

么，在虚源数目为无穷的极限情况下，总迭加声场满足上下边界条件和波动方程，可表示为以下形式：

$$p=\sum_{l=0}^{\infty}\left[(-1)^{l}\left(\frac{\mathrm{e}^{-\mathrm{j}kR_{l1}}}{R_{l1}}+\frac{\mathrm{e}^{-\mathrm{j}kR_{l2}}}{R_{l2}}-\frac{\mathrm{e}^{-\mathrm{j}kR_{l3}}}{R_{l3}}-\frac{\mathrm{e}^{-\mathrm{j}kR_{l4}}}{R_{l4}}\right)\right] \tag{5.43}$$

其中

$$R_{lj}=\sqrt{x^2+z_{lj}{}^2}\quad (l=0,1,2,\cdots;\ j=1,2,3,4)$$

$$\begin{cases} z_{l1}=2Hl+z_0-z \\ z_{l2}=2H(l+1)-z_0-z \\ z_{l3}=2Hl+z_0+z \\ z_{l4}=2H(l+1)-z_0+z \end{cases}$$

在浅海均匀声场的虚源描述中，每一个虚源都对应于一条沿着水层传播的声射线，这条声射线在从声源到接收点的路程上经历一定数量的界面反射。

5.2.3 浅海均匀声场的简正波与虚源描述的联系

在虚源描述中，将水层中的声场看作一系列虚源辐射的球面波在接收点的迭加，形成复杂的干涉场。由于边界是平面的，因此需要把球面波展开成平面波[3]。如图 5.2 所示，根据式（5.1）可知，在 z=0 的（x,y）平面内，直达球面波的声场满足 $p=\frac{A}{r_1}\mathrm{e}^{-\mathrm{j}kr_1}$，其中 $r_1=\sqrt{x^2+y^2}$。把声场展开成变量 x 和 y 的双重傅里叶积分得

$$\frac{\mathrm{e}^{-\mathrm{j}kr_1}}{r_1}=\iint_{-\infty}^{\infty}A(k_x,k_y)\mathrm{e}^{-\mathrm{j}(k_x x+k_y y)}\mathrm{d}k_x\mathrm{d}k_y \tag{5.44}$$

式中，$A(k_x,k_y)=\frac{1}{(2\pi)^2}\iint_{-\infty}^{\infty}\frac{\mathrm{e}^{-\mathrm{j}kr_1}}{r_1}\mathrm{e}^{\mathrm{j}(k_x x+k_y y)}\mathrm{d}x\mathrm{d}y$；$k$、$k_x$、$k_y$ 分别为波矢的模及其沿坐标轴 x、y 的分量。变换到极坐标系，即 $x=r_1\cos\varphi$，$y=r_1\sin\varphi$，$\mathrm{d}x\mathrm{d}y=r_1\mathrm{d}r_1\mathrm{d}\varphi$，$k_x=\xi\cos\Psi$，$k_y=\xi\sin\Psi$，$\xi=\sqrt{k_x{}^2+k_y{}^2}$，$\mathrm{d}k_x\mathrm{d}k_y=\xi\mathrm{d}\xi\mathrm{d}\Psi$，可得

$$\begin{aligned} A(k_x,k_y)&=\frac{1}{(2\pi)^2}\iint\frac{1}{r_1}\mathrm{e}^{-\mathrm{j}kr_1+\mathrm{j}(\xi\cos\Psi\cdot r_1\cos\varphi+\xi\sin\Psi\cdot r_1\sin\varphi)}r_1\mathrm{d}r_1\mathrm{d}\varphi \\ &=\frac{1}{(2\pi)^2}\int_0^{2\pi}\mathrm{d}\varphi\int_0^{\infty}\mathrm{e}^{-\mathrm{j}r_1\left[k-\xi\cos(\Psi-\varphi)\right]}\mathrm{d}r_1 \end{aligned} \tag{5.45}$$

在 k 有小的正虚部条件下（介质弱吸收），式（5.45）可积分为

$$A\left(k_x,k_y\right)=\frac{1}{(2\pi)^2}\int_0^{2\pi}\mathrm{d}\varphi\left(\frac{-\mathrm{e}^{\mathrm{j}r_1\left[k-\xi\cos(\Psi-\varphi)\right]}}{-\mathrm{j}\left[k-\xi\cos\left(\Psi-\varphi\right)\right]}\right)\Bigg|_0^{\infty}\approx\frac{-\mathrm{j}}{(2\pi)^2}\int_0^{2\pi}\frac{\mathrm{d}\varphi}{k-\xi\cos\left(\Psi-\varphi\right)}$$

$$
\begin{aligned}
&=\frac{-\mathrm{j}}{(2\pi)^2}\left[\frac{2}{k-\xi}\sqrt{\frac{k-\xi}{k+\xi}}\arctan\left(\sqrt{\frac{k+\xi}{k-\xi}}\tan\frac{(\psi-\varphi)}{2}\right)\right]_0^{2\pi} \\
&=\frac{-\mathrm{j}}{2\pi}\left(k^2-\xi^2\right)^{-\frac{1}{2}}
\end{aligned} \tag{5.46}
$$

因此，(x,y) 平面的声场为

$$
\frac{\mathrm{e}^{-\mathrm{j}kr_1}}{r_1}=\frac{-\mathrm{j}}{2\pi}\iint_{-\infty}^{\infty}\left(k^2-k_x{}^2-k_y{}^2\right)^{-1/2}\mathrm{e}^{-\mathrm{j}(k_xx+k_yy)}\mathrm{d}k_x\mathrm{d}k_y \tag{5.47}
$$

要扩展到空间上，只需在上述积分中把 $\pm\mathrm{j}k_zz$ 加入指数中，其中 $k_z=\sqrt{k^2-\xi^2}$。那么，可以得到球面波展成平面波的展开式：

$$
\begin{aligned}
&\frac{\mathrm{e}^{-\mathrm{j}kr_1}}{r_1}=\frac{-\mathrm{j}}{2\pi}\iint_{-\infty}^{\infty}\frac{\mathrm{e}^{-\mathrm{j}(k_xx+k_yy+k_zz)}}{k_z}\mathrm{d}k_x\mathrm{d}k_y \quad (z\geqslant 0,\text{正向传播}) \\
&\frac{\mathrm{e}^{-\mathrm{j}kr_1}}{r_1}=\frac{-\mathrm{j}}{2\pi}\iint_{-\infty}^{\infty}\frac{\mathrm{e}^{-\mathrm{j}(k_xx+k_yy-k_zz)}}{k_z}\mathrm{d}k_x\mathrm{d}k_y \quad (z<0,\text{反向传播})
\end{aligned} \tag{5.48}
$$

式中，传播方向由波矢量分量 k_x、k_y、k_z 决定。

进一步，考虑界面的反射作用。如图 5.9 所示，设点源位置为 $o(0,0,z')$，界面在 $z=z'$ 处。式(5.48)描述的平面波传播到边界后，被反射到达接收点 $P(x,y,z)$，相位增加为 $k_xx+k_yy+k_z(z+z')$，则反射波为

$$
p_\mathrm{r}=\frac{-\mathrm{j}}{2\pi}\iint_{-\infty}^{\infty}\frac{\mathrm{e}^{-\mathrm{j}\left[k_xx+k_yy+k_z(z+z')\right]}}{k_z}\mathrm{d}k_x\mathrm{d}k_y \tag{5.49}
$$

在极坐标系中，式（5.49）可积分为

$$
\begin{aligned}
p_\mathrm{r}&=\frac{-\mathrm{j}}{2\pi}\iint\frac{\mathrm{e}^{-\mathrm{j}\left[\xi r_1\cos\xi\cos\varPsi+\xi r_1\sin\varphi\sin\varPsi+k_z(z+z')\right]}}{k_z}\xi\mathrm{d}\xi\mathrm{d}\varPsi \\
&=\frac{-\mathrm{j}}{2\pi}\int_0^{\infty}\frac{\mathrm{e}^{-\mathrm{j}k_z(z+z')}}{k_z}\xi\mathrm{d}\xi\int_0^{2\pi}\mathrm{e}^{-\mathrm{j}\xi r_1\cos(\varphi-\varPsi)}\mathrm{d}\varPsi
\end{aligned} \tag{5.50}
$$

式中，对 $\varPsi$ 的积分等于 $2\pi J_0(\xi r)$，其中 $J_0(\xi r)$ 为零阶贝塞尔函数。由柱函数性质可知，用汉克尔函数代替贝塞尔函数，$J_0(\xi r)=\left[H_0^{(1)}(\xi r)+H_0^{(2)}(\xi r)\right]/2$，其中 $H_0^{(1)}(\xi r)$ 和 $H_0^{(2)}(\xi r)$ 分别为第一类和第二类汉克尔函数。式（5.50）可转化为

$$
p_\mathrm{r}=\frac{-\mathrm{j}}{2}\int_0^{\infty}\frac{\mathrm{e}^{-\mathrm{j}k_z(z+z')}}{k_z}\left[H_0^{(1)}(\xi r)+H_0^{(2)}(\xi r)\right]\xi\mathrm{d}\xi \tag{5.51}
$$

利用汉克尔函数的关系 $H_0^{(2)}(\xi r\mathrm{e}^{\mathrm{j}\pi})=-H_0^{(1)}(\xi r)$，变换积分限，可以得到反射声压为

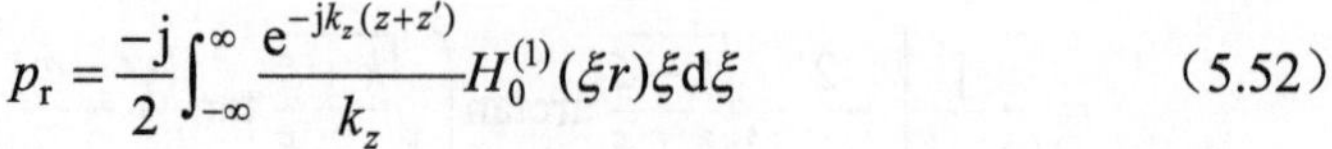

$$p_{\mathrm{r}}=\frac{-\mathrm{j}}{2}\int_{-\infty}^{\infty}\frac{\mathrm{e}^{-\mathrm{j}k_z(z+z')}}{k_z}H_0^{(1)}(\xi r)\xi\mathrm{d}\xi \tag{5.52}$$

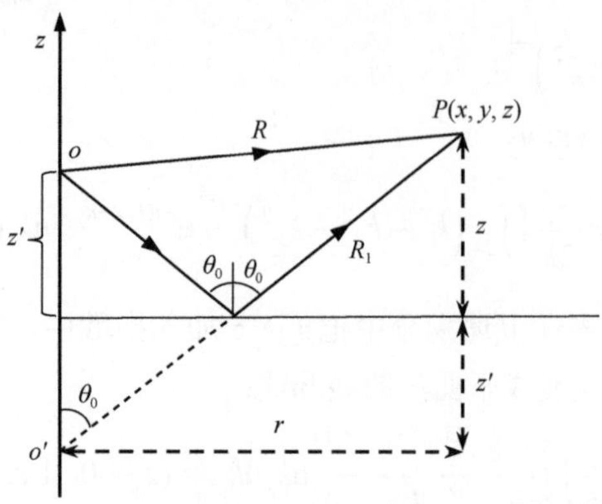

图 5.9　声源 o 和参考点 P 相对于界面的位置

根据有界面情况下的反射声压公式（5.49）和（5.52），分析硬质海底的浅海层中声场的积分表示。浅海层中的总声场具有相同的 k_x 和 k_y，但在界面上具有不同反射次数的所有平面波迭加，即对 k_x 和 k_y 积分。利用式（5.48），可以得到 $z<z_0$ 的总声场为

$$\begin{aligned}p(x,y,z)&=\frac{-\mathrm{j}}{2\pi}\iint\frac{\mathrm{e}^{-\mathrm{j}(k_x x+k_y y)}}{k_z}\sum_{l=0}^{\infty}(-1)^l\Big\{\mathrm{e}^{-\mathrm{j}k_z(2Hl+z_0-z)}+\mathrm{e}^{-\mathrm{j}k_z[2H(l+1)-z_0-z]}\\&\quad-\mathrm{e}^{-\mathrm{j}k_z(2Hl+z_0+z)}-\mathrm{e}^{-\mathrm{j}k_z[2H(l+1)-z_0+z]}\Big\}\mathrm{d}k_x\mathrm{d}k_y\\&=\frac{-\mathrm{j}}{2\pi}\iint_{-\infty}^{\infty}\frac{\mathrm{e}^{-\mathrm{j}(k_x x+k_y y)}}{k_z}\Big[\mathrm{e}^{-\mathrm{j}k_z(z_0-z)}+\mathrm{e}^{-\mathrm{j}k_z(2H-z_0-z)}-\mathrm{e}^{-\mathrm{j}k_z(z_0+z)}\\&\quad-\mathrm{e}^{-\mathrm{j}k_z(2H-z_0+z)}\Big]\sum_{l=0}^{\infty}(-1)^l\mathrm{e}^{-2\mathrm{j}k_z Hl}\mathrm{d}k_x\mathrm{d}k_y\end{aligned}\tag{5.53}$$

$z>z_0$ 的总声场可以通过交换 z 和 z_0 得到。在式（5.53）中，满足：

$$\begin{aligned}&\mathrm{e}^{-\mathrm{j}k_z(z_0-z)}+\mathrm{e}^{-\mathrm{j}k_z(2H-z_0-z)}-\mathrm{e}^{-\mathrm{j}k_z(z_0+z)}-\mathrm{e}^{-\mathrm{j}k_z(2H-z_0+z)}\\&=\mathrm{e}^{-\mathrm{j}k_z(-z)}\left[\mathrm{e}^{-\mathrm{j}k_z z_0}+\mathrm{e}^{-\mathrm{j}k_z(2H-z_0)}\right]-\mathrm{e}^{-\mathrm{j}k_z z}\left[\mathrm{e}^{-\mathrm{j}k_z z_0}+\mathrm{e}^{-\mathrm{j}k_z(2H-z_0)}\right]\\&=2\mathrm{j}\sin(k_z z)\left[\mathrm{e}^{-\mathrm{j}k_z z_0}+\mathrm{e}^{-\mathrm{j}k_z(2H-z_0)}\right]\end{aligned}\tag{5.54}$$

且积分内的级数满足 $\sum_{l=0}^{\infty}(-1)^l\mathrm{e}^{-2\mathrm{j}k_z Hl}=\frac{1}{1+\mathrm{e}^{-2\mathrm{j}k_z H}}$。在有界面的情况下，类似于式（5.52）推导，由式（5.53）可得

$$
\begin{aligned}
p(r,z) &= \frac{2}{2\pi}\iint_{-\infty}^{\infty} \frac{\mathrm{e}^{-\mathrm{j}\left(k_x x+k_y y\right)}\left[\mathrm{e}^{-\mathrm{j}k_z z_0}+\mathrm{e}^{-\mathrm{j}k_z\left(2H-z_0\right)}\right]}{k_z\left(1+\mathrm{e}^{-2\mathrm{j}k_z H}\right)}\sin\left(k_z z\right)\mathrm{d}k_x\mathrm{d}k_y \\
&= \frac{1}{\pi}\int_{-\infty}^{\infty} \frac{\mathrm{e}^{-\mathrm{j}k_z z_0}+\mathrm{e}^{-\mathrm{j}k_z\left(2H-z_0\right)}}{k_z\left(1+\mathrm{e}^{-2\mathrm{j}k_z H}\right)}\sin\left(k_z z\right)\xi\mathrm{d}\xi\int_0^{2\pi}\mathrm{e}^{-\mathrm{j}\xi r_1\cos(\varphi-\Psi)}\mathrm{d}\Psi \\
&= \int_{-\infty}^{\infty} \frac{\sin\left(k_z z\right)}{k_z}\frac{\mathrm{e}^{\mathrm{j}k_z\left(H-z_0\right)}+\mathrm{e}^{-\mathrm{j}k_z\left(H-z_0\right)}}{\mathrm{e}^{\mathrm{j}k_z H}+\mathrm{e}^{-\mathrm{j}k_z H}}H_0^{(1)}\left(\xi r\right)\xi\mathrm{d}\xi \\
&= \int_{-\infty}^{\infty} \frac{\sin\left(k_z z\right)\cos\left[k_z\left(H-z_0\right)\right]}{k_z\cos\left(k_z H\right)}H_0^{(1)}\left(\xi r\right)\xi\mathrm{d}\xi
\end{aligned}
\tag{5.55}
$$

式中，$k_z=\sqrt{k^2-\xi^2}$。式（5.55）可化简为被积函数极点的留数和，其极点满足关系式$\cos\left(k_z H\right)=0$。这与简正波理论得到的驻波解公式（5.19）完全一致，即本征值k_{zl}为

$$
k_{zl}=\left(\frac{2l-1}{2}\right)\frac{\pi}{H}\quad(l=1,2,3,\cdots)
\tag{5.56}
$$

式中，k_{zl}满足$\xi_l=\pm\sqrt{k^2-k_{zl}^2}$。显然，当$\pi\left(\frac{2l-1}{2}\right)<kH$时，$\xi_l$位于$\xi$平面的实轴上，而当$\pi\left(\frac{2l-1}{2}\right)>kH$时，$\xi_l$位于$\xi$平面的虚轴上。对于式（5.55），如果考虑流体介质实际的声吸收，k具有正虚部，则极点将不再分布在坐标轴上。正半轴的根将移到第一象限，而负半轴的根将移到第三象限，则积分路径从实轴移到无穷远，如图 5.10 所示。只要 $r\neq 0$，函数$H_0^{(1)}\left(\xi r\right)$就在无穷远处趋于 0，则沿着积分路径的无穷远部分的积分为 0。对于 $p(r,z)$的被积函数$f\left(\xi\right)=\frac{\sin(k_z z)\cos\left[k_z(H-z_0)\right]}{k_z\cos(k_z H)}H_0^{(1)}\left(\xi r\right)\xi$，根据洛朗展开式[2]，$\cos(k_z H)$为极点，对于除 l=0 外的任意 l，可得$\operatorname{Res}\left[\frac{\sin(k_z z)\cos\left[k_z(H-z_0)\right]}{k_z\cos\left(k_z H\right)}H_0^{(1)}\left(\xi r\right)\xi\right]_{\xi=\xi_l}=$ $\lim\limits_{\xi\to\xi_l}\left(\xi-\xi_l\right)\left[\frac{\sin(k_z z)\cos\left[k_z(H-z_0)\right]H_0^{(1)}\left(\xi r\right)\xi}{k_z}\frac{1}{\cos(k_z H)}\right]$。又由洛必达法则，可得上式$=\left[\frac{\sin(k_z z)\cos\left[k_z(H-z_0)\right]H_0^{(1)}\left(\xi r\right)\xi}{k_z}\frac{1}{\mathrm{d}\left[\cos(k_z H)\right]/\mathrm{d}\xi}\right]_{\xi_l}$。因此，式（5.55）可简化为第一象限极点的留数之和，即

$$p(r,z)=2\pi\mathrm{j}\sum_{l=1}^{\infty}\left[\frac{\sin(k_z z)\cos\left[k_z(H-z_0)\right]}{k_z\dfrac{\mathrm{d}\left[\cos(k_z H)\right]}{\mathrm{d}\xi}}\right]_{\xi_l}H_0^{(1)}(\xi_l r)\xi_l \tag{5.57}$$

式中，$\left[\cos(k_z H)\right]_{\xi_l}=0$，那么$\left\{\cos\left[k_z(H-z_0)\right]\right\}_{\xi_l}=\sin(k_{zl}H)\sin(k_{zl}z_0)$，可得

$$\begin{aligned}p(r,z)&=\frac{2\pi\mathrm{j}}{H}\sum_{l=1}^{\infty}\sin(k_{zl}z)\sin(k_{zl}z_0)H_0^{(1)}(\xi_l r)\\&=\frac{-2\pi\mathrm{j}}{H}\sum_{l=1}^{\infty}\sin(k_{zl}z)\sin(k_{zl}z_0)H_0^{(2)}(\xi_l r)\end{aligned} \tag{5.58}$$

显然，式（5.58）交换z_0和z形式不变，即也满足$z>z_0$的情况，可见，该公式对于 $0<z<H$ 都成立。因此，浅海均匀声场的虚源描述与简正波理论得到的解[式(5.38)]完全一致，二者都满足亥姆霍兹方程及边界条件，可以相互变换得到。当层厚H较小且声场中仅有少数几阶简正波时，通常采用简正波理论描述。然而，当H较大时，只有直达声线和少数反射声线，使用虚源描述较为方便。

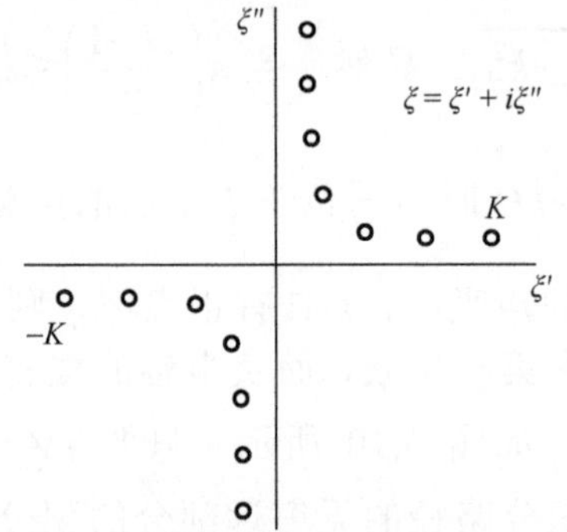

图 5.10　极点在复平面上的分布示意图[2]

5.2.4　浅海均匀声场的声强特性

从简正波理论和虚源描述可以看出，当距离足够近时，可将浅海声波视为球面扩展，即声强随距离增大而呈r^{-2}减小。

对于硬质、低吸收（小掠射角）海底而言，根据浅海远场声压公式（5.58），其声强满足柱面波衰减，即

$$I(r,z)=\frac{pp^*}{\rho c}\approx\frac{8\pi}{r\rho c H^2}\left|\sum_{n=1}^{\infty}\sqrt{\frac{1}{k_{rn}}}\sin(k_{zn}z)\sin(k_{zn}z_0)\mathrm{e}^{-\mathrm{j}\left(k_{rn}r-\frac{\pi}{4}\right)}\right|^2 \tag{5.59}$$

式中包括自乘项和交叉相乘项，体现了干涉特性。其中，交叉相乘项反映各简正波相位的相关程度。当水层中声传播条件充分不规则时，可近似认为各阶简正波

相位无关，交叉相乘项的求和趋于 0，从而消除相位因子，则平均声强为

$$I(r,z)\sim\frac{8\pi}{r\rho cH^2}\sum_{n=1}^{\infty}\frac{1}{k_{rn}}\left[\sin(k_{zn}z)\sin(k_{zn}z_0)\right]^2 \tag{5.60}$$

可见，声强随距离增大而呈 r^{-1} 减小。

然而，对于声吸收海底而言，浅海声强遵循 $r^{-3/2}$ 衰减规律。以下用虚源法进行讨论。声线经过多次海面、海底反射，考虑海面、海底反射引起的损失，同时也计入海水介质声吸收，引入衰减因子。若令 V_1 为下界面的声压反射系数，V_2 为上界面的声压反射系数，假设这些反射系数与入射角无关，则总迭加声场式（5.43）可改写为

$$p=\sum_{l=0}^{\infty}(V_1V_2)^l\left[\frac{e^{-jkR_{l1}}}{R_{l1}}+V_1\frac{e^{-jkR_{l2}}}{R_{l2}}+V_2\frac{e^{-jkR_{l3}}}{R_{l3}}+V_1V_2\frac{e^{-jkR_{l4}}}{R_{l4}}\right] \tag{5.61}$$

显然，式（5.43）是式（5.61）在 $V_1=1$、$V_2=-1$ 条件下的特例。类似式（5.60）消除相位因子，则平均声强满足：

$$I(r,z)\sim\frac{1}{\rho c}\sum_{l=0}^{\infty}\left[\frac{V_1^{2l}V_2^{2l}}{R_{l1}^2}+\frac{V_1^{2l+1}V_2^{2l}}{R_{l2}^2}+\frac{V_1^{2l}V_2^{2l+1}}{R_{l3}^2}+\frac{V_1^{2l+1}V_2^{2l+1}}{R_{l4}^2}\right] \tag{5.62}$$

假设远场对称条件 $r\gg lH$，$R_l=\sqrt{r^2+(lH)^2}\approx R_{l1}\approx R_{l2}\approx R_{l3}\approx R_{l4}$，级数求和用积分代替，可得

$$I(r,z)\sim\frac{4}{\rho c}\sum_{l=0}^{\infty}\frac{V_1^{2l}V_2^{2l}}{R_l^2}=\frac{4}{\rho c}\int_0^{\infty}\frac{V_1^{2l}V_2^{2l}}{R_l^2}\mathrm{d}l \tag{5.63}$$

式中，$V_2=-1$ 为海面的声压反射系数；V_1 为海底的声压反射系数。由声学基础[1]得 $V_1=\dfrac{m_1\sin\varphi-\sqrt{n_1^2-\cos^2\varphi}}{m_1\sin\varphi+\sqrt{n_1^2-\cos^2\varphi}}$ $(m_1=\rho_1/\rho)$ 为海底介质和海水介质的密度比，$n_1=c/c_1$ 为海水介质和海底介质的声速比。对于小掠射角 φ，V_1 的幂级数展开式与指数函数等效，即

$$V_1\approx1-\frac{2}{1+m_1\varphi\big/\sqrt{n_1^2-1}}\approx-e^{-2B_1\varphi} \tag{5.64}$$

式中，$B_1=\mathrm{Re}\left(\dfrac{m_1}{\sqrt{n_1^2-1}}\right)$。在远场小掠射角条件下，$r\gg lH$ 且 $\varphi\approx lH/r$，根据高斯积分 $\int_{-\infty}^{\infty}e^{-ax^2}\mathrm{d}x=\sqrt{\dfrac{\pi}{a}}$，式（5.63）为

$$I(r,z)\sim\frac{4}{\rho c}\int_0^{\infty}\frac{e^{-2l^2B_1H/r}}{r^2}\mathrm{d}l=\frac{1}{\rho c}\sqrt{\frac{2\pi}{B_1H}}r^{-3/2} \tag{5.65}$$

这表明考虑到海底对声波的吸收，浅海声强在一定范围内满足 $r^{-3/2}$ 衰减规律，从而加速衰减。需要说明的是，在上述推导的平均声强公式中，只有在虚源的数目 l 足够大时，积分才正确。随着距离增大，高阶虚源的衰减较快，l 的有效数目减小。那么，由无穷积分条件下导出的声强公式可能不再适用，因此 3/2 次方衰减规律的适用范围应该受到距离的限制。

综上所述，随着传播距离增大，浅海均匀声场依次表现为球面扩展衰减、3/2 次方衰减、柱面波衰减等特性。

5.3 海底对声传播的影响

类似于海面，海底也是声反射的边界。由于海底声学特性变化大，存在声速分层，因此海底声反射更为复杂。

假设空间无限大，以下考虑平面（x, z）问题。根据声学基础[1]可知，沿平面任意方向行进的平面波可表示为

$$p = p_{\mathrm{a}} \mathrm{e}^{\mathrm{j}(\omega t - kx\sin\theta - kz\cos\theta)} \tag{5.66}$$

式中，p_{a} 为声压幅值，其为常数。由式（5.66）可得，平面上任一质点的速度沿 z 轴的分量为

$$v_z = -\frac{1}{\rho_0}\int \frac{\partial p}{\partial z}\mathrm{d}t = \frac{\cos\theta}{\rho_0 c_0} p \tag{5.67}$$

如图 5.11 所示，由于界面上的声压及质点的法向振动速度连续，因此有

$$\begin{cases} p_{\mathrm{i}} + p_{\mathrm{r}} = p_{\mathrm{t}} \\ v_{\mathrm{iz}} + v_{\mathrm{rz}} = v_{\mathrm{tz}} \end{cases} \tag{5.68}$$

式中，忽略时间项的入射声波 $p_{\mathrm{i}} = p_{\mathrm{ia}} \mathrm{e}^{-\mathrm{j}(k_1 x\sin\theta_{\mathrm{i}} + k_1 z\cos\theta_{\mathrm{i}})}$、反射声波 $p_{\mathrm{r}} = p_{\mathrm{ra}} \mathrm{e}^{-\mathrm{j}(k_1 x\sin\theta_{\mathrm{r}} - k_1 z\cos\theta_{\mathrm{r}})}$、折射声波 $p_{\mathrm{t}} = p_{\mathrm{ta}} \mathrm{e}^{-\mathrm{j}(k_2 x\sin\theta_{\mathrm{t}} + k_2 z\cos\theta_{\mathrm{t}})}$，又 $v_{\mathrm{iz}} = \frac{\cos\theta_{\mathrm{i}}}{\rho_1 c_1} p_{\mathrm{i}}$、$v_{\mathrm{rz}} = -\frac{\cos\theta_{\mathrm{r}}}{\rho_1 c_1} p_{\mathrm{r}}$、$v_{\mathrm{tz}} = \frac{\cos\theta_{\mathrm{t}}}{\rho_2 c_2} p_{\mathrm{t}}$，即

$$\begin{cases} p_{\mathrm{ia}} \mathrm{e}^{-\mathrm{j}(k_1 x\sin\theta_{\mathrm{i}} + k_1 z\cos\theta_{\mathrm{i}})} + p_{\mathrm{ra}} \mathrm{e}^{-\mathrm{j}(k_1 x\sin\theta_{\mathrm{r}} - k_1 z\cos\theta_{\mathrm{r}})} = p_{\mathrm{ta}} \mathrm{e}^{-\mathrm{j}(k_2 x\sin\theta_{\mathrm{t}} + k_2 z\cos\theta_{\mathrm{t}})} \\ \dfrac{\cos\theta_{\mathrm{i}}}{\rho_1 c_1} p_{\mathrm{ia}} \mathrm{e}^{-\mathrm{j}(k_1 x\sin\theta_{\mathrm{i}} + k_1 z\cos\theta_{\mathrm{i}})} - \dfrac{\cos\theta_{\mathrm{r}}}{\rho_1 c_1} p_{\mathrm{ra}} \mathrm{e}^{-\mathrm{j}(k_1 x\sin\theta_{\mathrm{r}} - k_1 z\cos\theta_{\mathrm{r}})} \\ = \dfrac{\cos\theta_{\mathrm{t}}}{\rho_2 c_2} p_{\mathrm{ta}} \mathrm{e}^{-\mathrm{j}(k_2 x\sin\theta_{\mathrm{t}} + k_2 z\cos\theta_{\mathrm{t}})} \end{cases} \tag{5.69}$$

可得以下折射定律：

$$\begin{cases} \theta_{\mathrm{i}} = \theta_{\mathrm{r}} \\ k_1 \sin\theta_{\mathrm{i}} = k_1 \sin\theta_{\mathrm{r}} = k_2 \sin\theta_{\mathrm{t}} \end{cases} \tag{5.70}$$

因为是液态海底（z=0），所以式（5.70）可化简为

$$\begin{cases} p_{\mathrm{ia}} + p_{\mathrm{ra}} = p_{\mathrm{ta}} \\ \dfrac{\cos\theta_{\mathrm{i}}}{\rho_1 c_1} p_{\mathrm{ia}} - \dfrac{\cos\theta_{\mathrm{r}}}{\rho_1 c_1} p_{\mathrm{ra}} = \dfrac{\cos\theta_{\mathrm{t}}}{\rho_2 c_2} p_{\mathrm{ta}} \end{cases} \tag{5.71}$$

由式（5.71）可得液态海底（z=0）的平面波声压反射系数为

$$V = \frac{p_{\mathrm{ra}}}{p_{\mathrm{ia}}} = \frac{\rho_2 c_2 \cos\theta_{\mathrm{i}} - \rho_1 c_1 \cos\theta_{\mathrm{t}}}{\rho_2 c_2 \cos\theta_{\mathrm{i}} + \rho_1 c_1 \cos\theta_{\mathrm{t}}} = \frac{m\cos\theta_{\mathrm{i}} - \sqrt{n^2 - \sin^2\theta_{\mathrm{i}}}}{m\cos\theta_{\mathrm{i}} + \sqrt{n^2 - \sin^2\theta_{\mathrm{i}}}} \tag{5.72}$$

式中，p_{ra}、p_{ia} 分别为反射声压和入射声压；θ_{i} 为入射角；$m=\rho_2/\rho_1$ 为下层海底介质和上层海水介质的密度比；$n=c_1/c_2$ 为上层海水介质和下层海底介质的声速比。这和上一节给出的声压反射系数是一致的，只不过上一节给出的是掠射角表达式。实际上，声压反射系数公式（5.72）也可写成

$$V = \frac{Z_2 - Z_1}{Z_2 + Z_1} \tag{5.73}$$

式中，$Z_1 = \rho_1 c_1 / \cos\theta_{\mathrm{i}}$ 为海水声阻抗；$Z_2 = \rho_2 c_2 / \cos\theta_{\mathrm{t}}$ 为海底声阻抗，其中 θ_{t} 为海底的声出射角度。

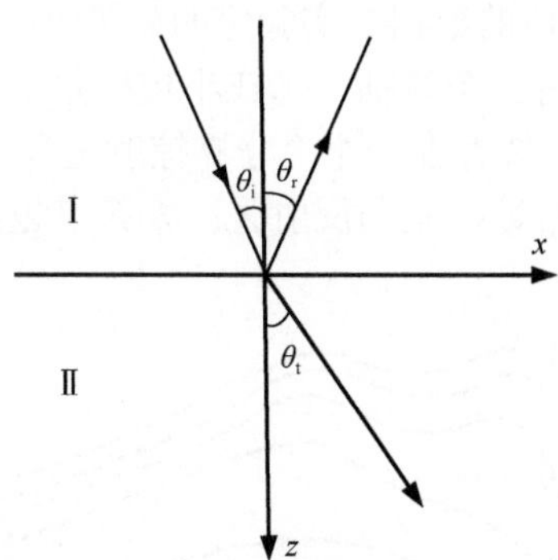

图 5.11　海水-液态海底界面的声波入射、反射和折射

反射损失定义为反射声强同入射声强的比值取分贝：

$$\mathrm{TL} = 10\lg\frac{I_{\mathrm{r}}(z=0)}{I_{\mathrm{i}}(z=0)} = 20\lg\left|\frac{m\cos\theta_{\mathrm{i}} - \sqrt{n^2 - \sin^2\theta_{\mathrm{i}}}}{m\cos\theta_{\mathrm{i}} + \sqrt{n^2 - \sin^2\theta_{\mathrm{i}}}}\right| \tag{5.74}$$

由此可见，反射声压越大，反射损失就越大。海底反射损失是入射角 θ_{i}、密度比值 m、声速比值 n 的函数。反射损失是海底沉积层的重要物理量，是海中声场分析的重要环境参数。对于 $n>1$（即低声速海底），声压反射系数随入射角的变化曲线如图 5.12（a）所示。其中，θ_{T} 为全透射角，$|V| = \left|\dfrac{m-n}{m+n}\right|$ 为 θ_{i}=0 的声压反射

系数模值。而对于 $n<1$（即高声速海底），声压反射系数随入射角的变化曲线如图 5.12（b）所示。其中，θ_{cr} 为产生全反射的临界角。液态海底对于淤泥底是合理近似，此时 $n<1$、$m>n$，声压反射系数如图 5.12（b）中实线所示。

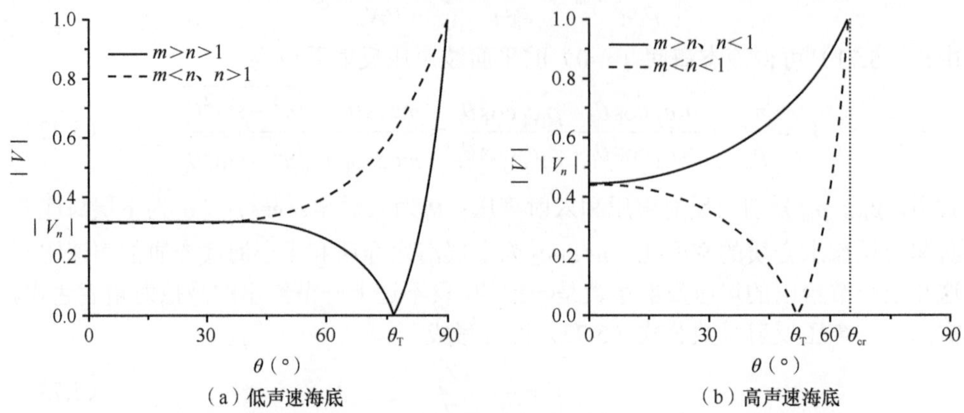

图 5.12　低声速海底与高声速海底的声压反射系数随入射角的变化曲线[4]

根据深海站位的多次测量，不同频率下海底损失随掠射角的变化曲线如图 5.13 所示。其中，小掠射角的数据是实验值的外推[5]。可以看出，海底沉积层的反射损失随掠射角的变化有三个特征：①在小掠射角下，反射损失随掠射角增大而线性增加，是强反射区；②存在一个"分界掠射角"，当掠射角大于"分界掠射角"时，反射损失近似为常数，是弱反射区；③频率越高，反射损失越大。

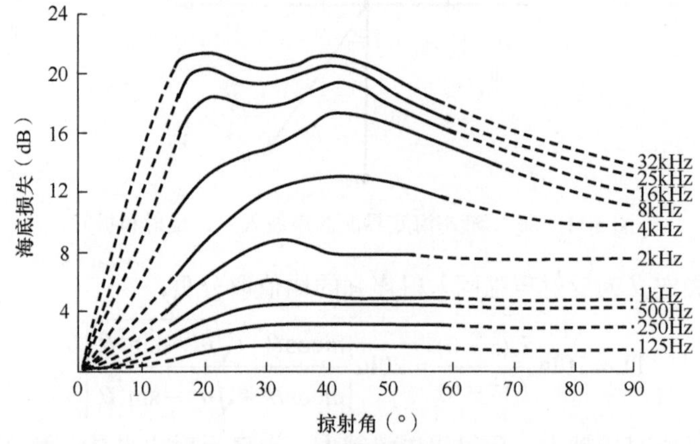

图 5.13　不同频率下海底损失随掠射角的变化曲线[5]

上述分析是基于液态海底模型的。然而，实际应用中往往需要考虑海底的切变弹性特性。以下考虑平面 (x, z) 问题，如图 5.14 所示，介质Ⅰ为海水，介质Ⅱ为固态海底。

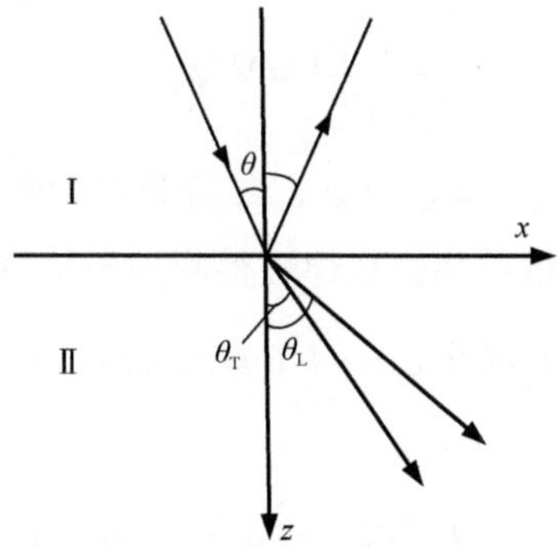

图 5.14　海水-固态海底界面的声波入射、反射和折射

由声学基础[1]可知，固体声波方程的矢量形式可表示为

$$\rho\frac{\partial^2 \boldsymbol{v}}{\partial t^2}=(\lambda+2\mu)\operatorname{grad}(\operatorname{div}\boldsymbol{v})-\mu\operatorname{rot}(\operatorname{rot}\boldsymbol{v}) \tag{5.75}$$

式中，λ、μ 为海底的拉姆常数。根据矢量分析可知，一般矢量场可表示成标量梯度与矢量旋度之和，即

$$\boldsymbol{v}=\operatorname{grad}\varphi+\operatorname{rot}\boldsymbol{\Psi} \tag{5.76}$$

式中，φ 为标量势，描述纵波；$\boldsymbol{\Psi}$ 为矢量势，描述横波。式（5.76）可用速度分量表示：

$$\begin{cases} v_x=\dfrac{\partial\varphi}{\partial x}+\dfrac{\partial\psi_z}{\partial y}-\dfrac{\partial\psi_y}{\partial z} \\ v_y=\dfrac{\partial\varphi}{\partial y}+\dfrac{\partial\psi_x}{\partial z}-\dfrac{\partial\psi_z}{\partial x} \\ v_z=\dfrac{\partial\varphi}{\partial z}+\dfrac{\partial\psi_y}{\partial x}-\dfrac{\partial\psi_x}{\partial y} \end{cases} \tag{5.77}$$

对于（x, z）平面，只考虑固体介质在（x, z）平面上的运动，即质点的位移和振动速度在 y 方向上的分量为零。所以，矢量势仅沿 y 方向上的分量不为零，即 $\Psi_x=\Psi_z=0$。因此，式（5.77）可简化为

$$\begin{cases} v_x=\dfrac{\partial\varphi_1}{\partial x}-\dfrac{\partial\psi_1}{\partial z} \\ v_y=0 \\ v_z=\dfrac{\partial\varphi_1}{\partial z}+\dfrac{\partial\psi_1}{\partial x} \end{cases} \tag{5.78}$$

式中，φ_1 和 ψ_1 分别为固态海底的纵波势和横波势，并且二者分别满足以下波动方程：

$$\frac{1}{c_{\mathrm{L}}^2}\frac{\partial^2\varphi_1}{\partial t^2}=\nabla^2\varphi_1 \tag{5.79}$$

$$\frac{1}{c_{\mathrm{T}}^2}\frac{\partial^2\psi_1}{\partial t^2}=\nabla^2\psi_1 \tag{5.80}$$

式中，$c_{\mathrm{L}}=\sqrt{(\lambda+2\mu)/\rho}$，$c_{\mathrm{T}}=\sqrt{\mu/\rho}$，二者分别为固态海底的纵波声速和横波声速。对于（$x,z$）平面，根据胡克定律可得应力与位移分量之间的关系[1]，而位移分量ξ_i和质点速度分量 v_i 满足$\xi_i=\dfrac{v_i}{\mathrm{j}\omega}(i=x,y,z)$，进一步可得应力与速度分量的关系，如下：

$$\begin{cases}Z_{zz}=\dfrac{\lambda_1}{\mathrm{j}\omega}\left(\dfrac{\partial v_x}{\partial x}+\dfrac{\partial v_z}{\partial z}\right)+2\dfrac{\mu_1}{\mathrm{j}\omega}\dfrac{\partial v_z}{\partial z}\\ Z_{zx}=\dfrac{\mu_1}{\mathrm{j}\omega}\left(\dfrac{\partial v_x}{\partial z}+\dfrac{\partial v_z}{\partial x}\right)\\ Z_y=0\end{cases} \tag{5.81}$$

海水和海底分界面满足质点的法向振动速度连续和法向应力连续的边界条件。由于流体不存在切应力，因此切应力为零。在（x, z）平面内，连接海水和固态海底的边界应满足以下边界条件[4]：

$$\left(\lambda\Delta\varphi\right)\Big|_{\Sigma}=\left[\lambda_1\Delta\varphi_1+2\mu_1\left(\frac{\partial^2\varphi_1}{\partial z^2}+\frac{\partial^2\psi_1}{\partial x\partial z}\right)\right]\Bigg|_{\Sigma} \tag{5.82}$$

$$0=\left[2\frac{\partial^2\varphi_1}{\partial x\partial z}+\frac{\partial^2\psi_1}{\partial x^2}-\frac{\partial^2\psi_1}{\partial z^2}\right]\Bigg|_{\Sigma} \tag{5.83}$$

$$\left(\frac{\partial\varphi}{\partial z}\right)\Bigg|_{\Sigma}=\left[\frac{\partial\varphi_1}{\partial z}+\frac{\partial\psi_1}{\partial x}\right]\Bigg|_{\Sigma} \tag{5.84}$$

式中，无下标的量是海水介质的势函数；下标为 1 的量是海底介质的势函数；Σ 是 z=0 的海水-海底界面。

假设一平面波以入射角 θ 从海水 I 向固态海底 II 射去，其标量势为

$$\varphi=\mathrm{e}^{-\mathrm{j}k(x\sin\theta+z\cos\theta)}+V\mathrm{e}^{-\mathrm{j}k(x\sin\theta-z\cos\theta)} \tag{5.85}$$

式中，V 为纵波反射系数；$k=\dfrac{\omega}{c}$ 为海水的纵波波数。声波在海底中传播产生的纵波势与横波势分别为

$$\varphi_1=W\mathrm{e}^{-\mathrm{j}k_{\mathrm{L}}(x\sin\theta_{\mathrm{L}}+z\cos\theta_{\mathrm{L}})},\quad \psi_1=P\mathrm{e}^{-\mathrm{j}k_{\mathrm{T}}(x\sin\theta_{\mathrm{T}}+z\cos\theta_{\mathrm{T}})} \tag{5.86}$$

式中，W 为纵波折射系数；P 为横波折射系数；$k_{\mathrm{L}}=\dfrac{\omega}{c_{\mathrm{L}}}$ 和 $k_{\mathrm{T}}=\dfrac{\omega}{c_{\mathrm{T}}}$ 分别为固态海底纵波和横波波数；θ_{L} 和 θ_{T} 分别为固态海底中纵波和横波的出射角。为了确定式

（5.85）、式（5.86）中 V、W、P 等系数，需结合 z=0 的边界条件式（5.82）～式（5.84）。

将式（5.85）和式（5.86）代入式（5.84），并令 z=0 得

$$k\left(V-1\right)\cos\theta=-k_{\mathrm{L}}\cos\theta_{\mathrm{L}}W\mathrm{e}^{-\mathrm{j}(k_{\mathrm{L}}\sin\theta_{\mathrm{L}}-k\sin\theta)x}-k_{\mathrm{T}}\sin\theta_{\mathrm{T}}P\mathrm{e}^{-\mathrm{j}(k_{\mathrm{T}}\sin\theta_{\mathrm{T}}-k\sin\theta)x} \tag{5.87}$$

由于式（5.87）两边对所有 x 都成立，因此指数部分必须恒等于 0，即

$$k\sin\theta=k_{\mathrm{L}}\sin\theta_{\mathrm{L}}=k_{\mathrm{T}}\sin\theta_{\mathrm{T}} \tag{5.88}$$

从而得到海水-海底的声折射定律[2]。尽管斜入射的是纵波，但在固态界面会产生折射纵波和折射横波。对于给定入射角 θ，由折射定律式（5.88）可得纵波与横波折射角：

$$\sin\theta_{\mathrm{L}}=\frac{c_{\mathrm{L}}}{c}\sin\theta\text{，}\quad\sin\theta_{\mathrm{T}}=\frac{c_{\mathrm{T}}}{c}\sin\theta \tag{5.89}$$

利用折射定律，式（5.87）可进一步简化为

$$k(V-1)\cos\theta=-k_{\mathrm{L}}W\cos\theta_{\mathrm{L}}-k_{\mathrm{T}}P\sin\theta_{\mathrm{T}} \tag{5.90}$$

将式（5.86）代入式（5.83）得

$$2k_{\mathrm{L}}^{2}W\mathrm{e}^{-\mathrm{j}k_{\mathrm{L}}x\sin\theta_{\mathrm{L}}}\sin\theta_{\mathrm{L}}\cos\theta_{\mathrm{L}}+k_{\mathrm{T}}^{2}P\mathrm{e}^{-\mathrm{j}k_{\mathrm{T}}x\sin\theta_{\mathrm{T}}}\left(\cos^{2}\theta_{\mathrm{T}}-\sin^{2}\theta_{\mathrm{T}}\right)=0$$

又因式（5.89），可得

$$k_{\mathrm{L}}^{2}W\sin(2\theta_{\mathrm{L}})+k_{\mathrm{T}}^{2}P\cos(2\theta_{\mathrm{T}})=0 \tag{5.91}$$

将边界条件式（5.82）改写成 $(\lambda\Delta\varphi)\big|_{\Sigma}=\left[(\lambda_1+2\mu_1)\Delta\varphi_1+2\mu_1\left(\dfrac{\partial^2\psi_1}{\partial x\partial z}-\dfrac{\partial^2\varphi_1}{\partial x^2}\right)\right]\Bigg|_{\Sigma}$，且

又 $\begin{cases}\Delta\varphi_1+k_{\mathrm{L}}^2\varphi_1=0,\ \Delta\varphi+k^2\varphi=0\\ c_{\mathrm{L}}=\sqrt{(\lambda+2\mu)/\rho_1},\ c_{\mathrm{T}}=\sqrt{\mu/\rho_1}\end{cases}$，则边界条件式（5.82）～式（5.84）可化简为

$$\begin{gathered}c^2\rho k^2\varphi=c_{\mathrm{L}}^2\rho_1k_{\mathrm{L}}^2\varphi_1-2c_{\mathrm{T}}^2\rho_1\left(\frac{\partial^2\psi_1}{\partial x\partial z}-\frac{\partial^2\varphi_1}{\partial x^2}\right)\\ \frac{\omega^2}{k^2}\frac{\rho}{\rho_1}k^2\varphi=\frac{\omega^2}{k_{\mathrm{L}}^2}k_{\mathrm{L}}^2\varphi_1-2\frac{\omega^2}{k_{\mathrm{T}}^2}\left(\frac{\partial^2\psi_1}{\partial x\partial z}-\frac{\partial^2\varphi_1}{\partial x^2}\right)\\ \left(\frac{1}{m}\varphi\right)\bigg|_{\Sigma}=\left[\varphi_1-\frac{2}{k_{\mathrm{T}}^2}\left(\frac{\partial^2\psi_1}{\partial x\partial z}-\frac{\partial^2\varphi_1}{\partial x^2}\right)\right]\Bigg|_{\Sigma}\end{gathered} \tag{5.92}$$

式中，$m=\dfrac{\rho_1}{\rho}$ 为固体和海水的密度比。把式（5.85）、式（5.86）、式（5.88）代入式（5.92）得

$$\frac{1}{m}(1+V)\mathrm{e}^{-\mathrm{j}kx\sin\theta}=W\mathrm{e}^{-\mathrm{j}kx\sin\theta}\left(1-\frac{2k_{\mathrm{L}}^2}{k_{\mathrm{T}}^2}\sin^2\theta_{\mathrm{L}}\right)-\mathrm{j}^2P\sin(2\theta_{\mathrm{T}})\mathrm{e}^{-\mathrm{j}kx\sin\theta}$$
$$\frac{1}{m}(1+V)=\left(1-2\frac{k_{\mathrm{L}}^2}{k_{\mathrm{T}}^2}\sin^2\theta_{\mathrm{L}}\right)W+\sin(2\theta_{\mathrm{T}})P \tag{5.93}$$

联立式（5.90）、式（5.91）、式（5.93），可得海水的纵波反射系数为

$$V=\frac{Z_{输入}-Z}{Z_{输入}+Z} \tag{5.94}$$

式中，$Z_{输入}=Z_{\mathrm{L}}\cos^2(2\theta_{\mathrm{T}})+Z_{\mathrm{T}}\sin^2(2\theta_{\mathrm{T}})$ 为固态海底的输入声阻抗率。类似地，$Z=\rho c/\cos\theta$ 为海水法向纵波声阻抗率，$Z_{\mathrm{L}}=\rho_1 c_{\mathrm{L}}/\cos\theta_{\mathrm{L}}$ 为海底法向纵波声阻抗率，$Z_{\mathrm{T}}=\rho_1 c_{\mathrm{T}}/\cos\theta_{\mathrm{T}}$ 为海底法向横波声阻抗率，则海底的纵波透射系数和横波透射系数分别为

$$W=\frac{1}{m}\frac{2Z_{\mathrm{L}}\cos(2\theta_{\mathrm{T}})}{Z_{输入}+Z},\quad P=\frac{1}{m}\frac{2Z_{\mathrm{T}}\sin(2\theta_{\mathrm{T}})}{Z_{输入}+Z} \tag{5.95}$$

当声波垂直入射到界面 $\theta=0$ 时，有 $\theta_{\mathrm{L}}=\theta_{\mathrm{T}}=0$，$Z_{输入}=Z_{\mathrm{L}}$，$V=\dfrac{Z_{\mathrm{L}}-Z}{Z_{\mathrm{L}}+Z}$，$W=\dfrac{1}{m}\dfrac{Z_{\mathrm{L}}}{Z_{\mathrm{L}}+Z}$，$P=0$。因此，垂直入射不可能激发横波，仅能激发纵波。

当入射角 θ 满足 $\sin\theta=\dfrac{c}{c_{\mathrm{T}}\sqrt{2}}$ 时，$\sin\theta_{\mathrm{T}}=\sqrt{2}/2$，$\sin\theta_{\mathrm{L}}=\dfrac{c_{\mathrm{L}}}{c_{\mathrm{T}}\sqrt{2}}$，$Z_{输入}\to Z_{\mathrm{T}}$，$V\to\dfrac{Z_{\mathrm{T}}-Z}{Z_{\mathrm{T}}+Z}$，$W\to 0$，$P\to-\dfrac{1}{m}\dfrac{2Z_{\mathrm{T}}}{Z_{\mathrm{T}}+Z}$。在这种条件下，固态海底仅能激发横波。

对于 $n>1$ 的低声速海底，海底介质纵波速度小于海水纵波速度，而海底介质横波速度也小于海水纵波速度，即 $c_{\mathrm{T}}<c_{\mathrm{L}}<c$。海底纵波和横波折射角满足 $\theta_{\mathrm{T}}<\theta_{\mathrm{L}}<\theta$。随着海水入射角度增大，海底界面持续产生横波、纵波折射。此外，由于 $Z_{输入}=Z_{\mathrm{L}}\cos^2(2\theta_{\mathrm{T}})+Z_{\mathrm{T}}\sin^2(2\theta_{\mathrm{T}})$，且 $Z_{\mathrm{L}}=\rho_1 c_{\mathrm{L}}/\cos\theta_{\mathrm{L}}>Z_{\mathrm{T}}=\rho_1 c_{\mathrm{T}}/\cos\theta_{\mathrm{T}}$，因此 $Z_{输入}<Z_{\mathrm{L}}$。低声速海底激发的横波使输入声阻抗率小于海底的纵波声阻抗率，从而降低海水的声反射系数，但提高海底的纵波和横波透射系数，这和声传播弯向低声速区相似。

对于 $n<1$ 的高声速海底，实际中常出现这种情况。海底介质纵波速度大于海水纵波速度，而海底介质横波速度小于海水纵波速度，即 $c_{\mathrm{T}}<c<c_{\mathrm{L}}$。显然，对于实数角度，海底纵波和横波折射角随着海水入射角的增大而增大，且满足 $\theta_{\mathrm{T}}<\theta<\theta_{\mathrm{L}}$。当入射角 θ 增至 $\sin\theta=c/c_{\mathrm{L}}$ 时，$\sin\theta_{\mathrm{T}}=c_{\mathrm{T}}/c_{\mathrm{L}}$，$\theta_{\mathrm{L}}=\pi/2$，$Z_{\mathrm{L}}\to\infty$，$Z_{输入}\to\infty$，$V\to 1$，$W\to\dfrac{\cos(2\theta_{\mathrm{T}})}{m}$，$P\to 0$。海水发生全反射，横波透射很小。然

而，当入射角 θ 进一步增大时，根据式（5.89），θ_L 为复数，θ_T 为实数，这表明横波由于 $c_T < c$ 正常传播，而固体中的纵波离开界面将呈指数衰减，即要求式（5.94）中 $\cos\theta_L = -j|\cos\theta_L|$，$Z_L = j|Z_L|$，$Z_{输入} = j|Z_L|\cos^2(2\theta_T) + Z_T\sin^2(2\theta_T)$，

$$|V|^2 = \frac{\left[Z_T\sin^2(2\theta_T) - Z\right]^2 + \left[|Z_L|\cos^2(2\theta_T)\right]^2}{\left[Z_T\sin^2(2\theta_T) + Z\right]^2 + \left[|Z_L|\cos^2(2\theta_T)\right]^2},$$

$$|W|^2 = \frac{|Z_L|^2\cos^2(2\theta_T)}{m^2\left[Z_T\sin^2(2\theta_T) + Z\right]^2 + \left[|Z_L|\cos^2(2\theta_T)\right]^2},$$

$$|P|^2 = \frac{4|Z_T|^2\sin^2(2\theta_T)}{m^2\left[Z_T\sin^2(2\theta_T) + Z\right]^2 + \left[|Z_L|\cos^2(2\theta_T)\right]^2}$$ 。由于海底横波从界面带走部分能量，海水中的纵波反射系数小于 1。

5.4　多层介质中的声传播

声探测技术在海洋、海底中应用时，往往会需要处理复杂多层介质的声传播问题。此外，利用周期性的多层人工流固材料有助于对水下声波能量进行操控，在减震、降噪等领域有着广阔的应用前景[6-8]。从物理机制上看，二者都需要研究多层流固介质的声传播特性。作为上一节海水-固态海底声传播分析方法的推广，本节将初步介绍多层流-固介质的声传播理论，其原理和方法也可以推广到其他多层介质。

由于多层介质在亚波长尺度方面控制声能的潜在应用，允许单向声传播的亚波长非对称传输器件引起了研究人员的广泛关注。然而，大多数已有的多层器件尺寸比一个声波的波长大很多，这对于需要在低频范围进行器件小型化的一般应用是不切实际的。水下亚波长非对称声学传输（SAAT）装置是在多层固体-流体介质相互作用的基础上开发的[9]。SAAT 利用周期性的矩形声栅进行波前转换，并利用一维超晶格产生低频禁带。一般来说，基于声子晶体的非对称声学传输有尺寸-波长限制，即多重散射效应导致的禁带要求设备尺寸远大于波长，而对于亚波长（$\lambda < L$）器件不适用。通过产生流-固超晶格，在低频的传输禁带能够实现亚波长（$L < \lambda$）的全向传输。SAAT 装置的结构尺寸和超晶格常数分别为 0.6λ 和 0.128λ，但它可以达到极高的整流效率，整流效率超过 10^8。除了能克服尺寸-波长限制，这种多层 SAAT 设计还能实现低频声波的单向传输，为单向声学器件小型化提供了方案。

从图 5.15（a）、（b）可以清楚地看出，SAAT 设计有两个主要部分，第一部分由多层亚克力和水组成，第二部分由一维浸入在水中的钢组成，其复合结构沿着 y 方向周期性排列。其中，图 5.15（a）中的箭头分别指的是前向入射（FI）和后向入射（BI）的方向。图 5.15（c）显示了完整的三维结构。本书采用传递矩阵法来求解流-固超晶

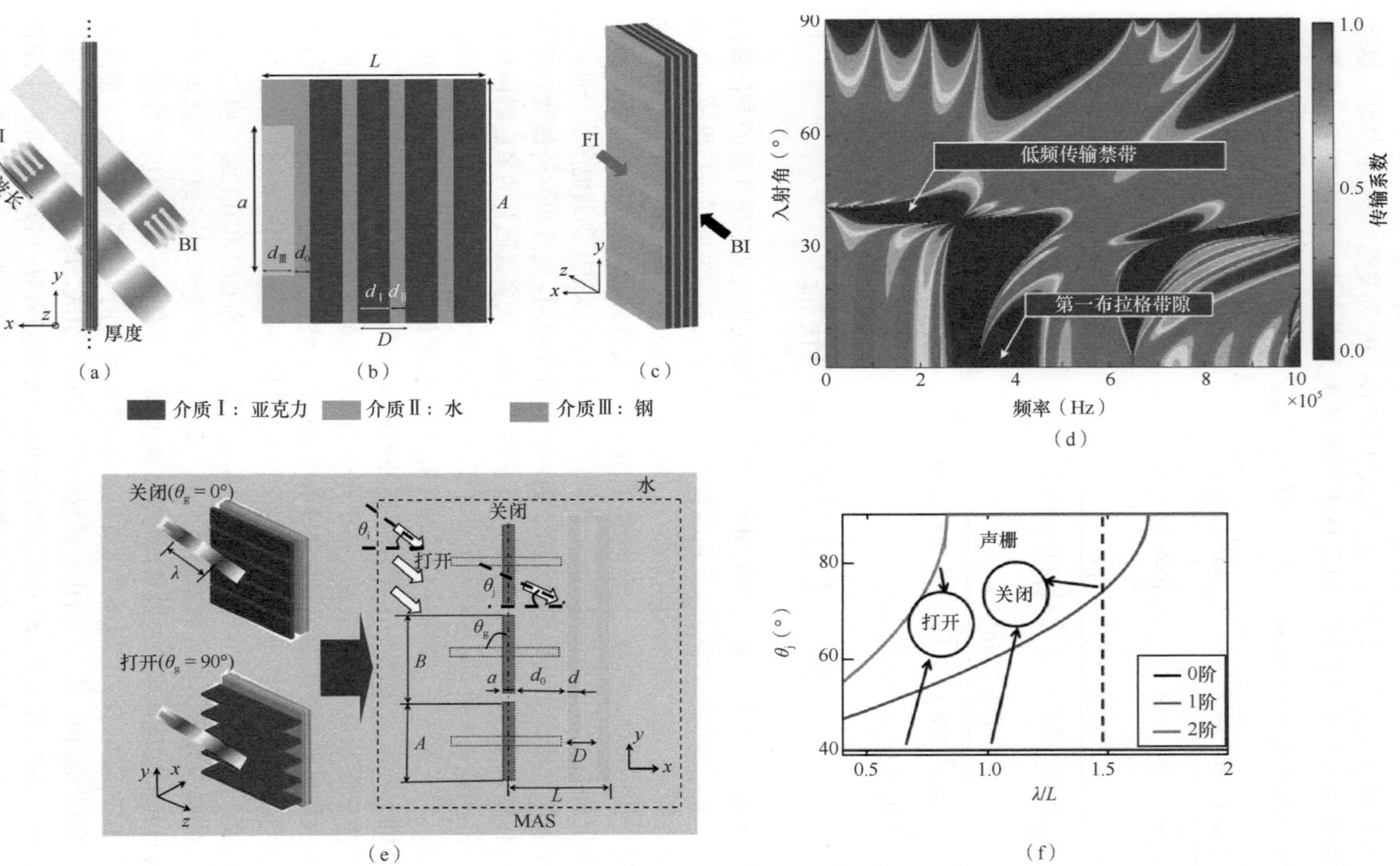

图 5.15　多层介质用于设计水下声学结构

（a）～（c）SAAT 装置的示意图；（d）传输系数随入射角和频率的变化；（e）超表面的声开关结构（MAS）的系统描述；（f）归一化波长 λ/L 与衍射角的相关关系

格的传输系数，而采用稳态模拟描述非对称传输。图 5.15（d）显示了四层流-固超晶格的传输特性，采用传递矩阵法确定了传输系数随入射角和频率的变化。在低频传输禁带意味着声波在晶格与波长尺度相当的条件下，能量会迅速衰减，这与布拉格散射引起的禁带是不一样的。图 5.15（d）显示了第一布拉格带隙的范围。

多层介质也可用于水下声学开关应用。电子开关的机制启发了声学开关的发展。带隙的打开和关闭可以由布拉格散射或局域共振控制[10]。多层超表面结构有着薄层的显著优势，并已被用于光束控制、可调透镜和声学隐身等领域。水下超表面的 MAS[11] 由声栅序列和双层亚克力组成，见图 5.15（e）。其原理是利用声栅控制衍射阶数，以及用一维超晶格的声子带隙控制声能，并实现声学的模式转换，见图 5.15（f）。

多层复合结构控制声能在海洋探测的潜在作用和在现代声学技术的实际应用中受到广泛关注。水下声学系统在海洋应用的难点在于如何实现小型化、低功耗，而多层流-固介质具有结构简单、亚波长尺度、声能可操纵等特点，非常适合设计水下声学结构，可应用于小型化声呐、医学超声设备等，无论是在基础理论还是工程技术方面都具有显著的应用背景[12]。

5.5　水声超材料

本章前面几节介绍了海洋层状介质中的声传播，对于海面、浅海和海底等层状介质中的声传播问题进行了讨论。然而，随着基础物理学和材料科学的发展，水声超材料领域得到了显著扩展，具有天然材料所不具备的特殊声学性质的新型材料不断涌现。研究人员发现了大量新的水下声学现象并揭示了相关的物理机制，开拓了新的水下应用场景。水下声学超材料独特的声学性质吸引了许多学者进行研究（图 5.16）。因此，了解水下声学超材料的发展和现状十分必要。

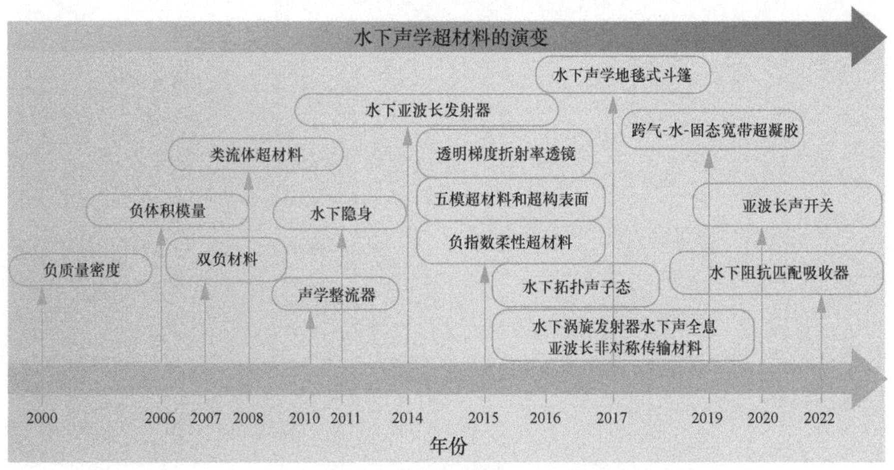

图 5.16　水下声学超材料的演变和科学发展的时间线[13]

目前声学超材料尚未有一个严格的定义，一般认为声学超材料是在亚波长物理尺度（一般为所控制波长的几十分之一）上进行微结构的有序设计，获得常规材料所不具备的超常声学或力学性能的人工周期或非周期结构[14]。本节将简述水下水声超材料的发展，包括水声隐身斗篷、水下波束形成、水下拓扑声学和吸收器等。在过去的几十年中，水声超材料在水下声波控制、非对称传输、亚波长成像及水-空气界面耦合等水下声波操纵领域受到了广泛的关注。

5.5.1 水声隐身斗篷

Pendry 等[15]和 Leonhardt[16]基于麦克斯韦方程的等价性，明确并建立了电磁隐身斗篷的理论，证明了坐标变换为自由控制光束和电磁波的指导性工具。根据麦克斯韦方程的形式等效性，变换光学的概念可以扩展到弹性动力学和声学。在三维几何结构中，通过确定声学方程的不变性，可以推导出实现隐身所需的体积模量和密度[17]。然而，三维声学隐身斗篷需要各向异性质量密度和无穷的参数，这在天然材料中并不常见。因此，材料制造的困难阻碍了有关声学隐身的实验研究，迄今为止，这些研究仍然具有挑战性。

水声隐身的另一种方法是地毯式隐身。在光学频率中，宽带地毯式隐身最早由 Li 和 Pendry[18]提出。Bi 等[19]通过水声实验对水下地毯式隐身的实现方式进行了评估，证实了地毯式隐身方法在深亚波长尺度上控制水下声波的能力。三维的水声地毯式隐身所需的参数包括各向异性质量密度及各向同性体积模量[20]，可以通过嵌入水中的钢堆叠层实现。为了降低各向异性质量密度引起的材料制备难度，Sun 等[21]基于准共形变换设计了具有二维五模晶格的准各向同性水声地毯式隐身方式。图 5.17 展示了地毯式隐身方式用于水下声波控制。

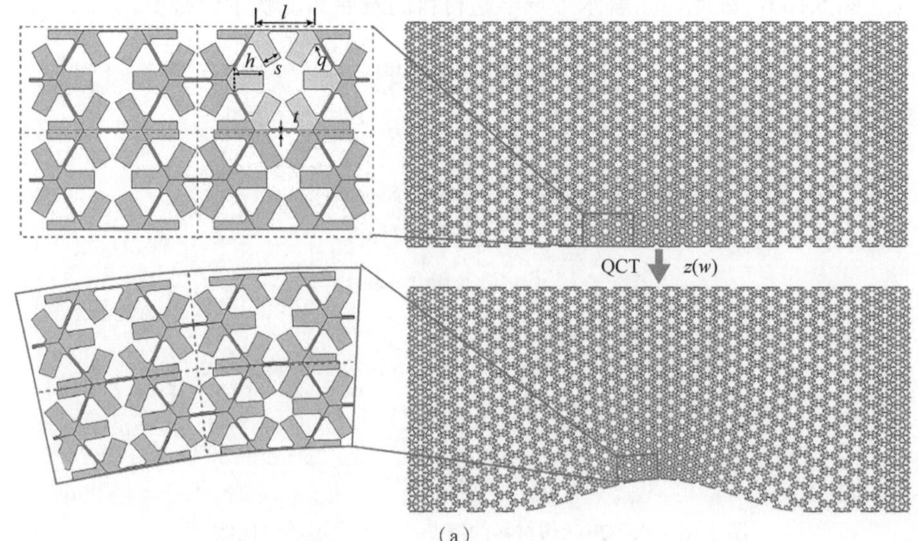

（a）

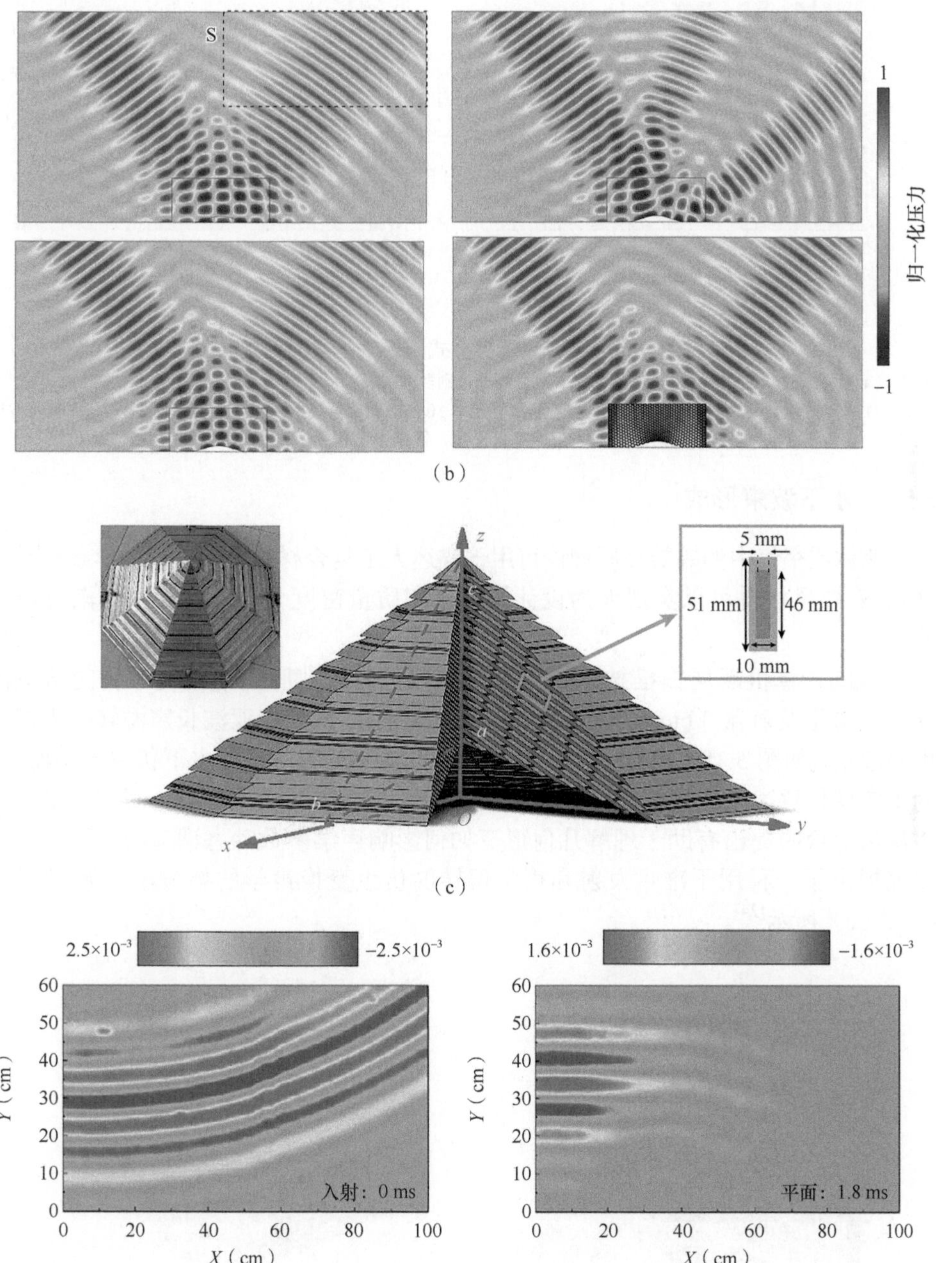
S
1
归一化压力
−1
（b）
z
c
a
b
O
x
y
5 mm
51 mm
46 mm
10 mm
（c）
2.5×10⁻³
−2.5×10⁻³
1.6×10⁻³
−1.6×10⁻³
Y（cm）
X（cm）
入射：0 ms
平面：1.8 ms

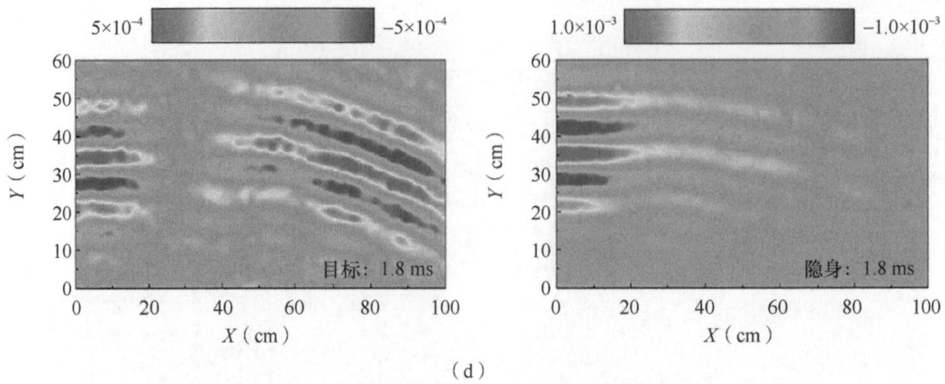

（d）

图 5.17　地毯式隐身方式用于水下声波控制

（a）二维五模超材料的微观形态结构[21]；（b）刚性平面、刚性散射、晶格五模地毯式斗篷和理论隐身的声压场[21]；（c）3D 水声地毯式隐身斗篷示意图[20]；（d）矩形框架中 10 kHz 的声压场的测量值，包括时间为 0 ms 时入射压力场的值，以及时间为 1.8 ms 时来自平面、目标和隐身目标的散射压力场的值[20]

5.5.2　水下波束形成

流体或空气中的等效介质理论可用于描述人工复合材料结构的动力学参数[22]，利用液-固超材料可以实现人为设计的声速和质量密度分布，甚至生物渐变声速特性。

借助计算机断层扫描技术，可以研制模仿长江江豚声呐系统结构的仿生器件——仿生发射器（biomimetic projector，BioP），从而将亚波长声源转换为指向性声波束，如图 5.18（a）所示[23]。基于等效介质理论，可设计水下仿生声学器件。为了实现任意声指向性操控，需要明确结构形变和声学参数分布之间的关系。仿生保角变换的提出有助于理解几何形变如何影响声学参数动态调节的过程。近期研究提出了一种用于准直发射和声学偏转的仿生变换声学的新方法，如图 5.18（b）、（c）所示[24]。

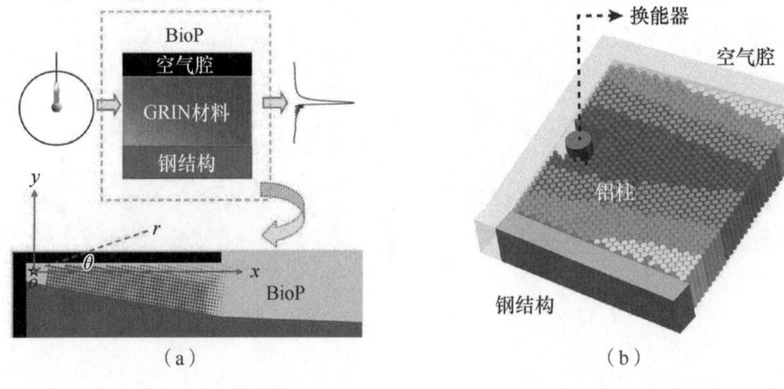

（a）　　（b）

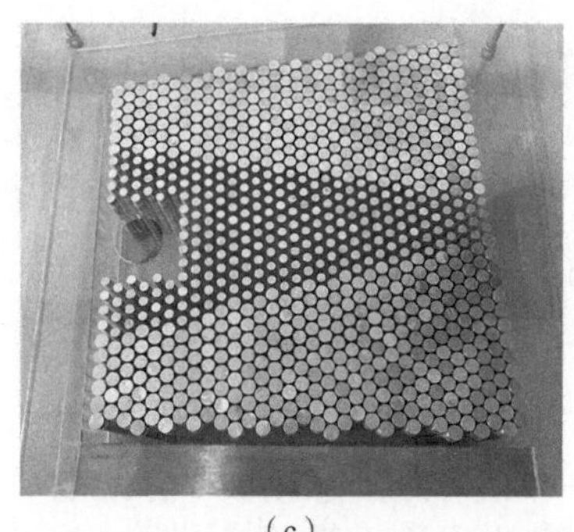

（c）

图 5.18　基于等效介质理论设计的仿生声学调控器件

（a）BioP 的示意图[23]；（b）向上声学偏转模型的装配图[24]；（c）组装的原始声学模型[24]

GRIN：梯度声学超材料

人工超材料和生物声呐具有克服尺寸-波长限制的潜力[13]。因此，研究生物声呐原理，利用人工超材料，开发新型指向性发射和目标检测技术具有重大意义。利用以微观可编程结构组成的复合超材料可以构建江豚的物理模型。该仿生装置实现的声发射过程类似于江豚生物声呐，能够提高目标探测能力和信噪比。

为实现最小空间的声波操纵，声学超表面的研究随之出现。超表面是一类波前整形器件，其厚度远小于波长。它们能够调制相位和振幅，从而实现亚波长尺度上近乎完美的吸收。近年来，实现相位调制的声学超表面引起了研究者的浓厚兴趣。声相控阵可以通过调制每个换能器的相位延迟来产生任意声波前。相位编码技术可以实现复杂的波前整形，因此，可广泛用于反射波、透射波和声波束发射器。相位编码可以通过螺旋微观结构的谐振相移[25]或广义斯涅尔定律[26]来实现。卷曲空间声学中的迷宫和螺旋结构有助于改变声程以控制传输相位[27, 28]。

全息术是高密度数据存储、复杂的光场[29]和声场的空间控制[30]等应用的基础。通过控制发射器入射相位分布，相控阵可以产生复杂的声束，包括涡旋波束、自加速波束和准直波束，并且可以在亚衍射条件下实现超分辨率成像[31]。与传统相控阵相比，超表面提供了一种用于独立相位和放大控制的小型化、紧凑且有效的被动策略。计算声全息可以根据目标成像面的幅值信息重构全息面的相位信息，避免复杂的相位累加计算。

由于水与固体结构之间阻抗差异大，水声超材料全息技术尚未得到广泛研究。近年来，一种具有衍射极限分辨率的 3D 打印声全息板已被用于实现任意相位累积[32]。3D 打印声全息模型如图 5.19（a）所示。这种新的声全息技术能够在有限的空间内记录更多信息，提供更高的声波传输能量，并为更高的声成像分辨率提供可能性。

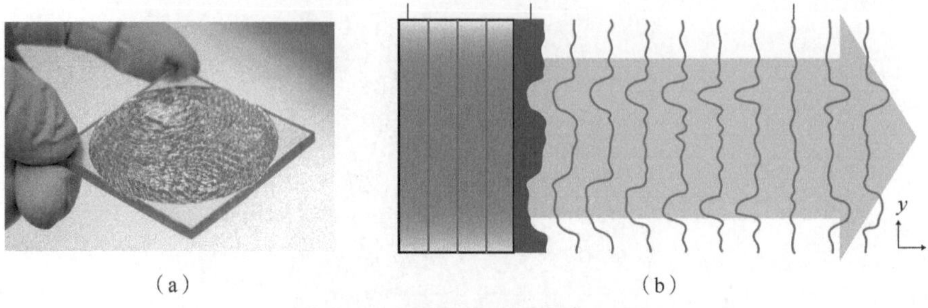

（a）　　（b）

图 5.19　一种具有衍射极限分辨率的 3D 打印声全息板

（a）3D 打印声全息模型每一个像素的相位延迟与它的厚度成正比[32]；（b）从换能器发射的波前通过声全息图表面的编码形貌转换到所需的相位分布[32]

5.5.3　水下拓扑声学和吸收器

拓扑是重要的数学概念，其主要研究的是在连续变化下几何图形或空间保持不变的整体性质。基于量子霍尔效应的发现，动量空间中的电子能带结构被发现可以表现出类似于在实空间中的拓扑性质。由于基于这种结构的拓扑材料相继出现，电子的整数量子霍尔效应、量子自旋霍尔效应、量子谷霍尔效应等拓扑效应不断被发现。进一步，研究人员发现在玻色子（光、声）系统中同样可能发生类似的拓扑现象[33]，因此研究人员对拓扑声学进行了大量的研究。然而，目前拓扑声学的研究主要集中在弹性波和空气声学中的人造结构上[13]。由于水介质对结构的声模转换影响很大，因此当前对水下拓扑声学的研究较少。下面简要介绍水下拓扑声学在拓扑边缘态、声学拓扑谷运输和水声吸收器等方面的一些研究和应用。

拓扑边缘态在克服传统声学障碍的局限性方面发挥着至关重要的作用。研究人员一直致力于研究二维声学拓扑绝缘体[34-36]和受对称保护的相关边缘模式。人工拓扑超构材料的缺陷态引起了研究人员的广泛兴趣。研究人员在拓扑耦合环形谐振器边缘使用晶格设计，设计了水下耦合环接头结构[37]，如图 5.20 所示。两个解耦模式的单环可以近似电子自旋。在不破坏时间反转对称性的情况下，实现了声子量子自旋霍尔效应。声波通过该结构耦合，耦合环中的模式与定位环中的模式相反，由于指向性耦合，消除了声学散射。

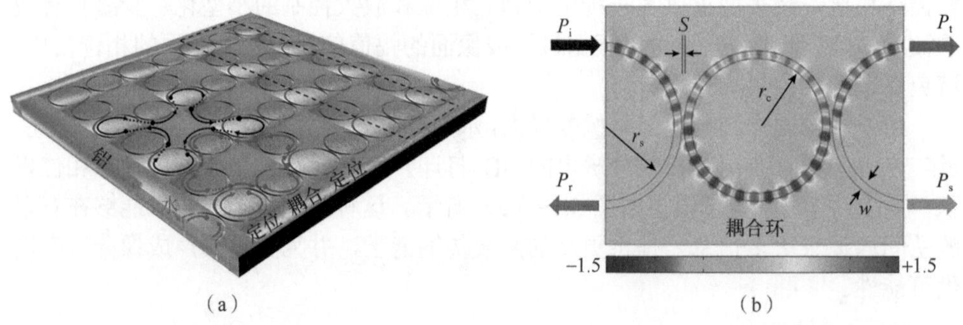

（a）　　（b）

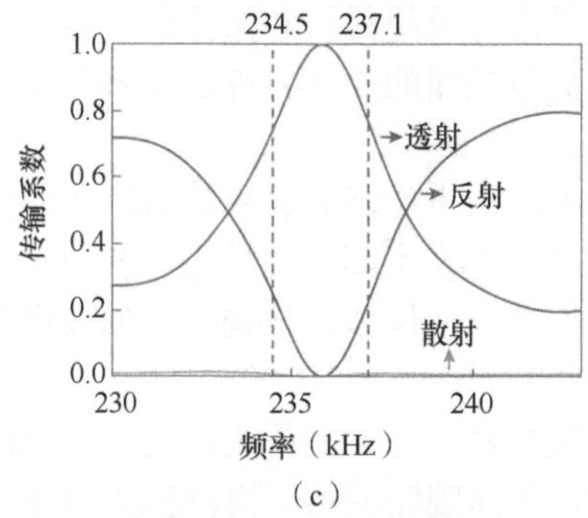

（c）

图 5.20　基于耦合环形谐振器的水声拓扑边缘态

（a）包含嵌入铝背景中水环的方形格子示意图，箭头和对向箭头分别表示顺时针和逆时针循环声学模式，用于计算投影能带结构的超晶胞显示在虚线矩形框中[37]；（b）内半径分别为 r_s（19 mm）和 r_c（17 mm）的定位环和耦合环的配置，宽度 w（2 mm）相同；（c）无间隙边缘状态的频率范围估计由虚线表示[37]

水下声学拓扑绝缘体的发展随水声学的重要性不断提升逐渐引起了关注。最近，在水下拓扑实验中观察到谷发射边缘模式，其晶胞是由三个相同结构组成的六边形晶格[38]。该声子晶体的性质取决于三个单元的结构排列。当排列成特殊的角度时，声子晶体在第一个布里渊区的拐角处出现二次变换。在其他情况下，由于晶格和三个单元基础结构之间不匹配，全向带隙打开。声谷拓扑谷运输原理可以用于设计不同的功能性器件，其优点在于制造简单和工作频带较宽。

低频水声吸收器引起了人们极大的兴趣，特别是在海洋噪声治理方面。吸收材料需要具有较高的损耗因数，来吸收入射声波。对于均质材料，内部损耗因数由特性阻抗决定：声吸收系数越大，反射系数越大。与传统吸声材料相比，水声超材料引入了各种新型吸声机制[39]，如微孔板的黏性耗散[40]、法布里-珀罗共振[41]、准亥姆霍兹共振[42]、局域共振声子晶体[43]和耦合腔体共振[44]。引入微晶格和多孔材料的吸声模型[45]研究表明，吸声的有效性取决于材料内部的微观/宏观结构，其中声能可以通过两个主要因素吸收，包括固体表面附近的黏性损失和沿固体的热传导。因此，具有较大的微观气-固界面区域的材料，如多孔材料[46]，通常具有较大的损耗系数[47]。

综上所述，尽管已对声学超材料在空气中进行了广泛的研究，但在水下仍需深入研究。水声超材料与背景介质的阻抗比约为空气中的 1/3600，这表明在多数情况下水下超材料不能被视为绝对刚性边界，声学-固体耦合不容忽视，模态演变也应考虑，这使水声超材料设计更具有挑战性。

变换理论已被证明是指导复杂超材料设计的有效方法[17]。目前面临的挑战是如何避免具有任意形状和频带的水下障碍物的散射效应以及设计用于指向性声探测的小型化声源，为低功耗和智能探测系统研制提供关键技术支持。

水下超表面具有亚波长控制的潜力[48]，但现有超材料很难在大尺度上有效扩展声学传播路径。研究人员提出薄膜超材料和共振超材料等，但窄带限制难以克服。柔性超材料可实现可调甚至极端的声学特性，能够与水或人体组织声阻抗更好匹配，提高透声效率。

水下通信的带宽通常有限，而声学涡旋波束的轨道角动量为提高水声通信的传输速率提供了新的自由度[49]。但在实际水环境中，相位控制和远距离水声通信尚未实现。声全息为水下三维声场成像和波前调控（如波束偏转和准直）提供了一种新方法。

先进水声技术的发展不仅关系到海洋的探索，还对科技前沿至关重要。水声超材料可为海洋声层析成像、海洋观测网络、海洋探索等下一代海洋技术研发提供新的设计方案。

本章习题

1. 简述接近海面的水下点源声场中的声压振幅随距离的变化规律。

2. 在二维直角坐标系下，试推导硬底均匀浅海声场的声压解，并画出前四阶简正波振幅随深度的分布。

3. 给出硬底均匀浅海声场的临界频率和截止频率的表达式，并说明其物理意义。

4. 讨论简正波的相速和群速与频率的关系。

5. 写出浅海均匀声场的虚源描述的公式，并讨论虚源描述与简正波的关系。

6. 试推导：

$$\operatorname{Res}\left[\frac{\sin(k_z z)\cos\left[k_z(H-z_0)\right]}{k_z\cos(k_z H)}H_0^{(1)}(\xi r)\xi\right]_{\xi=\xi_l}$$

$$=\left[\frac{\sin(k_z z)\cos\left[k_z(H-z_0)\right]H_0^{(1)}(\xi r)\xi}{k_z}\frac{1}{\mathrm{d}\left[\cos(k_z H)\right]/\mathrm{d}\xi}\right]_{\xi_l}$$

7. 简述浅海均匀声场的声强特性和随距离变化的衰减特性。

8. 写出海底沉积层的反射损失随掠射角变化的特征。

9. 推导声波在海水-固态海底界面的声折射率。

参考文献

[1] 杜功焕, 朱哲民, 龚秀芬. 声学基础. 3 版. 南京: 南京大学出版社, 2012.
[2] 布列霍夫斯基赫. 分层介质中的波. 2 版. 杨训仁, 译. 北京: 科学出版社, 1985.
[3] 布列霍夫斯基赫, 雷桑诺夫. 海洋声学基础. 朱柏贤, 金国亮, 译. 北京: 海洋出版社, 1985.
[4] Brekhovskikh L. Waves in Layered Media. New York: Elsevier, 2012.
[5] Marsh HW. Reflection and scattering of sound by the sea bottom. Part I: theory. The Journal of

the Acoustical Society of America, 1964, 36(10): 2003.
[6] Ho KM, Cheng CK, Yang Z, et al. Broadband locally resonant sonic shields. Applied Physics Letters, 2003, 83(26): 5566-5568.
[7] Richards D, Pines DJ. Passive reduction of gear mesh vibration using a periodic drive shaft. Journal of Sound and Vibration, 2003, 264(2): 317-342.
[8] Wang G, Wen X, Wen J, et al. Quasi-one-dimensional periodic structure with locally resonant band gap. Journal of Applied Mechanics, 2006, 73(1): 167.
[9] Zhang S, Zhang Y, Guo Y, et al. Realization of subwavelength asymmetric acoustic transmission based on low-frequency forbidden transmission. Physical Review Applied, 2016, 5(3): 034006.
[10] Ge H, Yang M, Ma C, et al. Breaking the barriers: advances in acoustic functional materials. National Science Review, 2018, 5(2): 159-182.
[11] Cao P, Zhang Y, Zhang S, et al. Switching acoustic propagation via underwater metasurface. Physical Review Applied, 2020, 13(4): 044019.
[12] 曹培政, 张宇, 刁顺, 等. 水下声学超材料研究. 中国材料进展, 2021, 40(1): 7-21.
[13] Dong E, Cao P, Zhang J, et al. Underwater acoustic metamaterials. National Science Review, 2023, 10(6): nwac246.
[14] 温激鸿, 蔡力, 郁殿龙, 等. 声学超材料基础理论与应用. 北京: 科学出版社, 2018.
[15] Pendry JB, Schurig D, Smith DR. Controlling electromagnetic fields. Science, 2006, 312(5781): 1780-1782.
[16] Leonhardt U. Optical conformal mapping. Science, 2006, 312(5781): 1777-1780.
[17] Chen H, Chan CT. Acoustic cloaking in three dimensions using acoustic metamaterials. Applied Physics Letters, 2007, 91(18): 183518.
[18] Li J, Pendry JB. Hiding under the carpet: a new strategy for cloaking. Physical Review Letters, 2008, 101(20): 203901.
[19] Bi Y, Jia H, Lu W, et al. Design and demonstration of an underwater acoustic carpet cloak. Scientific Reports, 2017, 7(1): 705.
[20] Bi Y, Jia H, Sun Z, et al. Experimental demonstration of three-dimensional broadband underwater acoustic carpet cloak. Applied Physics Letters, 2018, 112(22): 223502.
[21] Sun Z, Sun X, Jia H, et al. Quasi isotropic underwater acoustic carpet cloak based on latticed pentamode metafluid. Applied Physics Letters, 2019, 114(9): 094101.
[22] Torrent D, Sánchez-Dehesa J. Effective parameters of clusters of cylinders embedded in a nonviscous fluid or gas. Physical Review B, 2006, 74(22): 224305.
[23] Zhang Y, Gao X, Zhang S, et al. A biomimetic projector with high subwavelength directivity based on dolphin biosonar. Applied Physics Letters, 2014, 105(12): 123502.
[24] Dong E, Zhou Y, Zhang Y, et al. Bioinspired conformal transformation acoustics. Physical Review Applied, 2020, 13: 024002.
[25] Zhu Y, Fan X, Liang B, et al. Ultrathin acoustic metasurface-based schroeder diffuser. Physical Review X, 2017, 7(2): 021034.
[26] Xie Y, Wang W, Chen H, et al. Wavefront modulation and subwavelength diffractive acoustics with an acoustic metasurface. Nature Communications, 2014, 5(1): 5553.
[27] Zhang H, Zhang W, Liao Y, et al. Creation of acoustic vortex knots. Nature Communications, 2020, 11(1): 3956.
[28] Zhu X, Li K, Zhang P, et al. Implementation of dispersion-free slow acoustic wave propagation and phase engineering with helical-structured metamaterials. Nature Communications, 2016, 7(1): 11731.
[29] Grier DG. A revolution in optical manipulation. Nature, 2003, 424(6950): 810-816.
[30] Marzo A, Seah SA, Drinkwater BW, et al. Holographic acoustic elements for manipulation of

levitated objects. Nature Communications, 2015, 6(1): 8661.
[31] Shen YX, Peng YG, Cai F, et al. Ultrasonic super-oscillation wave-packets with an acoustic meta-lens. Nature Communications, 2019, 10(1): 3411.
[32] Melde K, Mark AG, Qiu T, et al. Holograms for acoustics. Nature, 2016, 537(7621): 518-522.
[33] Tian Y, Ge H, Lu MH, et al. Research advances in acoustic metamaterials. Acta Physica Sinica, 2019, 68(19): 194301.
[34] Wang P, Lu L, Bertoldi K. Topological phononic crystals with one-way elastic edge waves. Physical Review Letters, 2015, 115(10): 104302.
[35] Yang Z, Gao F, Shi X, et al. Topological acoustics. Physical Review Letters, 2015, 114(11): 114301.
[36] Khanikaev AB, Fleury R, Mousavi SH, et al. Topologically robust sound propagation in an angular-momentum- biased graphene-like resonator lattice. Nature Communications, 2015, 6(1): 8260.
[37] He C, Li Z, Ni X, et al. Topological phononic states of underwater sound based on coupled ring resonators. Applied Physics Letters, 2016, 108(3): 031904.
[38] Shen Y, Qiu C, Cai X, et al. Valley-projected edge modes observed in underwater sonic crystals. Applied Physics Letters, 2019, 114(2): 023501.
[39] Zhang Y, Chen K, Hao X, et al. A review of underwater acoustic metamaterials. Chinese Science Bulletin, 2020, 65(15): 1396-1410.
[40] Li L, Zhang Z, Huang Q, et al. A sandwich anechoic coating embedded with a micro-perforated panel in high-viscosity condition for underwater sound absorption. Composite Structures, 2020, 235: 111761.
[41] Qu S, Gao N, Tinel A, et al. Underwater metamaterial absorber with impedance-matched composite. Science Advances, 2022, 8(20): eabm4206.
[42] Duan M, Yu C, Xin F, et al. Tunable underwater acoustic metamaterials via quasi-Helmholtz resonance: from low-frequency to ultra-broadband. Applied Physics Letters, 2021, 118(7): 071904.
[43] Jiang H, Wang Y, Zhang M, et al. Locally resonant phononic woodpile: a wide band anomalous underwater acoustic absorbing material. Applied Physics Letters, 2009, 95(10): 104101.
[44] Bretagne A, Tourin A, Leroy V. Enhanced and reduced transmission of acoustic waves with bubble meta-screens. Applied Physics Letters, 2011, 99(22): 221906.
[45] Yang M, Sheng P. Sound absorption structures: from porous media to acoustic metamaterials. Annual Review of Materials Research, 2017, 47(1): 83-114.
[46] Cai X, Yang J, Hu G, et al. Sound absorption by acoustic microlattice with optimized pore configuration. The Journal of the Acoustical Society of America, 2018, 144(2): EL138-EL143.
[47] Fu Y, Kabir II, Yeoh GH, et al. A review on polymer-based materials for underwater sound absorption. Polymer Testing, 2021, 96: 107115.
[48] Zhang S, Zhang Y, Guo Y, et al. Realization of subwavelength asymmetric acoustic transmission based on low-frequency forbidden transmission. Physical Review Applied, 2016, 5(3): 034006.
[49] Shi C, Dubois M, Wang Y, et al. High-speed acoustic communication by multiplexing orbital angular momentum. Proceedings of the National Academy of Sciences, 2017, 114(28): 7250-7253.

第 6 章　海洋中的声散射和混响

声波在海洋中传播遇到目标（如气泡、鱼群等）时，一部分能量会偏离原来的入射方向，如图 6.1 所示。此外，入射声波遇到目标后会激发次级声源，向周围介质辐射次级声波，即散射波。这里的散射波指的是所有次级声波，包括大目标（目标线度远大于声波波长）产生的反射波和小目标（目标线度远小于声波波长）向空间各方向辐射的散射波。目标回波为声散射中返回声源方向的部分声波，由入射波与目标相互作用产生，从而携带目标的某些特征信息。工程应用中，用目标强度来描述目标反射声波能力的大小。海洋声探测技术最常见的应用为水下目标探测，通过分析回波信号来提取目标特征，从而实现水下目标检测和识别。因此，讨论海洋中目标的声散射有重要的实际意义。

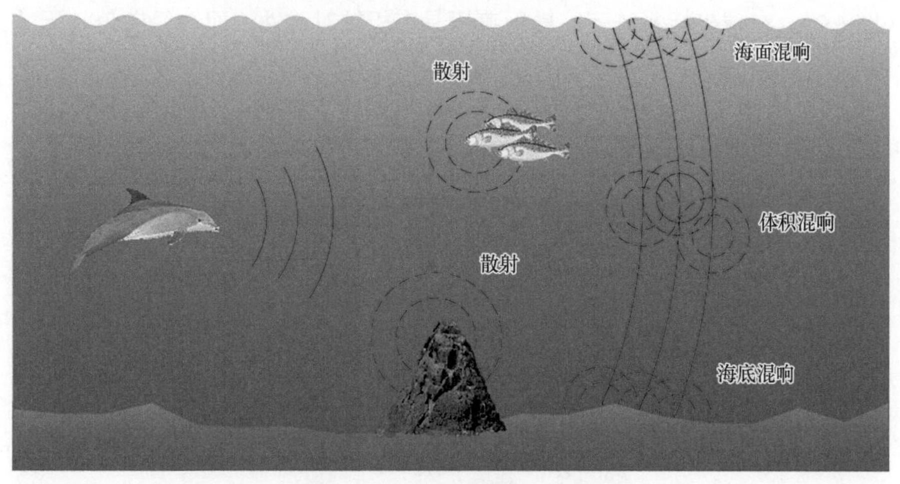

图 6.1　海洋中的散射与混响

此外，海洋中存在大量的无规散射体，如悬浮粒子（如泥沙、浮游生物等）、气泡、水团等。海洋中还存在大范围延伸的非均匀体，如波动海面、不平整海底和散射层等。因此，入射声波散射回来的信号不仅有回波信号，还有混响信号，从而在接收点迭加形成体积混响、海面混响和海底混响，如图 6.1 所示。在应用中，常采用混响级来描述混响的强弱。

本章首先讨论悬浮颗粒、气泡、不规则形状目标、水生生物等的声散射。然后，利用亥姆霍兹积分法求解任意曲面的散射声场。再结合工程应用，介绍目标强度及其实验测量。进一步，从能量角度描述海洋的混响，把大量散射体视为在统计意义的面积或体积内均匀分布，介绍体积混响、海面混响和海底混响等理论，提出其混响级的计算公式。最后，初步介绍海豚目标探测及其有关物理过程。

6.1 海洋中的声散射

海洋中声散射对声传播有很大的影响。散射虽然并非将声能转化为其他形式的能（如热能），但和声吸收一样对声强有衰减作用，是声传播损失的重要组成部分。此外，声散射也是导致声接收信号振幅、相位等起伏的原因之一。本节将分别讨论悬浮颗粒、气泡、不规则形状目标、水生生物等引起的声散射。

6.1.1 悬浮颗粒的声散射

悬浮颗粒可分为两类，一类是硬粒子，如沙粒，另一类是软粒子，如微生物。以下讨论将小的悬浮硬颗粒近似看成不动的刚性球体。

设沿 x 方向由远处而来的平面波入射到一半径为 a 的刚性球体上，并满足 $a \ll \lambda$（λ 为声波的波长），求某一方位角度 θ，离球心为 r 的测量点 M 的散射声强 p_s（图 6.2）。在球坐标系统下，散射声压具有极轴对称性，即与径向角 φ 无关。

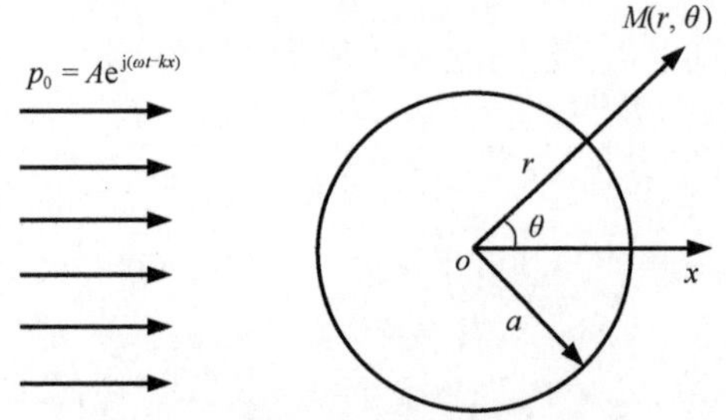

图 6.2 平面波在刚性球面上的散射

入射平面波的声压在球坐标系下可表示为

$$p_0 = A\mathrm{e}^{\mathrm{j}(\omega t - kx)} = A\mathrm{e}^{\mathrm{j}\omega t}\mathrm{e}^{-\mathrm{j}kr\cos\theta} \tag{6.1}$$

为书写简单起见，把时间因子 $\mathrm{e}^{\mathrm{j}\omega t}$ 暂时略去，将平面波表达式（6.1）按球函数展开，可得

$$p_0 = A\sum_{m=0}^{\infty} A_m P_m(\cos\theta) \tag{6.2}$$

式中，$P_m(\cos\theta)$ 为 m 阶勒让德多项式。利用勒让德多项式的正交性，可以得到展开系数为

$$A_m = \left(m + \frac{1}{2}\right)\int_{-1}^{1} P_m(\cos\theta)\mathrm{e}^{-\mathrm{j}kr\cos\theta}\mathrm{d}(\cos\theta)$$

$$=\left(m+\frac{1}{2}\right)\sum_{n=0}^{\infty}\frac{(-\mathrm{j}kr)^n}{n!}\int_{-1}^{1}(\cos\theta)^n P_m(\cos\theta)\mathrm{d}(\cos\theta)$$

$$=\left(m+\frac{1}{2}\right)\sum_{n=0}^{\infty}\frac{(-\mathrm{j}kr)^n}{n!}\int_{-1}^{1}(\cos\theta)^n \frac{1}{2^m m!}\frac{\mathrm{d}^m\left(\cos^2\theta-1\right)^m}{\mathrm{d}(\cos\theta)^m}\mathrm{d}(\cos\theta)$$

对上式进行分部积分计算，并利用特殊函数性质可得

$$A_m=(2m+1)(-\mathrm{j})^m\sqrt{\frac{\pi}{2}}\sum_{l=0}^{\infty}\frac{(-1)^l}{l!\Gamma\left(l+m+\frac{3}{2}\right)}\left(\frac{1}{2}\right)^{\left(m+2l+\frac{1}{2}\right)}(kr)^{m+2l} \tag{6.3}$$

$$=(2m+1)(-\mathrm{j})^m j_m(kr)$$

式中，在 $kr \ll 1$ 时，球贝塞尔函数满足 $j_m(kr)=\sqrt{\frac{\pi}{2}}\sum_{l=0}^{\infty}\frac{(-1)^l}{l!\Gamma\left(l+m+\frac{3}{2}\right)}\left(\frac{1}{2}\right)^{\left(m+2l+\frac{1}{2}\right)}$ $\times(kr)^{m+2l}$。

由于球是刚性的，可得球面上质点振动速度的径向分量为 u_n=0，根据运动方程：

$$\frac{\partial u_n}{\partial t}=-\frac{1}{\rho_0}\frac{\partial p}{\partial n} \tag{6.4}$$

在谐波解的稳态条件下 $u_n=\frac{-1}{\mathrm{j}\omega\rho_0}\frac{\partial p}{\partial n}$，边界条件为

$$\left.\frac{\partial p}{\partial n}\right|_{S_R}=0 \tag{6.5}$$

声场中任一点的声压 p 应为入射声压 p_0 和散射声压 p_s 之和，即

$$p=p_0+p_\mathrm{s} \tag{6.6}$$

而散射声压满足以下波动方程和边界条件：

$$\begin{cases}\nabla^2 p_\mathrm{s}+k^2 p_\mathrm{s}=0\\ \left.\dfrac{\partial p_\mathrm{s}}{\partial n}\right|_{S_R}=-\left.\dfrac{\partial p_0}{\partial n}\right|_{S_R}\end{cases} \tag{6.7}$$

在球坐标系下，散射声压满足的亥姆霍兹方程为 $\frac{1}{r^2}\frac{\partial}{\partial r}\left(r^2\frac{\partial p_\mathrm{s}}{\partial r}\right)+\frac{1}{r^2\sin\theta}$ $\times\frac{\partial}{\partial\theta}\left(\sin\theta\frac{\partial p_\mathrm{s}}{\partial\theta}\right)+\frac{1}{r^2\sin^2\theta}\frac{\partial^2 p_\mathrm{s}}{\partial\varphi^2}+k^2 p_\mathrm{s}=0$，其中 r、θ、φ 为球坐标系下的坐标变

量。由于散射波关于 z 轴对称，即与 φ 无关，则上式可简化为

$$\frac{1}{r^2}\frac{\partial}{\partial r}\left(r^2\frac{\partial p_s}{\partial r}\right)+\frac{1}{r^2\sin\theta}\frac{\partial}{\partial\theta}\left(\sin\theta\frac{\partial p_s}{\partial\theta}\right)+k^2p_s=0 \tag{6.8}$$

应用分离变量法，将 $p_s=R(r)\Theta(\theta)$ 代入式（6.8）得

$$\frac{1}{R}\frac{\partial}{\partial r}\left(r^2\frac{\partial R}{\partial r}\right)+k^2r^2=-\frac{1}{\Theta\sin\theta}\frac{\partial}{\partial\theta}\left(\sin\theta\frac{\partial\Theta}{\partial\theta}\right) \tag{6.9}$$

要使式（6.9）成立，需使等式两边都等于常数 γ。设 $\gamma=m$（m+1），其中 m=0,1,2,…，则可得

$$\begin{cases}\dfrac{1}{\Theta\sin\theta}\dfrac{\partial}{\partial\theta}\left(\sin\theta\dfrac{\partial\Theta}{\partial\theta}\right)=-m(m+1)\\ \dfrac{1}{R}\dfrac{\partial}{\partial r}\left(r^2\dfrac{\partial R}{\partial r}\right)+k^2r^2=m(m+1)\end{cases} \tag{6.10}$$

式（6.10）中第一式为勒让德方程，其解为

$$\Theta_m(\theta)=a_mP_m(\cos\theta)\quad(m=0,1,2,\cdots) \tag{6.11}$$

式中，$P_m(\cos\theta)$ 为 m 阶勒让德多项式；a_m 为待定系数。式（6.10）中第二式为球贝塞尔方程，其解为

$$R_m(r)=b_mh_m^{(1)}(kr)+c_mh_m^{(2)}(kr) \tag{6.12}$$

式中，$h_m^{(1)}$ 和 $h_m^{(2)}$ 分别为第一类、第二类 m 阶球汉克尔函数；b_m 和 c_m 为待定系数。由无穷远辐射条件可知，b_m=0，则式（6.12）简化为

$$R_m(r)=c_mh_m^{(2)}(kr) \tag{6.13}$$

将式（6.11）和式（6.13）代入 $p_s=R(r)\Theta(\theta)$，得散射声压解为

$$p_s=\sum_{m=0}^{\infty}C_mh_m^{(2)}(kr)P_m(\cos\theta) \tag{6.14}$$

式中，$C_m=a_mc_m$ 为待定系数，可由边界条件确定；$h_m^{(2)}(kr)=\sqrt{\frac{\pi}{2kr}}H_{m+\frac{1}{2}}^{(2)}(kr)$，其中 $H_{m+\frac{1}{2}}^{(2)}(kr)$ 为 $m+\frac{1}{2}$ 阶的第二类汉克尔函数。根据球面满足径向速度为零的边界条件，可确定系数 C_m。把式（6.2）和式（6.14）代入式（6.7）中第二式，可得

$$-\sum_{m=0}^{\infty}C_mk\frac{\mathrm{d}h_m^{(2)}(ka)}{\mathrm{d}(ka)}P_m(\cos\theta)=A\sum_{m=0}^{\infty}(-\mathrm{j})^m(2m+1)\,k\frac{\mathrm{d}j_m(ka)}{\mathrm{d}(ka)}P_m(\cos\theta) \tag{6.15}$$

式中，$C_m = \dfrac{-A(-\mathrm{j})^m (2m+1)\dfrac{\mathrm{d}j_m(ka)}{\mathrm{d}(ka)}}{\dfrac{\mathrm{d}h_m^{(2)}(ka)}{\mathrm{d}(ka)}}$。把 C_m 代入式（6.14），得到散射声压为

$$p_\mathrm{s} = -A\sum_{m=0}^{\infty}(2m+1)(-\mathrm{j})^m \frac{\dfrac{\mathrm{d}j_m(ka)}{\mathrm{d}(ka)}}{\dfrac{\mathrm{d}h_m^{(2)}(ka)}{\mathrm{d}(ka)}} h_m^{(2)}(kr)P_m(\cos\theta) \tag{6.16}$$

球汉克尔函数在远场（$kr \gg 1$）的渐近展开式为

$$h_m^{(2)}(kr) \approx \frac{1}{kr}\mathrm{e}^{-\mathrm{j}\left(kr - \frac{m+1}{2}\pi\right)} \tag{6.17}$$

则散射声强与入射声强的比值可表示为

$$\frac{I_\mathrm{s}}{I_0} = \frac{a^2}{r^2}\left|D(\theta)\right|^2 \tag{6.18}$$

式中，$I_0 = \dfrac{A^2}{2\rho c}$，$D(\theta) = \dfrac{1}{ka}\sum\limits_{m=0}^{\infty}(2m+1)(-\mathrm{j})^m \dfrac{\dfrac{\mathrm{d}j_m(ka)}{\mathrm{d}(ka)}}{\dfrac{\mathrm{d}h_m^{(2)}(ka)}{\mathrm{d}(ka)}}\mathrm{e}^{\mathrm{j}\frac{m+1}{2}\pi}P_m(\cos\theta)$。可以看出，刚性球体的散射声强正比于入射声强和球半径的平方，但反比于距离的平方。球半径越大，散射声强越大，这将在 6.2 节进一步讨论。刚性球体具有球面波的某些特征，如振幅随距离呈 $1/r$ 衰减。此外，散射波具有明显的指向性，即由指向性函数 $D(\theta)$决定。$D(\theta)$随 ka 变化，在低频如 ka=1 时，散射声强主要均匀地分布于入射波的相反方向，而入射波同方向上的散射声强较弱。随着频率的增大，入射波同方向的散射波逐渐增强，指向性变得复杂，旁瓣增多，如图 6.3 所示[1]。

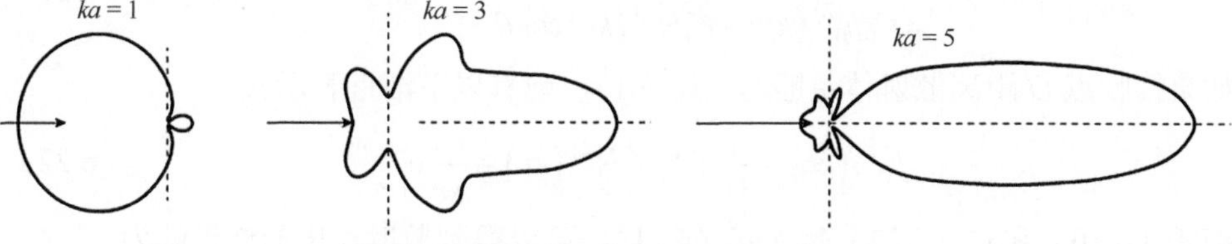

图 6.3　散射声强的指向性随 ka 的变化[1]

如果声波波长 λ 比悬浮硬颗粒球体的半径 a 大得多，即满足 $ka \ll 1$，则可把散射声压 p_s 表示成贝塞尔函数和汉克尔函数幂级数的近似解。球贝塞尔函数和球诺伊曼函数的初等函数表示式如下：

$$j_0(ka)=\frac{\sin(ka)}{ka},\ j_1(ka)=-\frac{\cos(ka)}{ka}+\frac{\sin(ka)}{(ka)^2}$$

$$n_0(ka)=-\frac{\cos(ka)}{ka},\ n_1(ka)=-\frac{\sin(ka)}{ka}-\frac{\cos(ka)}{(ka)^2}$$

根据球汉克尔函数与球贝塞尔函数和球诺伊曼函数的关系可得

$$h_0^{(2)}(ka)=j_0(ka)-\mathrm{j}n_0(ka)=\frac{-\mathrm{j}}{ka}\mathrm{e}^{-\mathrm{j}ka}$$

$$h_1^{(2)}(ka)=j_1(ka)-jn_1(ka)=\left[-\frac{1}{ka}+\frac{-\mathrm{j}}{(ka)^2}\right]\mathrm{e}^{-\mathrm{j}ka}$$

由于满足 $ka\ll 1$，可将 $j_0(ka)$、$j_1(ka)$、$h_0^{(2)}(ka)$、$h_1^{(2)}(ka)$ 保留第一项并进行幂级数展开，得到其近似解为

$$\begin{aligned}&j_0(ka)\cong 1-\frac{(ka)^2}{6},\ j_1(ka)\cong\frac{ka}{3},\ h_0^{(2)}(ka)\cong\frac{-\mathrm{j}}{ka},\ h_1^{(2)}(ka)\cong\frac{-\mathrm{j}}{(ka)^2}\\&\frac{\mathrm{d}j_0(ka)}{\mathrm{d}(ka)}\cong-\frac{ka}{3},\ \frac{\mathrm{d}j_1(ka)}{\mathrm{d}(ka)}\cong\frac{1}{3},\ \frac{\mathrm{d}h_0^{(2)}(ka)}{\mathrm{d}(ka)}\cong\frac{\mathrm{j}}{(ka)^2},\ \frac{\mathrm{d}h_1^{(2)}(ka)}{\mathrm{d}(ka)}\cong\frac{2\mathrm{j}}{(ka)^3}\end{aligned}\tag{6.19}$$

把 $\frac{\mathrm{d}j_m(ka)}{\mathrm{d}(ka)}$ 和 $\frac{\mathrm{d}h_m^{(2)}(ka)}{\mathrm{d}(ka)}$ 的展开式代入式（6.15）中 C_m，可得

$$C_0=-\mathrm{j}\frac{A}{3}(ka)^3,\ C_1=\frac{A}{2}(ka)^3\tag{6.20}$$

C_m 后面的系数与 $(ka)^5$、$(ka)^7\cdots$ 成正比例。所以，在小粒子的情况下（$ka\ll 1$），散射声压可近似地由式（6.14）的前两项来表示，即

$$\begin{aligned}p_\mathrm{s}&\approx C_0h_0^{(2)}(kr)P_0(\cos\theta)+C_1h_1^{(2)}(kr)P_1(\cos\theta)\\&=C_0h_0^{(2)}(kr)+C_1h_1^{(2)}(kr)\cos\theta\end{aligned}\tag{6.21}$$

如果接收点 O 距离散射体足够远（$kr\gg 1$），则有以下渐近表示式：

$$h_0^{(2)}(kr)\cong\frac{\mathrm{j}}{kr}\mathrm{e}^{-\mathrm{j}kr},\ h_1^{(2)}(kr)\cong\frac{-1}{kr}\mathrm{e}^{-\mathrm{j}kr}\tag{6.22}$$

把式（6.20）和式（6.22）代入式（6.21），可以得到散射声压的渐近解为

$$p_\mathrm{s}\cong\frac{Ak^2a^3}{3r}\left(1-\frac{3}{2}\cos\theta\right)\mathrm{e}^{-\mathrm{j}kr}\tag{6.23}$$

则小球体的散射声强与入射声强的比值可表示为

$$\frac{I_s}{I_0}=\frac{a^6k^4}{9r^2}\left(1-\frac{3}{2}\cos\theta\right)^2 \tag{6.24}$$

式中，I_0 为入射声强。微型颗粒散射声强的角分布如图 6.4 所示。显然，在沿着入射波正方向，θ=0，$I_s=\frac{1}{36}\frac{I_0a^6k^4}{r^2}$。而在沿着入射波反方向，$\theta$=π，$I_s=\frac{25}{36}\frac{I_0a^6k^4}{r^2}$。二者强度相差 25 倍。特别是，小球体的散射声强与频率的 4 次方成正比，此即著名的瑞利散射定理。

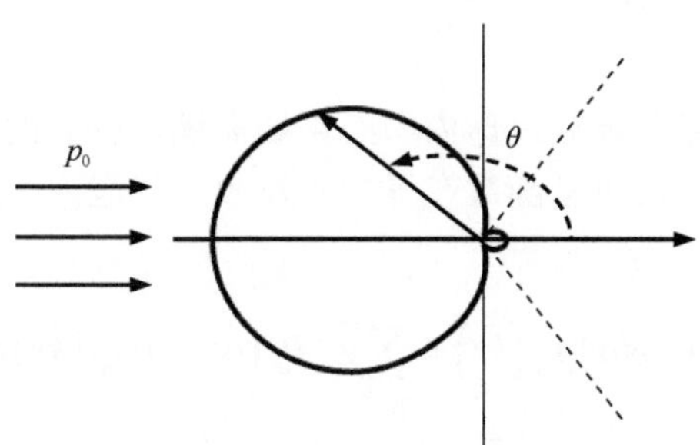

图 6.4　微型颗粒散射声强的角分布图

6.1.2　气泡的声散射

在有风浪时，海水会产生大量气泡，在海面形成气泡层。其中，半径为 0.1～0.18 mm 的气泡具有代表性。海面不平整性及气泡对声波的散射有重要影响。海面混响的特性与水中气泡的声学特性密切相关。

类似于颗粒的声散射问题，设沿 x 方向由远处而来的平面波入射到一半径为 a 的气泡球体上。利用球函数性质并忽略时间项 $e^{j\omega t}$，入射平面波的声压在球坐标系下可表示为

$$p_0=A\sum_{m=0}^{\infty}A_mP_m(\cos\theta) \tag{6.25}$$

式中，$A_m=(2m+1)(-j)^m j_m(kr)$，则径向速度为

$$v_0=\frac{j}{\rho_0c_0}\frac{\partial p_0}{\partial(kr)}=\frac{A}{\rho_0c_0}\sum_{m=0}^{\infty}(-j)^{m+1}(2m+1)P_m(\cos\theta)\left[-\frac{\partial j_m(kr)}{\partial(kr)}\right] \tag{6.26}$$

又根据球贝塞尔函数、球诺伊曼函数的初等函数表达式，可令 $-\frac{dj_m(x)}{dx}=D_m(x)\sin\delta_m(x)$，故式（6.26）可简化为

$$v_0=\frac{A}{\rho_0c_0}\sum_{m=0}^{\infty}(-j)^{m+1}(2m+1)P_m(\cos\theta)D_m(kr)\sin\delta_m(kr) \tag{6.27}$$

在气泡以外的散射声压和径向速度可分别取如下形式：

$$p_s = \sum_{m=0}^{\infty} B_m P_m(\cos\theta) h_m^{(2)}(kr) = \sum_{m=0}^{\infty} B_m P_m(\cos\theta) G_m(kr) \mathrm{e}^{-\mathrm{j}\varepsilon_m(kr)} \tag{6.28}$$

$$v_s = \frac{\mathrm{j}}{\rho_0 c_0}\frac{\partial p_s}{\partial(kr)} = \frac{1}{\rho_0 c_0}\sum_{m=0}^{\infty} B_m P_m(\cos\theta) D_m(kr) \mathrm{e}^{-\mathrm{j}\delta_m(kr)} \tag{6.29}$$

式中，$h_m^{(2)}(kr) = j_m(kr) - \mathrm{j}n_m(kr) = G_m(kr)\mathrm{e}^{-\mathrm{j}\varepsilon_m(kr)}$，$\dfrac{\partial h_m^{(2)}(kr)}{\partial(kr)} = \dfrac{\partial\left[j_m(kr) - \mathrm{j}n_m(kr)\right]}{\partial(kr)}$ $= -\mathrm{j}D_m(kr)\mathrm{e}^{-\mathrm{j}\delta_m(kr)}$。

由于气泡内部也存在声波，球内中心声场需满足有界的自然条件，从而保留球贝塞尔函数，避免球诺伊曼函数在球中心发散。气泡内声压和径向质点的振动速度满足：

$$\overline{p_s} = \sum_{m=0}^{\infty} \overline{A_m} P_m(\cos\theta) j_m(\bar{k}r) = \sum_{m=0}^{\infty} \overline{A_m} P_m(\cos\theta) G_m(\bar{k}r)\cos\varepsilon_m(\bar{k}r) \tag{6.30}$$

$$\overline{v_s} = \frac{\mathrm{j}}{\bar{\rho}_0 \bar{c}_0}\frac{\partial p_0}{\partial(\bar{k}r)} = \frac{\bar{k}}{\mathrm{j}\omega\bar{\rho}_0}\sum_{m=0}^{\infty} \overline{A_m} P_m(\cos\theta) D_m(\bar{k}r)\sin\delta_m(\bar{k}r) \tag{6.31}$$

在球面 $r=a$ 处有边界条件：

$$(p_0 + p_s)\big|_{S_R} = \bar{p}_s\big|_{S_R},\quad (v_0 + v_s)\big|_{S_R} = \overline{v_s}\big|_{S_R} \tag{6.32}$$

将式（6.25）～式（6.31）代入边界条件可得

$$A(2m+1)(-\mathrm{j})^m j_m + B_m G_m \mathrm{e}^{-\mathrm{j}\varepsilon_m} = \overline{A_m}\,\overline{G_m}\cos\overline{\varepsilon_m}$$

$$\frac{A}{\rho_0 c_0}(-\mathrm{j})^{m+1}(2m+1)D_m\sin\delta_m + \frac{1}{\rho_0 c_0}B_m D_m \mathrm{e}^{-\mathrm{j}\delta_m} = \frac{1}{\mathrm{j}\bar{\rho}_0\bar{c}_0}\overline{A_m}\,\overline{D_m}\sin\overline{\delta_m}$$

将以上二式联立，消去 $\overline{A_m}$ 得

$$B_m = A(-\mathrm{j})^{m+1}(2m+1)\times\frac{\overline{D_m}\sin\overline{\delta_m}\,j_m - \dfrac{\bar{\rho}_0\bar{c}_0}{\rho_0 c_0}D_m\sin\delta_m\overline{G_m}\cos\bar{\varepsilon}_m}{\dfrac{\bar{\rho}_0\bar{c}_0}{\rho_0 c_0}D_m\mathrm{e}^{-\mathrm{j}\delta_m}\overline{G_m}\cos\bar{\varepsilon}_m + \mathrm{j}G_m\mathrm{e}^{-\mathrm{j}\varepsilon_m}\overline{D_m}\sin\overline{\delta_m}} \tag{6.33}$$

式中，上方带横杠的物理量为在 $r=a$ 处的球内物理量，而上方无横杠的物理量为在 $r=a$ 处的球外物理量。均匀脉动的小气泡满足 $m=0$ 且 $ka \ll 1$、$\bar{k}a \ll 1$。根据球函数近似式，$D_0(ka) \approx \dfrac{1}{(ka)^2}$、$\delta_0(ka) \approx \dfrac{(ka)^3}{3}$、$G_0(ka) \approx \dfrac{1}{ka}$、$\varepsilon_0(ka) \approx ka - \dfrac{\pi}{2}$、$j_0(ka) \approx 1$、$\mathrm{e}^{-\mathrm{j}\delta_0} \approx 1$ 和 $\mathrm{e}^{-\mathrm{j}\varepsilon_0} \approx \mathrm{j}(1-\mathrm{j}ka)$，则式（6.33）可近似为

$$B_0=-A\mathrm{j}\times\frac{\overline{D_0}\sin\bar{\delta}_0 j_0-\dfrac{\bar{\rho}_0\bar{c}_0}{\rho_0c_0}D_0\sin\delta_0\overline{G_0}\cos\bar{\varepsilon}_0}{\dfrac{\bar{\rho}_0\bar{c}_0}{\rho_0c_0}D_0\mathrm{e}^{-\mathrm{j}\delta_0}\overline{G_0}\cos\bar{\varepsilon}_0+\mathrm{j}G_0\mathrm{e}^{-\mathrm{j}\varepsilon_0}\overline{D_0}\sin\bar{\delta}_0}$$

$$=-A\mathrm{j}\times\frac{\dfrac{1}{(\bar{k}a)^2}\dfrac{(\bar{k}a)^3}{3}-\dfrac{\bar{\rho}_0\bar{c}_0}{\rho_0c_0}\dfrac{1}{(ka)^2}\sin\dfrac{(ka)^3}{3}\dfrac{1}{\bar{k}a}\sin(\bar{k}a)}{\dfrac{\bar{\rho}_0\bar{c}_0}{\rho_0c_0}\dfrac{1}{(ka)^2}\dfrac{1}{\bar{k}a}\sin(\bar{k}a)+\mathrm{j}^2\dfrac{1}{ka}(1-\mathrm{j}ka)\dfrac{1}{(\bar{k}a)^2}\dfrac{(\bar{k}a)^3}{3}}$$

$$\approx-A\mathrm{j}\times\frac{\rho_0c_0\dfrac{(\bar{k}a)}{3}-\bar{\rho}_0\bar{c}_0\dfrac{(ka)}{3}}{\bar{\rho}_0\bar{c}_0\dfrac{1}{(ka)^2}-\left(\dfrac{1}{ka}-\mathrm{j}\right)\rho_0c_0\dfrac{(\bar{k}a)}{3}}$$

简化上式，得

$$B_0=-A\frac{\rho_0c_0(ka)^2\left(1-\dfrac{\bar{\rho}_0\overline{c_0^2}}{\rho_0c_0^2}\right)}{\rho_0c_0\left[(ka)^2+\mathrm{j}\left(ka-\dfrac{3}{ka}\dfrac{\bar{\rho}_0\overline{c_0^2}}{\rho_0c_0^2}\right)\right]}=\frac{-A\rho_0c_0(ka)^2\left(1-\dfrac{\bar{\kappa}}{\kappa}\right)}{Z_0}\tag{6.34}$$

式中，$\kappa=\rho_0c_0^2$、$\bar{\kappa}=\bar{\rho}_0\overline{c_0^2}$ 分别代表各自的体弹性模量；$Z_0=Z_\mathrm{r}+Z_\mathrm{c}$ 为声阻抗，其中 Z_r 为辐射阻抗，Z_c 为容抗，分别满足：

$$Z_\mathrm{r}=\rho_0c_0\left[(ka)^2+\mathrm{j}ka\right],\quad Z_\mathrm{c}=-\mathrm{j}\frac{3\rho_0c_0\dfrac{\bar{\kappa}}{\kappa}}{ka}=\frac{S}{\dfrac{\mathrm{j}\omega V_0}{\bar{\rho}_0\overline{c_0^2}}}=\frac{3\bar{\rho}_0\overline{c_0^2}}{\mathrm{j}\omega a}\tag{6.35}$$

式中，S=4πa^2 为脉动小气泡的面积；$V_0=\dfrac{4}{3}\pi a^3$ 为脉动小气泡的体积。那么，气泡共振频率由 $ka=\dfrac{3}{ka}\dfrac{\bar{\rho}_0\overline{c_0^2}}{\rho_0c_0^2}$ 决定，即

$$f_\mathrm{r}=\frac{c_0}{2\pi a}\sqrt{\frac{3\bar{\rho}_0\overline{c_0^2}}{\rho_0c_0^2}}=\frac{1}{2\pi a}\sqrt{\frac{3\gamma\overline{P_0}}{\rho_0}}\tag{6.36}$$

式中，γ =1.4 为空气绝热压缩系数。这与第 2 章求得的气泡水的共振频率是一致的，从而可以推出由辐射声阻 $R_\mathrm{s}=\rho_0c_0S(ka)^2$、共振质量 $m_\mathrm{s}=4\pi a^3\rho_0$、等效弹性

系数 $D=12\gamma\pi aP_0$ 构成的气泡振动运动方程，其径向振动速度为

$$v=\frac{P_{\rm m}S{\rm e}^{{\rm j}\omega t}}{{\rm j}\left(\omega m_{\rm s}-\omega m_{\rm s}\dfrac{\omega_0^2}{\omega^2}\right)+R_{\rm m}}=\frac{P_{\rm m}S{\rm e}^{{\rm j}\omega t}}{{\rm j}\left(Z_\mu-Z_y\right)+(R_{\rm m}+R_{\rm s})} \tag{6.37}$$

式中，$Z_\mu=\omega m_{\rm s}$ 为惯性抗；$Z_y=\omega m_{\rm s}\dfrac{\omega_0^2}{\omega^2}=\dfrac{1}{\omega C_{\rm m}}=\dfrac{D}{\omega}$ 为弹性抗；$R_{\rm n}=R_{\rm m}+R_{\rm s}$，其中 $R_{\rm m}=\dfrac{\theta}{\pi}m_{\rm s}\omega_0=2\theta m_{\rm s}f_0$ 为热耗阻，$R_{\rm s}=\rho_0c_0S(ka)^2$ 为辐射声阻。因此，单个气泡的散射声功率为

$$W_{\rm s}=\frac{1}{2}v_{\rm m}^2\cdot R_{\rm s}=\frac{1}{2}\frac{P_{\rm m}^2S^2R_{\rm s}}{\left(z_\mu-z_y\right)^2+\left(R_{\rm m}+R_{\rm s}\right)^2} \tag{6.38}$$

等效散射截面为目标散射的声功率 $W_{\rm s}$ 与散射体入射波的声强 I_0 之比，即

$$\sigma_{\rm s}=\frac{W_{\rm s}}{I_0} \tag{6.39}$$

散射截面是描述散射体散射能力的物理量，指的是散射体散射的声功率刚好等于入射波在面积 $\sigma_{\rm s}$ 上的投射功率。如入射平面波的声压振幅为 $P_{\rm m}$，则 $I_0=\dfrac{1}{2}\dfrac{P_{\rm m}^2}{\rho_0c_0}$，那么气泡的等效散射截面为

$$\sigma_{\rm s}=\frac{\rho_0c_0S^2R_{\rm s}}{\left(z_\mu-z_y\right)^2+\left(R_{\rm m}+R_{\rm s}\right)^2} \tag{6.40}$$

当 $\omega=\omega_0$ 时，气泡产生共振，$z_\mu=z_y$，气泡的等效散射截面为

$$\sigma_{\rm s}=\frac{\rho_0c_0S^2R_{\rm s}}{\left(R_{\rm m}+R_{\rm s}\right)^2} \tag{6.41}$$

当不考虑 $R_{\rm m}$ 时，气泡的等效散射截面可近似为

$$\sigma_{\rm s}=\frac{S}{(ka)^2} \tag{6.42}$$

由于气泡满足 $ka\ll1$，因此 $\sigma_{\rm s}$ 远远大于气泡的横截面 πa^2，这说明气泡在共振时将产生强烈的声散射。

设单位体积内含有 n 个半径相同的气泡，并且分布较广，可略去多重散射的影响。那么气泡群的散射功率可以看成 n 个气泡散射功率的迭加，即 $W_{\rm s}'=nW_{\rm s}$，代入式（6.39），可得气泡群的散射截面为

$$\sigma = \frac{nW_s}{I_0} = n\sigma_s \tag{6.43}$$

可见，气泡群的散射是许多单个气泡散射的集合效应。气泡群散射系数 σ 也必然和频率有关。当频率等于气泡共振频率时，气泡群产生共振，其散射达到最强。

6.1.3　不规则形状目标的声散射

从上述悬浮颗粒和气泡散射声场可以看出，对于形状规则的物体，由于其边界条件简单，可以利用分离变量法获得解析解。但对于形状不规则的目标，其边界条件复杂，要通过分离变量法获得解析解较为困难，通常采用亥姆霍兹积分方法来求解不规则形状目标的散射声场。

假设 $\varPsi$、$\varPhi$ 为空间坐标 x、y、z 的连续函数，其满足亥姆霍兹方程：

$$\begin{cases} \nabla^2\varPsi + k^2\varPsi = 0 \\ \nabla^2\varPhi + k^2\varPhi = 0 \end{cases} \tag{6.44}$$

根据散度定理，利用格林第二公式得

$$\begin{aligned} &\iiint_V \left\{\left[\nabla\cdot\left(\varPhi\nabla\varPsi\right) - \nabla\varPhi\cdot\nabla\varPsi\right] - \left[\nabla\cdot\left(\varPsi\nabla\varPhi\right) - \nabla\varPhi\cdot\nabla\varPsi\right]\right\}\mathrm{d}V \\ &= \iiint_V \left(\varPhi\nabla^2\varPsi - \varPsi\nabla^2\varPhi\right)\mathrm{d}V = \iiint_V \left[\nabla\cdot\left(\varPhi\nabla\varPsi\right) - \nabla\cdot\left(\varPsi\nabla\varPhi\right)\right]\mathrm{d}V \\ &= \oiint_S \left(\varPhi\frac{\partial\varPsi}{\partial n} - \varPsi\frac{\partial\varPhi}{\partial n}\right)\mathrm{d}S \end{aligned} \tag{6.45}$$

将式（6.44）代入式（6.45）可得

$$\begin{aligned} &\iiint_V \left(\varPhi\nabla^2\varPsi - \varPsi\nabla^2\varPhi\right)\mathrm{d}V = \iiint_V \left[\varPhi\left(-k^2\varPsi\right) - \varPsi\left(-k^2\varPhi\right)\right]\mathrm{d}V \\ &= \oiint_S \left(\varPhi\frac{\partial\varPsi}{\partial n} - \varPsi\frac{\partial\varPhi}{\partial n}\right)\mathrm{d}S = 0 \end{aligned} \tag{6.46}$$

设由三个面声源构成的封闭面围成体积 V，如图 6.5 所示，其中 S_0 为散射体的表面，S_1 为入射面声源（半径 $R\to\infty$），S_2 为接收面（半径为 r_2 的球面），则

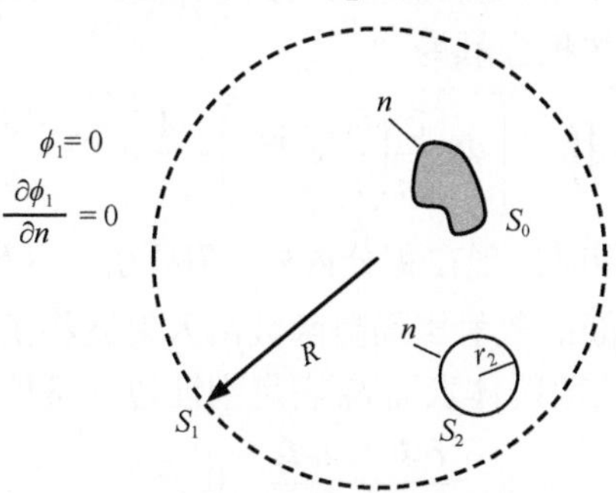

图 6.5　三个面声源构成的封闭面

$S=S_0+S_1+S_2$，故有

$$\oiint_S\left(\Phi\frac{\partial\Psi}{\partial n}-\Psi\frac{\partial\Phi}{\partial n}\right)\mathrm{d}S=\oiint_{S_0}\left(\Phi\frac{\partial\Psi}{\partial n}-\Psi\frac{\partial\Phi}{\partial n}\right)\mathrm{d}S+\oiint_{S_1}\left(\Phi\frac{\partial\Psi}{\partial n}-\Psi\frac{\partial\Phi}{\partial n}\right)\mathrm{d}S+\oiint_{S_2}\left(\Phi\frac{\partial\Psi}{\partial n}-\Psi\frac{\partial\Phi}{\partial n}\right)\mathrm{d}S \tag{6.47}$$

由式（6.46）可得

$$\oiint_{S_0+S_1+S_2}\left(\Phi\frac{\partial\Psi}{\partial n}-\Psi\frac{\partial\Phi}{\partial n}\right)\mathrm{d}S=0 \tag{6.48}$$

对于入射面声源自由边界条件及 $R\to\infty$，S_1 面上的 $\Phi_1=0$，$\dfrac{\partial\Phi_1}{\partial n}=0$，则其面积分为零，可得

$$\oiint_{S_0}\left(\Phi\frac{\partial\Psi}{\partial n}-\Psi\frac{\partial\Phi}{\partial n}\right)\mathrm{d}S+\oiint_{S_2}\left(\Phi\frac{\partial\Psi}{\partial n}-\Psi\frac{\partial\Phi}{\partial n}\right)\mathrm{d}S=0 \tag{6.49}$$

在接收面上有 $\Psi=\dfrac{A}{r_2}\mathrm{e}^{\mathrm{j}(\omega t-kr_2)}$，且 S_2 是半径为 r_2 的球面，其球面满足 $\dfrac{\partial}{\partial n}=\dfrac{\partial}{\partial r_2}$。忽略时间项 $\mathrm{e}^{\mathrm{j}\omega t}$，则第二项积分满足：

$$\oiint_{S_0}\left(\Phi\frac{\partial\Psi}{\partial n}-\Psi\frac{\partial\Phi}{\partial n}\right)\mathrm{d}S=\oiint_{S_2}\left[A\mathrm{e}^{-\mathrm{j}kr_2}\left(\mathrm{j}k\Phi r_2+\Phi+r_2\frac{\partial\Phi}{\partial r_2}\right)\right]\mathrm{d}\Omega \tag{6.50}$$

式中，$\dfrac{\partial\Psi}{\partial n}=\dfrac{\partial\Psi}{\partial r_2}=-A\mathrm{e}^{-\mathrm{j}kr_2}\left(\dfrac{1}{{r_2}^2}+\dfrac{\mathrm{j}k}{r_2}\right)$，$\dfrac{\partial\Phi}{\partial n}=\dfrac{\partial\Phi}{\partial r_2}$，$\mathrm{d}S=r_2^2\mathrm{d}\Omega$。当 $r_2\to 0$ 时，接收面缩小成点，$\mathrm{e}^{-\mathrm{j}kr_2}\to 1$，可得接收点的速度势满足：

$$\oiint_{S_0}\left(\Phi\frac{\partial\Psi}{\partial n}-\Psi\frac{\partial\Phi}{\partial n}\right)\mathrm{d}S=\oiint_{S_2}(A\Phi)\mathrm{d}\Omega=4\pi\Phi_2A \tag{6.51}$$

那么可以建立接收点散射声场的速度势 Φ_2 与散射体表面 S_0 上的速度势 Φ_0 的关系。散射声场的亥姆霍兹积分解为

$$\Phi_2=\frac{1}{4\pi}\oiint_{S_0}\left[\Phi_2\frac{\partial}{\partial n}\left(\frac{1}{r_2}\mathrm{e}^{-\mathrm{j}kr_2}\right)-\frac{1}{r_2}\mathrm{e}^{-\mathrm{j}kr_2}\frac{\partial\Phi_2}{\partial n}\right]\mathrm{d}S \tag{6.52}$$

由于 Φ_2 在式（6.52）中同时出现在积分内外，需要引入其他的约束关系进行简化。可以看出，在散射体表面的散射声场势函数由入射波势函数决定。假设散射体表面质点振动速度为 0，则散射体表面 S_0 满足刚性边界条件，有

$$\frac{\partial\Phi_2}{\partial n}+\frac{\partial\Phi_1}{\partial n}=0 \tag{6.53}$$

此外，散射体表面散射波速度势等于入射波速度势，即 $\Phi_2=\Phi_1$。利用此边界条件，

将被积函数中散射体表面的速度势 $\varPhi_2$ 用入射波已知的速度势来表示，即

$$\left(\varPhi_2\right)_{S_0} = \left(\varPhi_1\right)_{S_0} = \frac{B}{r_1}\mathrm{e}^{-\mathrm{j}kr_1} \tag{6.54}$$

求解刚性边界条件式（6.53），$\left(\dfrac{\partial \varPhi_2}{\partial n}\right)_{S_0}$ 可由 $\left(\dfrac{\partial \varPhi_1}{\partial n}\right)_{S_0}$ 确定。考虑远场条件 $kr_1 \gg 1$，则有

$$\begin{aligned}\left(\frac{\partial \varPhi_1}{\partial n}\right)_{S_0} &= \left(\frac{\partial \varPhi_1}{\partial r_1}\right)_{S_0}\frac{\mathrm{d}r_1}{\mathrm{d}n} = -\left[B\frac{\mathrm{e}^{-\mathrm{j}kr_1}}{r_1}\left(\frac{1}{r_1}+\mathrm{j}k\right)\cos\langle n,r_1\rangle\right]_{S_0}\\ &\approx -\left[\mathrm{j}Bk\frac{\mathrm{e}^{-\mathrm{j}kr_1}}{r_1}\cos\langle n,r_1\rangle\right]_{S_0}\end{aligned} \tag{6.55}$$

同理，由 $kr_2 \gg 1$ 可得

$$\begin{aligned}\left(\frac{\partial}{\partial n}\frac{\mathrm{e}^{-\mathrm{j}kr_2}}{r_2}\right)_{S_0} &= \left(\frac{\partial}{\partial r_2}\frac{\mathrm{e}^{-\mathrm{j}kr_2}}{r_2}\right)_{S_0}\frac{\mathrm{d}r_2}{\mathrm{d}n} = -\left[\frac{\mathrm{e}^{-\mathrm{j}kr_2}}{r_2}\left(\frac{1}{r_2}+\mathrm{j}k\right)\cos\langle n,r_2\rangle\right]_{S_0}\\ &\approx \left[-\mathrm{j}k\frac{\mathrm{e}^{-\mathrm{j}kr_2}}{r_2}\cos\langle n,r_2\rangle\right]_{S_0}\end{aligned} \tag{6.56}$$

代入散射声场积分公式（6.52），可得

$$\varPhi_2\left(r_2\right) = \frac{-\mathrm{j}kB}{4\pi}\oiint_{S_0}\frac{\mathrm{e}^{-\mathrm{j}k\left(r_1+r_2\right)}}{r_1 r_2}\left[\cos\langle n,r_1\rangle + \cos\langle n,r_2\rangle\right]\mathrm{d}S \tag{6.57}$$

如果考虑反向散射（收发合置），即 $r_1 \approx r_2 \approx r$，则有

$$\varPhi_2(r) = \frac{-\mathrm{j}kB}{2\pi}\oiint_{S_0}\frac{\mathrm{e}^{-\mathrm{j}2kr}}{r^2}\cos\langle n,r\rangle\mathrm{d}S \tag{6.58}$$

式（6.57）和式（6.58）为散射声场积分公式。进行亥姆霍兹积分求解需知道物体表面的曲面方程，可以用数值方法进行求解或者应用菲涅尔半波带方法[2]来简化运算。

6.1.4 水生生物的声散射

在海洋深水层中，水生生物（如鱼类、水母等）的声散射起着重要作用。对生物体的声散射进行严格的解析求解是困难的。由于水生生物体形、结构等不同，在许多场合下，需借助实验测量手段进行研究。和气泡群的散射情况相似，在处理水下生物体等目标的散射时，也引入等效散射截面 σ_{s}。对于 n 个水生生物而言，其散射总功率满足：

$$W_{\mathrm{s}} = \sum_{i=1}^{n} W_{\mathrm{s}i} \tag{6.59}$$

如果每个散射体有相同的等效散射截面$\sigma_s = \dfrac{W_{si}}{I_0}$，则生物集群散射体的散射系数为

$$\sigma = \frac{W_s}{I_0} = n\sigma_s \tag{6.60}$$

式中，n为单位体积中水生生物散射体的数目。

深水散射层（DSL）内的声散射由成群的水生生物（鱼类、浮游生物等）产生。由于散射强度很大，深海散射层会被误认为海底，所以有“假海底”之称。深水散射层广泛分布于各大洋中，甚至在浅海区域也有分布，是全球海洋声学和生物学可观测到的普遍现象。深水散射层的重要特点是分层性和夜升昼降的洄游规律，其深度在一昼夜内移动两次：在日出时，深水散射层自海面下潜，位于300～400 m的水层；在日落后，深水散射层自深处上升至海面附近。此外，深水散射层的另一个特点是散射强度和频率有关，即散射层具有共振特征。在散射层外，海水散射强度一般都很小。而在散射层内，散射强度随深度有5 dB/300 m的平均减小率。图6.6为深水散射层的散射频率曲线[3]。可以看出，黑夜生物群上升使共振频率下降，白天生物群下潜使共振频率提高。气泡具有共振散射特性，而且共振频率随着压力的增加而提高，可以推测深海散射层的主要散射体是鱼类的鱼鳔。生物气囊的共振散射会产生较大的混响背景。由于深水散射层散射强烈，分布又广，很早就引起人们的重视。散射层早在第二次世界大战前就由回声测深仪发现。如果遇到强烈的散射层，要探测层下的目标就会变得非常困难。了解深水散射层的特性及其分布规律后，就可以利用这个“假海底”进行水下掩蔽活动。

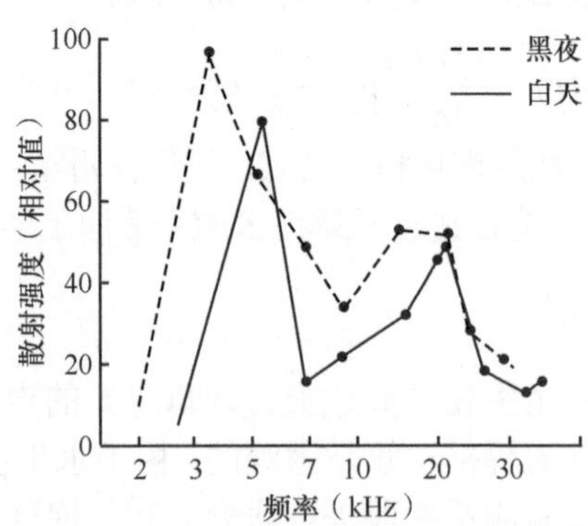

图6.6　深水散射层的散射频率曲线[3]

6.2　目标强度

上一节基于波动理论和亥姆霍兹积分方法研究目标的散射声场。从工程应用的角度来看，目标对声散射强度的影响及其实验测量是需要解决的问题。目标回

波可以是声反射信号、声散射信号，或者二者兼而有之。为了定量描述目标回波信号的强弱，定义目标强度为

$$\mathrm{TS}=10\lg\frac{I_{\mathrm{r}}}{I_{\mathrm{i}}}\bigg|_{r=1} \tag{6.61}$$

式中，I_{i} 为入射声强度；I_{r} 为距离目标声学中心 1 m 处的回声强度。在目标的远场测量后，按一定规律换算到距离目标声学中心 1 m 处。这里目标声学中心是位于目标的外部或内部的一个假想的声源点，假设回声信号由该点发出。对于收发合置的声学系统而言，回波方向与入射波方向相反，也称背向散射或反向散射。

6.2.1　简单形状物体的目标强度

本小节讨论刚性不动球体的目标强度并说明其物理意义。假设刚性不动球体的半径为 a。球体尺寸较大，满足 $ka\gg 1$，使得反射声线满足反射定律。球体刚性使得声能不会透入球体内部，也没有能量损耗。

如图 6.7 所示，平面波 I_{i} 入射到球体，其入射声功率为

$$E_{\mathrm{i}}=I_{\mathrm{i}}\pi a^2 \tag{6.62}$$

入射声波被刚性球体散射。假设在球体的远场距离 r 处，其散射声能均匀分布在面积为 $4\pi r^2$ 的球面上，其散射声功率满足：

$$E_{\mathrm{r}}=4\pi r^2 I_{\mathrm{r}} \tag{6.63}$$

由于入射声功率与散射声功率相同，即 E_{i}=E_{r}，当 r=1 m 时，根据式（6.61），可以得到刚性不动球体的目标强度为

$$\mathrm{TS}=10\lg\frac{a^2}{4r^2}\bigg|_{r=1}=10\lg\frac{a^2}{4} \tag{6.64}$$

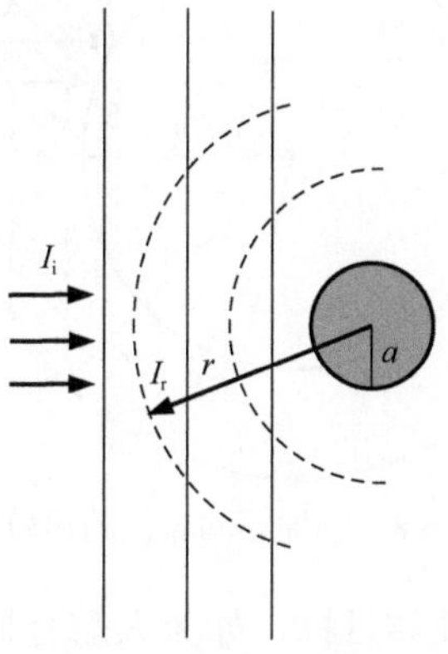

图 6.7　球体目标散射

对于 a=1 m 的刚性不动球体，其目标强度 TS=−6 dB，而对于 a=2 m 的刚性不动球体，其目标强度提高至 0 dB。可见，增大目标球体半径可以提高其目标强度。

以上分析是从平均能量的角度得到刚性不动球体的目标强度公式（6.64）。实际上刚性不动球体的目标强度也可以从面积微元的角度进行分析。如图 6.8 所示，设声线管以角度 θ_i 到 $\theta_i + d\theta_i$，声强为 I_i 入射到球面上，则其入射声功率为

$$dW_i = I_i \cos\theta_i ds \tag{6.65}$$

当 $d\theta_i$ 充分小时，ds 近似为圆柱面，其面积为

$$ds = 2\pi a \sin\theta_i \cdot a d\theta_i \tag{6.66}$$

声波被刚性不动球体反射后，其声线管以角度 $2\theta_i$ 到 $2\theta_i + 2d\theta_i$，声强为 I_r 出射，则其在 r 处的散射声功率为

$$dW_r = I_r \cdot 2\pi r \sin(2\theta_i) \cdot r d(2\theta_i) \tag{6.67}$$

由于入射声功率 dW_i 等于散射声功率 dW_r，则有

$$\frac{I_r}{I_i} = \frac{a^2}{4r^2} \tag{6.68}$$

从而求得刚性不动球体的目标强度。显然，刚性不动球体的散射波声强正比于入射波声强和球半径的平方，但反比于距离的平方。这与上一节硬颗粒球体声散射理论得到的结论一致，说明声散射是产生目标强度的物理机制。需要说明的是，一般水下目标是弹性物体而不是刚性物体。在入射声波的激励下，弹性目标的某些固有振动模式被激发，向周围介质辐射声波，它是目标回声的组成部分。这种再辐射波或非镜反射回波不遵循上述分析的反射定律，需要利用声散射理论进行分析。

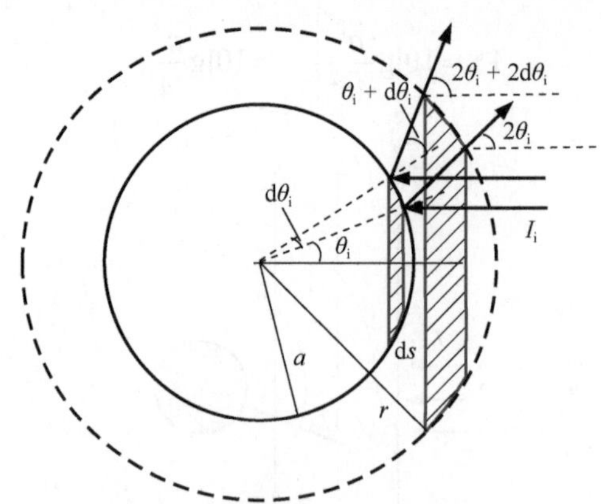

图 6.8 刚性不动球体的声散射

对于带平头或圆头的圆柱体目标，如无人航行器、鱼雷和水雷等，其目标强度的特点是正横方向或头部的目标强度较大，而尾部和目标体上小的不规则部分的目标强度较小。长度为 L、半径为 a 的圆柱形物体散射强度[2]为

$$\mathrm{TS}=10\lg\left[\frac{aL^2}{2\lambda}\left(\frac{\sin\beta}{\beta}\right)^2\cos^2\theta\right] \tag{6.69}$$

式中，λ 为波长；$\beta=\dfrac{2\pi\sin\theta}{\lambda}$；$\theta$ 为入射角与法线的夹角。若入射频率为 50 kHz，对于端部半径 a=1 m、长度 L=10 m 的圆柱，其正横方向的目标强度 $\mathrm{TS}=10\lg(aL^2/2\lambda)=32$ dB，端部方向的目标强度 TS=10 lg(a^2/4)=−6 dB。可见，其正横方向的目标强度比端部方向大很多。

鱼的目标强度是探鱼声呐的重要参数。Cushing 等[4]以鱼为测量对象，并在有些鱼体上安装薄膜塑料人工鱼鳔，应用频率为 30 kHz 的声波束垂直探测鱼。测得的鱼的目标强度与体长的关系曲线如图 6.9 所示。可以看出，鱼的目标强度与体长的对数值具有良好的线性关系。由于海洋和淡水中鱼类种类众多，为了量化和比较不同鱼的目标强度与体长的关系，可以建立 TS-体长回归公式：

$$\mathrm{TS}=m\lg L+b \tag{6.70}$$

式中，L 为目标鱼的体长（cm）；m、b 为回归参数。其中，m 一般为 18～30。

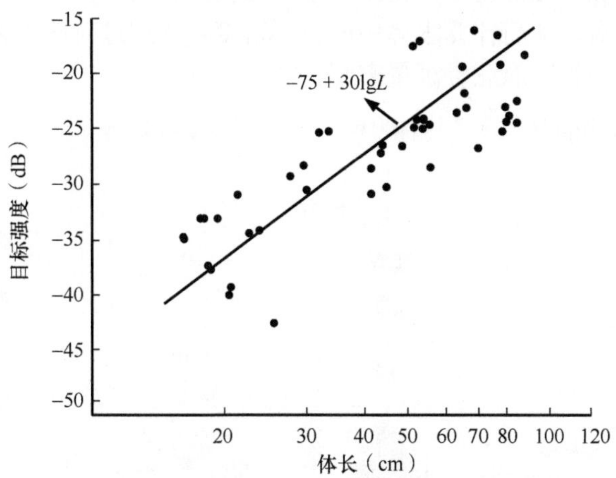

图 6.9　鱼的目标强度与体长的关系曲线[4]

进一步，对于鱼群而言，如果鱼群由 N 条相距较远的鱼组成，可以得到鱼群的目标强度为

$$\mathrm{TS}=10\lg\left.\frac{I_\mathrm{r}'}{I_\mathrm{i}}\right|_{r=1}=10\lg\left.\frac{NI_\mathrm{r}}{I_\mathrm{i}}\right|_{r=1}=\mathrm{TS}_0+10\lg N \tag{6.71}$$

式中，TS_0 为单条鱼的目标强度。式（6.71）与鱼群声散射的散射系数计算公式非常相似。这里忽略了鱼群的多重散射，并且假设每条鱼的目标强度相同。若测出 TS 和 TS_0，可以通过式（6.71）估算鱼群的生物量，即数量。

6.2.2 渔业资源声学评估调查方法

在渔业资源的声学调查中，鱼类目标强度是将声学回波强度转化为资源量的关键参数。对鱼类目标强度的测量将直接影响渔业资源量评估的准确性。目标强度表征入射能量占目标的后向散射能量比例的对数量纲。为了更好地理解渔业资源调查中目标强度的本质，引入渔业资源声学调查中经常使用的后向散射截面 σ_{bs}（单位为 m^2）作为参照。目标强度 TS 和 σ_{bs} 的关系为[5]

$$\sigma_{bs} = 10^{TS/10} \tag{6.72}$$

长期的数据积累表明，常见鱼类的目标强度为–60～–20 dB，其等价转换的 σ_{bs} 变化范围为 0.000 001～0.01 m^2，跨越 4 个量级。σ_{bs} 作为一个物理变量，可以理解为目标鱼因入射声波而产生的等效散射面积。值得注意的是，σ_{bs} 无法通过直接测量来获取，而是需要通过目标强度的测量进行转化。

在渔业资源调查过程中，测量声学背向散射强度可以进行鱼群垂直分布和资源量调查。基于声学技术的渔业资源量评估调查方法主要包括回波计数法和回波积分法，如图 6.10 所示。回波计数法通常针对鱼类密度较低且鱼类个体在不同水层分散分布的情况。在调查中，使用科学鱼探仪进行走航调查，获得不同水层的鱼群回波信号个数，从而计算水体中的鱼群密度，再通过对应水体体积的比例换算，进一步得到调查区渔业资源量密度。

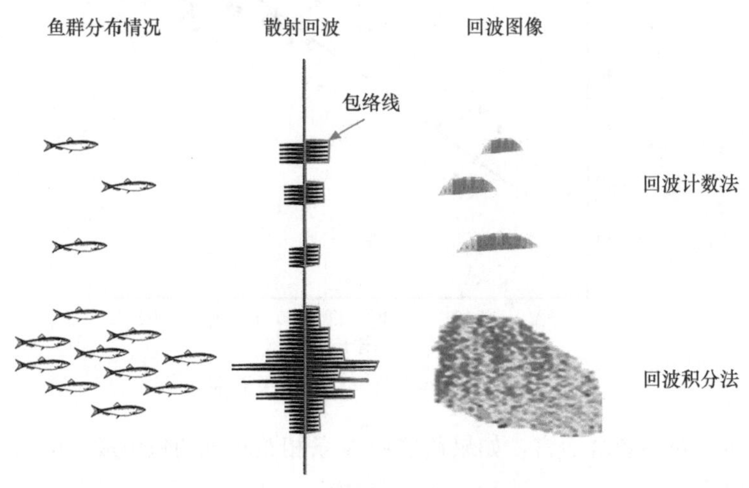

图 6.10 鱼群资源量声学调查

回波积分法主要针对鱼群较为密集且鱼类个体在水层中的分布较为集中的情况。当在声学采样体积中有许多目标鱼时，鱼群声学散射回波组成了一个新的回波信号。回波积分法通过对鱼群的平均回波信号能量进行积分计算，获得单位体积内鱼群的声学后向散射强度，进一步换算成调查水域渔业资源量密度。为了方便理解，使用回波积分法进行渔业资源的声学评估，这里引入新的声学参数，即体积后向散射系数（S_v），单位为 m^{-1}，其定义为

$$S_v = \sum \sigma_{bs} / V \tag{6.73}$$

式中，$\sum \sigma_{bs}$ 是对相应声学采样体积 V 内所有目标鱼的回波信号进行求和。

此外，面积后向散射系数（S_a）是在声学采样体积中不同深度水层之间的鱼群声学散射能量的返回值，它可以定义为 S_v 对应的声学采样体积水层关于深度差 r 的积分：

$$S_a = \int S_v \mathrm{d}r \tag{6.74}$$

进一步，结合渔业资源声学调查的设计航线，可以获得不同调查位置点的声学采样体积对应的平均渔业资源量密度：

$$\rho = \frac{S_a}{\sigma_{bs}} \tag{6.75}$$

因为声学调查时间久、航线长，科学鱼探仪获得的数据往往被表示为同一位置不同深度水层的 S_a 值，这将提高分析渔业资源声学数据的效率。

6.2.3　目标强度的实验测量

工程应用需对各类水下目标的目标强度进行测量。如图 6.11 所示，指向性脉冲声源 A 向待测目标辐射声波。目标应位于声源 A 辐射声场的远场。接收水听器 B 位于目标散射声场的远场，接收目标回波，再将其回声强度归算到距离目标声学中心 1 m 处。根据目标强度的定义式（6.61），测量目标处的入射声强度 I_i 和距离目标声学中心 1 m 处的回声强度 I_r，就可以确定被测目标的目标强度。

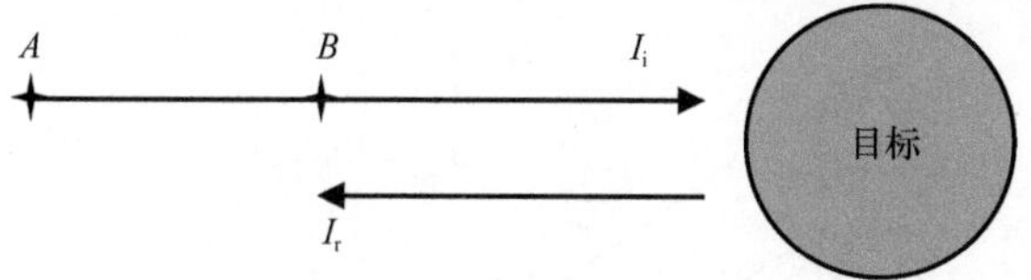

图 6.11　目标强度测量示意图

下面介绍一种简单的目标强度测量的实验方法，即比较法。比较法是比较实用的方法，其原理是将已知目标强度的目标作为参考目标，在相同的测量条件下分别测量参考目标和待测目标的回声级，以此来推算待测目标的目标强度 TS，如图 6.12 所示。

假设参考目标的目标强度为 TS_0，则待测目标的目标强度为

$$\mathrm{TS} = 10\lg \frac{I_r}{I_0} + \mathrm{TS}_0 \tag{6.76}$$

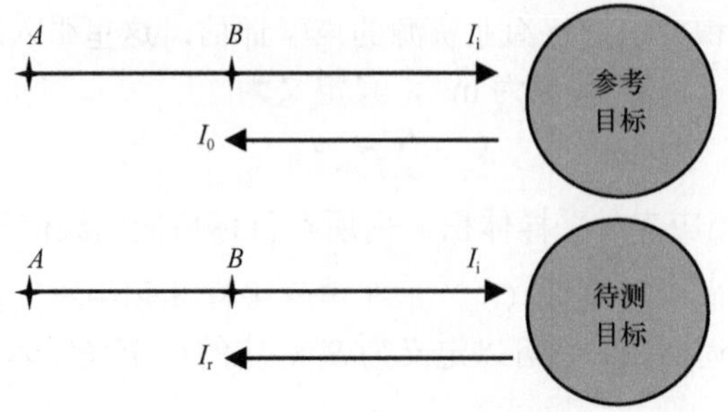

图 6.12　比较法测量目标强度

式中，I_0为参考目标的回声强度；I_r为在相同测量条件下待测目标的回声强度。可见，比较法操作和计算简单，但需要一个目标强度已知的参考目标。对于大目标（如潜艇），很难保证两次测量是在相同条件下进行，这使比较法在应用上受到一定限制。有关目标强度的其他测量方法如直接法、应答器法等可参考有关文献[3]。

对于尺寸较小的目标，目标强度可以在实验室水池中进行测量。应注意以下事项以保证实验测量结果的可靠性。

首先，声源与目标之间的距离、目标与水听器之间的距离都应满足远场条件。如图 6.13 所示，近距离处目标强度测量值有可能小于远距离处目标强度测量值。为了得到稳定可靠的测量结果，测量应在远场进行，即测量距离 $r \gg r_0 = L^2/\lambda$。如果测量在远场（$r > r_0$）进行，回声强度随距离的衰减满足球面波规律，即 $1/r^2$，

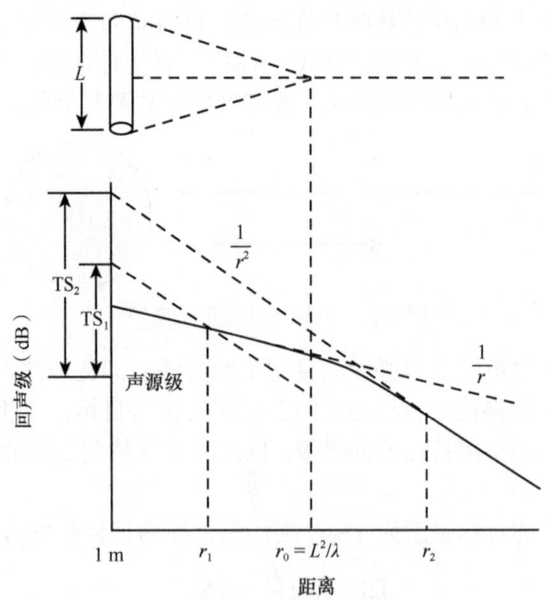

图 6.13　目标强度远场和近场测量的比较图

那么按照球面波规律归算到距离目标声学中心 1 m 处，可以确定待测目标的目标强度 TS_2。然而，如果测量在近场（$r<r_0$）进行，回声强度随距离的衰减满足柱面波规律，即 $1/r$，那么按照球面波规律归算到距离目标声学中心 1 m 处，估算待测目标的目标强度为 TS_1。显然，远场测得的目标强度大于近场的测量值，即 $TS_2>TS_1$。

其次，测量应满足自由场条件。而消声水池就可以满足自由场条件。若实验测量水池（非消声水池）存在壁面、池底和水面的反射，不正确处理会对测量结果产生较大影响。需根据水池的尺寸，合理选择脉冲宽度，调整声源、目标和水听器三者的位置，使界面反射信号和目标回波信号在接收时间上可以分离。接收端应选用先到达的回声信号，从而保证测量的正确性。

最后，需合理选择发射信号脉冲宽度。自由场要求窄脉冲，以保证声波自由场条件，但若脉冲宽度过窄，其脉冲信号就不能覆盖目标的全部，仅部分表面对回声有贡献。如图 6.14 所示，设入射波脉冲宽度为 τ，若物体表面上 A 点和 B 点所产生的回声在脉冲宽度 τ 内被接收端同时接收到，则 B 应为脉冲前沿，而 A 应为脉冲后沿，且有 $BD = AB\sin\theta = c\tau/2$，则 A 点和 B 点的空间差异可以用时间先后来补偿。随着脉冲宽度的增加，对回声有贡献的目标表面积相应增大。这表明当脉冲宽度由短逐渐变长时，目标强度也由小逐渐变大，直到脉冲宽度变为 $\tau = 2L\sin\theta/c$ 后，整个目标被覆盖，则其目标强度就不再随脉冲长度而变化，即为待测目标的目标强度。可见，脉冲宽度必须足够宽，以实现稳态测量，但又不能太宽以满足自由场条件。因此，水池实验需要合理选用脉冲宽度，兼顾两方面的要求。

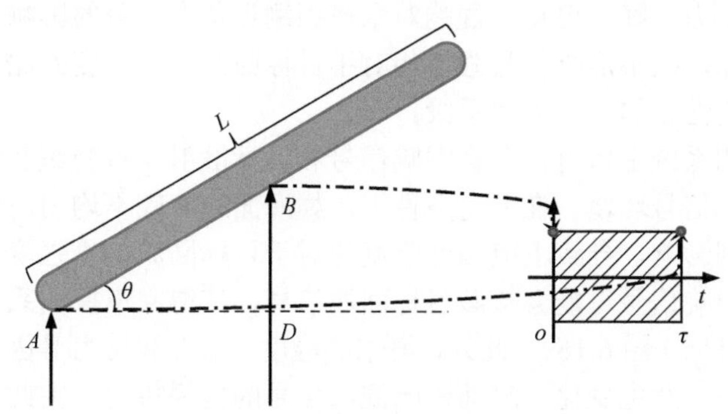

图 6.14　脉冲宽度对目标强度的影响

6.3　海洋中的混响

上一节讨论了水中目标对声波的散射作用。声传播过程中，必然还会受到不均匀海水介质、海面和海底等的散射和反射作用，如图 6.15 所示。因此，收发合置的声学系统在发射一定脉冲宽度的声波后，海洋中大量不规则散射体会产生声散射，使接收点的回波信号迭加了随时间衰减的颤动声响，这种现象称为海水中的混响。混响信号与发射信号特性及传播声道特性密切相关。

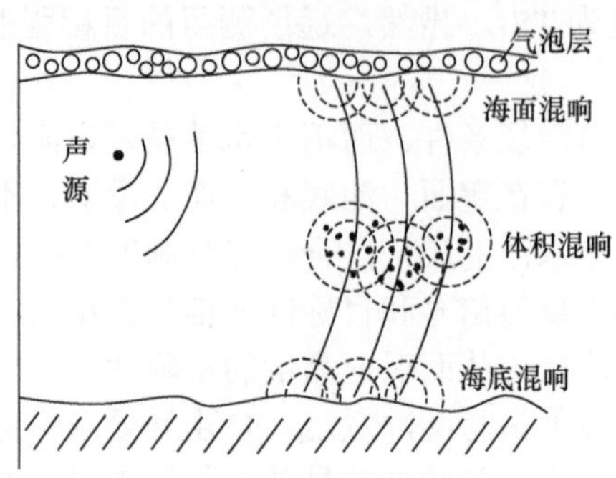

图 6.15　海洋中的混响

根据混响产生的原因，可分为三种类型的混响。

（1）体积混响：散射体为海水本身或存在于海水中，如海水中的颗粒物质、海洋生物以及海水的各种不均匀要素对声波散射而形成的混响。

（2）海面混响：起伏的海面、海面附近的气泡层等具有一定厚度的散射层对声波散射而形成的混响。

（3）海底混响：粗糙海底对声波散射而形成的混响。

在回声探测系统工作时，各类混响信号和目标散射信号都会被接收到。在某些条件下（如海面、海底等），混响信号会掩蔽目标回波信号，从而使回声探测系统的目标探测能力下降。可见，混响对水声探测设备有显著的影响。因此，对混响规律进行研究，减小混响信号强度相对于目标回波信号强度的比值，就成为提高回声探测系统性能的一个重要手段。

在回声探测系统工作时，各类混响信号和目标散射信号交织在一起，构成了复杂多变的水声信号环境。在特定条件下，如海面或海底不均匀，混响信号的强度和分布会受到影响，导致混响信号强度相对于目标回波信号强度的比值增大。这种情况下，混响信号可能会掩蔽目标回波信号，使得回声探测系统难以准确识别和定位水下目标（图 6.16）。此外，海水的温度、盐度和压力等因素也会导致声波传播速度和方向发生变化，进而影响混响信号的传播特性。因此，深入研究混响规律，有效提升信号-混响比，已成为提高回声探测系统性能的关键策略。在回声探测系统中混响抑制的方法包括窄波束设计，使其集中声能，定向发射声波并减少非目标信号接收；同时，采用信号处理技术如时空滤波处理、深度学习等对混响信号进行精确分离和识别。这些方法提高了回声探测系统在复杂水下环境中对目标回波信号检出和识别的准确性，确保了水声探测的高效性和可靠性。

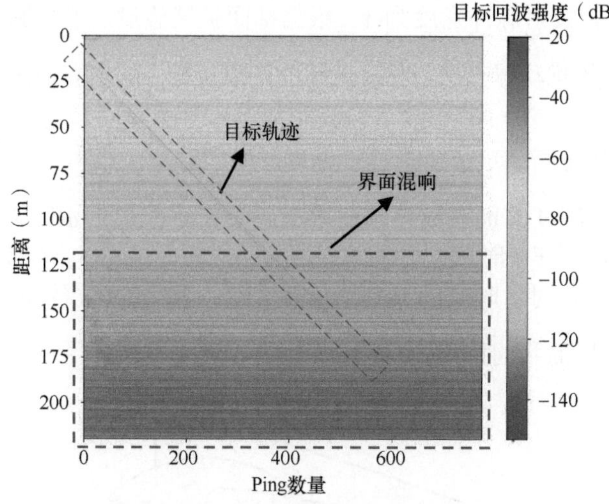

图 6.16　混响对回声探测的影响

Ping：声脉冲数量

一般来说，混响的平均强度与发射声功率、发射器的指向性系数、接收器的指向性系数、发射脉冲宽度和介质（海水、海面和海底）散射系数有关。由于问题的复杂性，我们作如下假定：

（1）直线传播，声传播损失按球面衰减考虑。

（2）散射体数量极多，散射体积微元和面积微元有大量散射体，散射体分布是随机均匀的，且单位散射体贡献相同。

（3）二次以上的多重散射忽略不计。

（4）声脉冲时间足够短，忽略面积微元和体积微元尺度内的传播效应。散射体积微元的散射强度 dI 与微元体积 dv、散射系数 α 以及入射声强 I_i 成比例。

下面从以上假定出发，对体积混响、海面混响和海底混响分别进行讨论，分析其混响衰减规律。

6.3.1　体积混响

海水不均匀性散射会引起体积混响，这时可以略去海面、海底的影响。海洋中所有散射体到声源和接收器的距离不同，入射声波到达散射体的时刻有先后，导致各散射体的散射波不会都在同一时刻到达接收器。然而，接收器在某时刻接收到的混响干扰是该时刻所有到达的散射波总和。那么空间上这一时刻接收的回波到达的位置与接收器距离的远近应该由声脉冲时间上的先后来补偿，即距离远需对应声脉冲的前沿时刻，而距离近需对应声脉冲的后沿时刻，这样才能保证二者同时被接收器所接收。

首先考虑对体积混响有贡献的区域。如图 6.17 所示，考虑收发合置的情况，

发射器位于 o 点，发射脉冲宽度为 τ。根据球面扩展假设，该声脉冲在海水中形成一个厚度为 $\frac{c\tau}{2}$ 的扰动球壳层。发射声脉冲结束后的 $\frac{t}{2}$ 时刻，该扰动球的内外半径分别为 $r_1=\frac{ct}{2}$ 和 $r_0=\frac{ct}{2}+\frac{c\tau}{2}$。显然，要使声脉冲在同一时刻回传到 o 点的接收器，球壳半径为 r_1 的 A 点需对应声脉冲后沿，而球壳半径为 r_0 的 B 点需对应声脉冲前沿，那么它们可在 t 时刻同时到达接收点 o。位于 r_0 和 r_1 之间的散射体，都会在该脉冲宽度 τ 内对 t 时刻的混响总量有贡献。因此，体积混响取决于厚度等于 $\frac{c\tau}{2}$ 的这一散射层的共同作用。

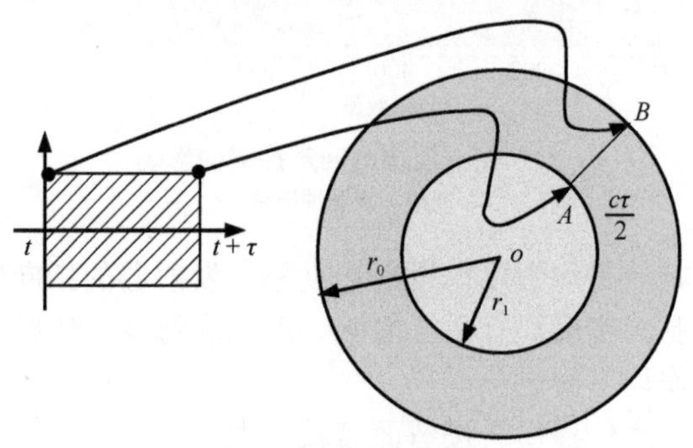

图 6.17　体积混响散射层

如图 6.18 所示，如果考虑声波在海水中的衰减，发射器的指向性系数为 $R_1(\theta,\varphi)$，其中，θ 为极角，φ 为方位角，则入射声强为

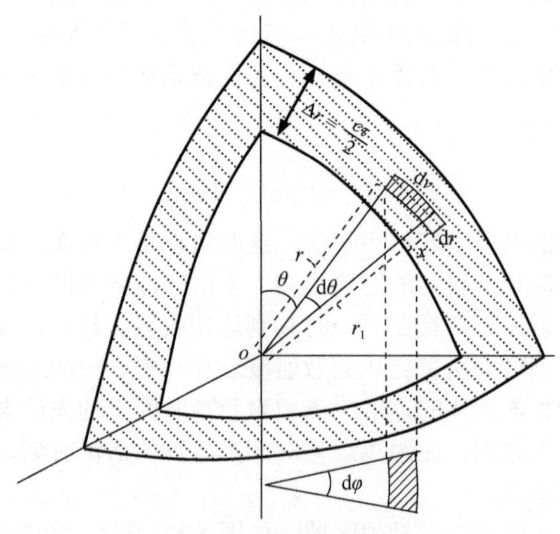

图 6.18　体积散射微元

$$I_{\mathrm{i}} = I_{\mathrm{io}} R_1^2 = \frac{W_{\mathrm{a}} \gamma_1 R_1^2}{4\pi r^2} \mathrm{e}^{-2\beta' r} \tag{6.77}$$

式中，W_{a} 为发射器的发射声功率；$\gamma_1 = \dfrac{4\pi}{\int_0^{2\pi}\int_0^{\pi} R_1^2 \sin\theta \mathrm{d}\theta \mathrm{d}\varphi}$ 为发射器的集中系数；$I_{\mathrm{io}} = \dfrac{W_{\mathrm{a}}\gamma_1}{4\pi r^2}\mathrm{e}^{-2\beta' r}$ 为距离发射器 r 处的轴向入射声强；β' 为衰减系数。

进一步，考虑发射声脉冲 o 点（也是接收点）的体积混响平均强度。在入射声强 I_{i} 的作用下，散射层将产生散射声压。首先取出散射层的一散射体积微元 $\mathrm{d}v$，由它产生的散射功率 $\mathrm{d}W_{\mathrm{v}}$ 应为

$$\mathrm{d}W_{\mathrm{v}} = \alpha_{\mathrm{v}} I_{\mathrm{i}} \mathrm{d}v \tag{6.78}$$

式中，α_{v} 为描述 $\mathrm{d}v$ 散射能力的体散射系数，即

$$\alpha_{\mathrm{v}} = \frac{\mathrm{d}W_{\mathrm{v}}}{I_{\mathrm{i}} \mathrm{d}v} \tag{6.79}$$

因此，α_{v} 表示体积微元 $\mathrm{d}v$ 的散射声功率与投射在该体积微元上的入射声功率之比。散射体积微元 $\mathrm{d}v$ 又作为次级声源以球面波的方式向周围介质辐射声波。

在 o 点的接收器（与发射器同处），考虑接收器的指向性系数 $R_2(\theta,\varphi)$，将式（6.77）代入下述推导过程，可得散射体积微元 $\mathrm{d}v$ 在距离 r 处（接收点处）的散射声强为

$$\mathrm{d}I_{\mathrm{v}} = \frac{\mathrm{d}W_{\mathrm{v}} R_2^2}{4\pi r^2}\mathrm{e}^{-2\beta' r} = \frac{\alpha_{\mathrm{v}} I_{\mathrm{i}} R_2^2 \mathrm{d}v}{4\pi r^2}\mathrm{e}^{-2\beta' r} = \frac{W_{\mathrm{a}}\gamma_1 R_1^2 R_2^2 \alpha_{\mathrm{v}}}{4\pi r^2 \cdot 4\pi r^2}\mathrm{e}^{-4\beta' r}\mathrm{d}v \tag{6.80}$$

如图 6.18 所示，球坐标系下体积微元满足 $\mathrm{d}v = r^2 \sin\theta \mathrm{d}\theta \mathrm{d}\varphi \mathrm{d}r$。因此，厚度 $\Delta r = \dfrac{c\tau}{2}$ 的体积散射体球壳产生的散射声强为

$$\begin{aligned}\overline{I}_{\mathrm{v}} &= \frac{W_{\mathrm{a}}\alpha_{\mathrm{v}}\gamma_1}{(4\pi)^2}\int_0^{2\pi}\int_0^{\pi} R_1^2 R_2^2 \sin\theta \mathrm{d}\theta \mathrm{d}\varphi \int_{r_1}^{r_1+\Delta r}\frac{\mathrm{e}^{-4\beta' r}}{r^2}\mathrm{d}r \\ &= \frac{W_{\mathrm{a}}\alpha_{\mathrm{v}}\gamma_1}{4\pi\gamma_{12}}\int_{r_1}^{r_1+\Delta r}\frac{\mathrm{e}^{-4\beta' r}}{r^2}\mathrm{d}r = \frac{W_{\mathrm{a}}\alpha_{\mathrm{v}}\eta_{\mathrm{v}}}{4\pi}\int_{r_1}^{r_1+\Delta r}\frac{\mathrm{e}^{-4\beta' r}}{r^2}\mathrm{d}r\end{aligned} \tag{6.81}$$

式中，$\gamma_{12} = \dfrac{4\pi}{\int_0^{2\pi}\int_0^{\pi} R_1^2 R_2^2 \sin\theta \mathrm{d}\theta \mathrm{d}\varphi}$ 表示等效发射-接收换能器轴向集中系数；$\eta_{\mathrm{v}} = \dfrac{\gamma_1}{\gamma_{12}} = \dfrac{\int_0^{2\pi}\int_0^{\pi} R_1^2 R_2^2 \sin\theta \mathrm{d}\theta \mathrm{d}\varphi}{\int_0^{2\pi}\int_0^{\pi} R_1^2 \sin\theta \mathrm{d}\theta \mathrm{d}\varphi}$ 为发射-接收换能器组合的方向性函数。类似发射器的

集中系数 γ_1，可以定义 $\gamma_2=\dfrac{4\pi}{\int_0^{2\pi}\int_0^{\pi}R_2^2\sin\theta\mathrm{d}\theta\mathrm{d}\varphi}$ 为接收器的集中系数。假定 $\dfrac{\Delta r}{r}=\dfrac{\tau}{t}\ll 1$，引用变量 x，使 $x=r-r_1$，即 x 是体积微元 $\mathrm{d}v$ 与球面层的内表层间的法线距离，则有

$$\int_{r_1}^{r_1+\Delta r}\frac{\mathrm{e}^{-4\beta' r}}{r^2}\mathrm{d}r\approx\int_0^{\Delta r}\frac{\mathrm{e}^{-4\beta'(r_1+x)}}{r_1^2\left(1+\dfrac{x}{r_1}\right)^2}\mathrm{d}x=\frac{\mathrm{e}^{-4\beta' r_1}}{r_1^2}\int_0^{\Delta r}\frac{\mathrm{e}^{-4\beta' x}}{\left(1+\dfrac{x}{r_1}\right)^2}\mathrm{d}x \tag{6.82}$$

又 $\dfrac{\Delta r}{r_1}\ll 1$，故 $\dfrac{x}{r_1}\ll 1$，则有

$$\begin{aligned}\frac{\mathrm{e}^{-4\beta' r_1}}{r_1^2}\int_0^{\Delta r}\frac{\mathrm{e}^{-4\beta' x}}{\left(1+\dfrac{x}{r_1}\right)^2}\mathrm{d}x&\approx\frac{\mathrm{e}^{-4\beta' r_1}}{r_1^2}\int_0^{\Delta r}\mathrm{e}^{-4\beta' x}\mathrm{d}x=\frac{\mathrm{e}^{-4\beta' r_1}}{r_1^2}\frac{\left(1-\mathrm{e}^{-4\beta'\Delta r}\right)}{4\beta'}\\&=\frac{\mathrm{e}^{-4\beta' r_1}}{r_1^2}\frac{\left(1-\mathrm{e}^{-2\beta' c\tau}\right)}{4\beta'}\end{aligned} \tag{6.83}$$

如果脉冲宽度满足薄层近似 $2\beta' c\tau\leqslant 0.1$，则 $\left(1-\mathrm{e}^{-2\beta' c\tau}\right)\approx 2\beta' c\tau$，可得

$$\int_{r_1}^{r_1+\Delta r}\frac{\mathrm{e}^{-4\beta' r}}{r^2}\mathrm{d}r\approx\frac{c\tau\mathrm{e}^{-4\beta' r_1}}{2r_1^2} \tag{6.84}$$

或者也可以利用积分中值定理得到 $\int_{r_1}^{r_1+\Delta r}\dfrac{\mathrm{e}^{-4\beta' r}}{r^2}\mathrm{d}r\approx\dfrac{\mathrm{e}^{-4\beta' r_1}}{r_1^2}\Delta r\approx\dfrac{c\tau\mathrm{e}^{-4\beta' r_1}}{2r_1^2}$。因此，将式（6.84）代入式（6.81），在接收点处，体积散射体球壳产生的散射声强为

$$\begin{aligned}\overline{I}_{\mathrm{v}}&=\frac{W_{\mathrm{a}}\alpha_{\mathrm{v}}\gamma_1 c\tau}{2\left(4\pi r_1\right)^2}\mathrm{e}^{-4\beta' r_1}\int_0^{2\pi}\int_0^{\pi}R_1^2R_2^2\sin\theta\mathrm{d}\theta\mathrm{d}\varphi\\&=\frac{W_{\mathrm{a}}\gamma_1}{4\pi}\cdot\frac{\alpha_{\mathrm{v}}}{4\pi}\cdot\frac{1}{r_1^4}\mathrm{e}^{-4\beta' r_1}\cdot\left(r_1^2\cdot\frac{c\tau}{2}\right)\int_0^{2\pi}\int_0^{\pi}R_1^2R_2^2\sin\theta\mathrm{d}\theta\mathrm{d}\varphi\end{aligned} \tag{6.85}$$

此外，定义混响级 RL 为散射声强 $\overline{I}_{\mathrm{v}}$ 与参考声强 I_0 的分贝比值，即

$$\mathrm{RL}=10\lg\frac{\overline{I}_{\mathrm{v}}}{I_0}=10\lg\left[\frac{W_{\mathrm{a}}\gamma_1}{4\pi I_0}\cdot\frac{\alpha_{\mathrm{v}}}{4\pi}\cdot\frac{1}{r_1^4}\mathrm{e}^{-4\beta' r_1}\cdot\left(r_1^2\cdot\frac{c\tau}{2}\right)\int_0^{2\pi}\int_0^{\pi}R_1^2R_2^2\sin\theta\mathrm{d}\theta\mathrm{d}\varphi\right] \tag{6.86}$$

式中，积分部分不易求得，工程上定义其为发射-接收换能器的等效组合束宽 $\psi=\int_0^{2\pi}\int_0^{\pi}R_1^2R_2^2\sin\theta\mathrm{d}\theta\mathrm{d}\varphi$。可以看出，散射声强 $\overline{I}_{\mathrm{v}}$ 与发射声功率 W_{a}、发射信号的脉冲宽度 τ、发射-接收换能器的等效组合束宽 ψ、体散射系数 α_{v} 等成正比，与距

离的平方 r_1^2 成反比，即随时间呈二次方衰减。为了减小散射声强，应适当减小发射声功率和脉冲宽度。

表 6.1 给出了简单几何形状换能器的等效组合束宽[6]。在该束宽内，相对响应为 1；在该束宽外，相对响应为 0。故式（6.86）可表示为

$$\mathrm{RL} = 10\lg\left[\frac{W_{\mathrm{a}}\gamma_1}{4\pi I_0}\cdot\frac{\alpha_{\mathrm{v}}}{4\pi}\cdot\frac{1}{r_1^4}\mathrm{e}^{-4\beta' r_1}\cdot\left(r_1^2\cdot\frac{c\tau}{2}\right)\psi\right] \tag{6.87}$$

式中，$\mathrm{SL} = 10\lg\dfrac{W_{\mathrm{a}}\gamma_1}{4\pi I_0}$ 为发射轴向声源级；$S_{\mathrm{v}} = 10\lg\dfrac{\alpha_{\mathrm{v}}}{4\pi}$ 为体积散射强度；$V = \left(r_1^2\cdot\dfrac{c\tau}{2}\right)\int_0^{2\pi}\int_0^{\pi}R_1^2R_2^2\sin\theta\mathrm{d}\theta\mathrm{d}\varphi = \left(r_1^2\cdot\dfrac{c\tau}{2}\right)\psi$ 为理想组合指向性条件下的等效混响体积。那么，式（6.87）可表示为

$$\mathrm{RL} = \mathrm{SL} + S_{\mathrm{v}} - 40\lg r_1 - 40\beta' r_1\lg\mathrm{e} + 10\lg V \tag{6.88}$$

如果发射、接收均无指向性，则 $R_1^2 = R_2^2 = 1$，式（6.88）中等效混响体积 $V = \left(r_1^2\cdot\dfrac{c\tau}{2}\right)\psi = 2\pi r_1^2 c\tau$。由式（6.88）可知，体积混响级 RL 与声源级 SL、体积散射强度 S_{v}、发射脉冲宽度 τ、发射-接收换能器的等效组合束宽 ψ 等成正比。此外，体积混响强度与距离的二次方成反比，即随时间呈二次方衰减。

表 6.1　等效组合束宽[6]

阵	$10\lg\psi$（三维）相当于 1 立体弧度的分贝值	$10\lg\phi$（二维）相当于 1 弧度的分贝值
积分式	$10\lg\int_0^{2\pi}\int_0^{\pi}R_1^2R_2^2\sin\theta\mathrm{d}\varphi\mathrm{d}\theta$	$10\lg\int_0^{2\pi}R_1^2R_2^2\mathrm{d}\varphi$
置于无限障板中的圆平面阵，半径 $a>2\lambda$	$20\lg\dfrac{\lambda}{2\pi a}+7.7$ 或 $20\lg y-31.6$	$10\lg\dfrac{\lambda}{2\pi a}+6.9$ 或 $10\lg y-12.8$
置于无限障板中的矩形平面阵，a 水平，b 垂直，$a\gg\lambda$，$b\gg\lambda$	$10\lg\dfrac{\lambda^2}{4\pi ab}+7.4$ 或 $10\lg(y_a y_b)-31.6$	$10\lg\dfrac{\lambda}{2\pi a}+9.2$ 或 $10\lg y_a-12.6$
长为 $L>\lambda$ 的水平线阵	$10\lg\dfrac{\lambda}{2\pi l}+9.2$ 或 $10\lg y-12.8$	$10\lg\dfrac{\lambda}{2\pi l}+9.2$ 或 $10\lg y-12.8$
无指向性（点状）换能器	$10\lg(4\pi)=11.0$	$10\lg(2\pi)=8.0$

注：y 等于合成的指向性图案上比轴向响应小 6 dB 的两个方向之间夹角的一半，以度为单位。也就是说，y 是合成的指向性图案上 $R_1^2(y)R_2^2(y)=0.25$ 的方向与轴之间的夹角。至于矩形平面阵，y_a 和 y_b 分别是平行于边 a 和 b 的平面上的同上述相应的角。

6.3.2　海面混响

本小节考虑海面和海面附近厚度为 h 的散射层在发射-接收点 o 产生的平均海面混响强度。

首先考虑对海面混响有贡献的区域。从图 6.19 可以看出，产生海面混响的是

宽为$\Delta r=\dfrac{c\tau}{2}$和厚度为$h$的近似圆柱体，其截面由图6.19中阴影表示。由于$r\gg h$，则有$\theta\approx\dfrac{\pi}{2}$，因此该圆柱散射体积微元的体积为

$$\mathrm{d}v\cong hr\mathrm{d}r\mathrm{d}\varphi \tag{6.89}$$

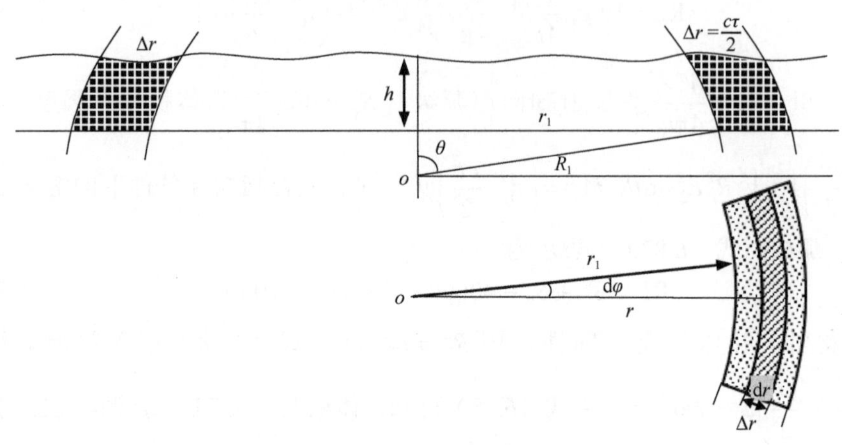

图6.19 海面散射微元

进一步，考虑发射声脉冲o点（也是接收点）的海面混响平均强度。发射器和接收器的指向性只需要考虑水平面上（$\theta\approx\dfrac{\pi}{2}$）的指向性系数$R_{01}(\varphi)$和$R_{02}(\varphi)$。类似体积混响的理论处理，由式（6.78）～式（6.80）可得$\mathrm{d}v$在o点产生的散射声强为

$$\mathrm{d}I_{\mathrm{s}}=\frac{\mathrm{d}W_{\mathrm{v}}R_{02}^2}{4\pi r^2}\mathrm{e}^{-2\beta' r}=\frac{W_{\mathrm{a}}\gamma_1\alpha_{\mathrm{s}}R_{01}^2R_{02}^2}{4\pi r^2\cdot 4\pi r^2}\mathrm{e}^{-4\beta' r}\mathrm{d}v \tag{6.90}$$

式中，W_{a}为发射声功率；α_{s}为海面散射系数；$\gamma_1=\dfrac{4\pi}{\int_0^{2\pi}\int_0^{\pi}R_{01}^2\sin\theta\mathrm{d}\theta\mathrm{d}\varphi}$为发射器的集中系数。其中，$\alpha_{\mathrm{s}}$决定海面散射层单位体积内的散射特性。则散射声强为

$$\begin{aligned}\overline{I}_{\mathrm{s}}&=\frac{W_{\mathrm{a}}\gamma_1\alpha_{\mathrm{s}}h}{(4\pi)^2}\int_0^{2\pi}R_{01}^2R_{02}^2\mathrm{d}\varphi\int_{r_1}^{r_1+\Delta r}\frac{\mathrm{e}^{-4\beta' r}}{r^3}\mathrm{d}r\\&=\frac{W_{\mathrm{a}}\gamma_1\alpha_{\mathrm{s}}h}{8\pi\gamma_{12}}\int_{r_1}^{r_1+\Delta r}\frac{\mathrm{e}^{-4\beta' r}}{r^3}\mathrm{d}r=\frac{W_{\mathrm{a}}\alpha_{\mathrm{s}}h\eta_{\mathrm{s}}}{8\pi}\int_{r_1}^{r_1+\Delta r}\frac{\mathrm{e}^{-4\beta' r}}{r^3}\mathrm{d}r\end{aligned} \tag{6.91}$$

式中，$\gamma_{12}=\dfrac{2\pi}{\int_0^{2\pi}R_{01}^2R_{02}^2\mathrm{d}\varphi}$表示等效发射-接收换能器轴向集中系数；$\eta_{\mathrm{s}}=\dfrac{\gamma_1}{\gamma_{12}}=$

$\dfrac{2\int_0^{2\pi}R_{01}^2R_{02}^2\mathrm{d}\varphi}{\int_0^{2\pi}\int_0^{\pi}R_{01}^2\sin\theta\mathrm{d}\theta\mathrm{d}\varphi}$ 为海面混响的方向性函数。当满足薄层近似 $\dfrac{\Delta r}{r_1}\ll 1$，即 $2\beta' c\tau\leqslant 0.1$ 时，类比式（6.84），积分可近似为

$$\int_{r_1}^{r_1+\Delta r}\frac{\mathrm{e}^{-4\beta' r}}{r^3}\mathrm{d}r\approx\frac{\mathrm{e}^{-4\beta' r_1}}{r_1^3}\frac{1-\mathrm{e}^{-2\beta' c\tau}}{4\beta'}\approx\frac{\mathrm{e}^{-4\beta' r_1}c\tau}{2r_1^3}\tag{6.92}$$

将式（6.92）代入式（6.91）得

$$\begin{aligned}\overline{I}_{\mathrm{s}}&=\frac{W_{\mathrm{a}}\alpha_{\mathrm{s}}\gamma_1 hc\tau}{32\pi^2 r_1^3}\mathrm{e}^{-4\beta' r_1}\int_0^{2\pi}R_{01}^2R_{02}^2\mathrm{d}\varphi\\&=\frac{W_{\mathrm{a}}\gamma_1}{4\pi}\cdot\frac{\alpha_{\mathrm{s}}h}{4\pi}\cdot\frac{1}{r_1^4}\mathrm{e}^{-4\beta' r_1}\cdot\left(r_1\cdot\frac{c\tau}{2}\right)\int_0^{2\pi}R_{01}^2R_{02}^2\mathrm{d}\varphi\end{aligned}\tag{6.93}$$

可见，在衰减不起明显作用的距离内，海面表面散射声强 $\overline{I}_{\mathrm{s}}$ 和距离的三次方成反比，即 $\overline{I}_{\mathrm{s}}$ 随时间的三次方衰减，故表面散射声强比体积散射声强衰减得快。

此外，海面混响级 RL 为

$$\mathrm{RL}=10\lg\frac{\overline{I}_{\mathrm{s}}}{I_0}=10\lg\left[\frac{W_{\mathrm{a}}\gamma_1}{4\pi I_0}\cdot\frac{\alpha_{\mathrm{s}}h}{4\pi}\cdot\frac{1}{r_1^4}\mathrm{e}^{-4\beta' r_1}\cdot\left(r_1\cdot\frac{c\tau}{2}\right)\int_0^{2\pi}R_{01}^2R_{02}^2\mathrm{d}\varphi\right]\tag{6.94}$$

式中，积分部分在工程上定义为海面发射-接收换能器的等效组合束宽 $\varPhi=\int_0^{2\pi}R_{01}^2R_{02}^2\mathrm{d}\varphi$，在该束宽内，相对响应为 1，在该束宽外，相对响应为 0。因此，式（6.94）可写为

$$\mathrm{RL}=10\lg\frac{\overline{I}_{\mathrm{s}}}{I_0}=10\lg\left[\frac{W_{\mathrm{a}}\gamma_1}{4\pi I_0}\cdot\frac{\alpha_{\mathrm{s}}h}{4\pi}\cdot\frac{1}{r_1^4}\mathrm{e}^{-4\beta' r_1}\cdot\left(r_1\cdot\frac{c\tau}{2}\right)\varPhi\right]\tag{6.95}$$

式中，$\mathrm{SL}=10\lg\dfrac{W_{\mathrm{a}}\gamma_1}{4\pi I_0}$ 为指向性声发射器轴向声源级；$S_{\mathrm{s}}=10\lg\dfrac{\alpha_{\mathrm{s}}h}{4\pi}$ 为海面散射强度（–60～–10 dB）；$A=\left(r_1\cdot\dfrac{c\tau}{2}\right)\int_0^{2\pi}R_{01}^2R_{02}^2\mathrm{d}\varphi\approx\left(r_1\cdot\dfrac{c\tau}{2}\right)\varPhi$ 为等效混响面积。对于简单形状的换能器，$\varPhi$ 值可在表 6.1 中查到。那么式（6.95）可表示为

$$\mathrm{RL}=\mathrm{SL}+S_{\mathrm{s}}-40\lg r_1-40\beta' r_1\lg\mathrm{e}+10\lg A\tag{6.96}$$

由式（6.96）可以看出，海面混响级 RL 与声源级 SL、散射强度 S_{s}、发射脉冲宽度 τ、发射-接收换能器的等效组合束宽 $\varPhi$ 等成正比。此外，海面混响强度与距离的三次方成反比，即随时间呈三次方衰减。这说明海面混响强度比体积混响强度下降得快。

6.3.3 海底混响

海底混响是一种界面混响。首先考虑对海底混响有贡献的区域。如图 6.20 所示，收发合置换能器距离海底的高度为 h。声发射器充分接近海底，即 $h \ll r$，这使得反向散射过程与换能器垂直指向性基本无关，即 $\theta \approx \dfrac{\pi}{2}$，而只与水平指向性有关，发射器水平指向性为 R_{01}，接收器水平指向性为 R_{02}。图 6.20 显示了球面波碰到海底界面的情况，这时由海底产生散射的区域是环宽 $\Delta r = \dfrac{c\tau}{2}$ 的圆环。

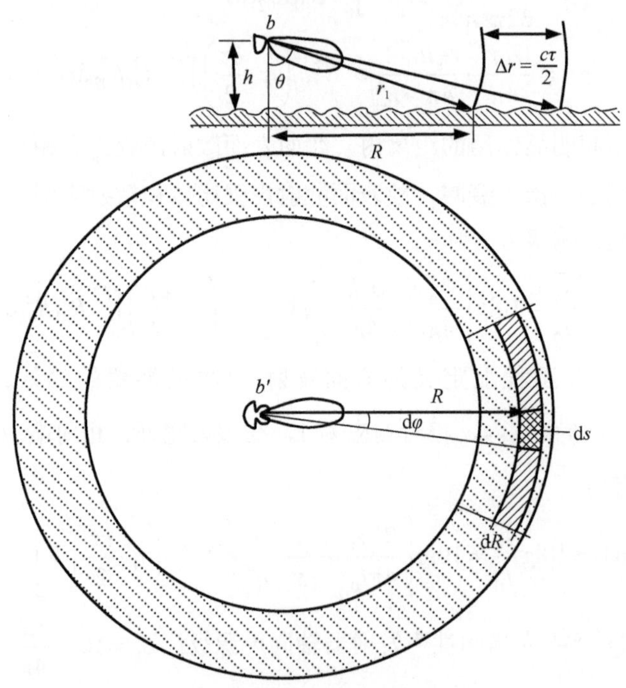

图 6.20 海底面积散射微元

进一步，考虑发射声脉冲 o 点（也是接收点）的海底混响平均强度。假设入射声强为 I_{io}，入射到海底界面上的声强为 I'_{io}，方向角为 θ，有 $I'_{io}\mathrm{d}s = I_{io}\mathrm{d}s \times \cos\theta$（$\cos\theta = \dfrac{h}{r}$），则入射到海底界面面积微元 d$s$ 上的声强为

$$I'_{io} = I_{io}\cos\theta = \frac{W_a \gamma_1 R_{01}^2}{4\pi r^2} \cdot \frac{h}{r} \mathrm{e}^{-2\beta' r} \tag{6.97}$$

式中，W_a 为发射声功率；$\gamma_1=\dfrac{4\pi}{\int_0^{2\pi}\int_0^{\pi}R_{01}^2\sin\theta\mathrm{d}\theta\mathrm{d}\varphi}$ 为发射器的集中系数。在 $h\ll r$ 即 $\theta\approx\dfrac{\pi}{2}$ 条件下，海底界面面积微元 $\mathrm{d}s=R\mathrm{d}R\mathrm{d}\varphi\approx r\mathrm{d}r\mathrm{d}\varphi$，在此面积微元上产生的散射声强为

$$\mathrm{d}I_b=\frac{\alpha_b I'_{io}R_{02}^2}{4\pi r^2}\mathrm{e}^{-2\beta' r}\mathrm{d}s=\frac{\alpha_b W_a\gamma_1 R_{01}^2R_{02}^2}{\left(4\pi r^2\right)^2}\cdot\frac{h}{r}\mathrm{e}^{-4\beta' r}\mathrm{d}s \tag{6.98}$$

式中，α_b 为海底散射系数。对整个散射面进行积分，r 从 r_1 到 $r_1+\Delta r$，则接收点 o 接收到海底界面的散射声强为

$$\begin{aligned}\overline{I}_b&=\frac{W_a\gamma_1\alpha_b h}{(4\pi)^2}\int_0^{2\pi}R_{01}^2R_{02}^2\mathrm{d}\varphi\int_{r_1}^{r_1+\Delta r}\frac{\mathrm{e}^{-4\beta' r}}{r^4}\mathrm{d}r\\&=\frac{W_a\gamma_1\alpha_b h}{8\pi\gamma_{12}}\int_{r_1}^{r_1+\Delta r}\frac{\mathrm{e}^{-4\beta' r}}{r^4}\mathrm{d}r=\frac{W_a\alpha_b h\eta_b}{8\pi}\int_{r_1}^{r_1+\Delta r}\frac{\mathrm{e}^{-4\beta' r}}{r^4}\mathrm{d}r\end{aligned} \tag{6.99}$$

式中，$\gamma_{12}=\dfrac{2\pi}{\int_0^{2\pi}R_{01}^2R_{02}^2\mathrm{d}\varphi}$ 表示等效发射-接收换能器轴向集中系数；$\eta_b=\dfrac{\gamma_1}{\gamma_{12}}=\dfrac{2\int_0^{2\pi}R_{01}^2R_{02}^2\mathrm{d}\varphi}{\int_0^{2\pi}\int_0^{\pi}R_{01}^2\sin\theta\mathrm{d}\theta\mathrm{d}\varphi}$ 为海底混响的方向性函数。当$\Delta r\ll r$ 且 $2\beta' c\tau\leqslant 0.1$时，积分式可近似为

$$\int_{r_1}^{r_1+\Delta r}\frac{\mathrm{e}^{-4\beta' r}}{r^4}\mathrm{d}r\approx\frac{\mathrm{e}^{-4\beta' r_1}}{r_1^4}\frac{1-\mathrm{e}^{-2\beta' c\tau}}{4\beta}\approx\frac{c\tau\mathrm{e}^{-4\beta' r_1}}{2r_1^4} \tag{6.100}$$

将式（6.100）代入式（6.99）得

$$\begin{aligned}\overline{I_b}&=\frac{W_a\gamma_1\alpha_b hc\tau}{2\left(4\pi r_1^2\right)^2}\mathrm{e}^{-4\beta' r_1}\int_0^{2\pi}R_{01}^2R_{02}^2\mathrm{d}\varphi\\&=\frac{W_a\gamma_1}{4\pi}\cdot\frac{\alpha_b\cos\theta}{4\pi}\cdot\frac{1}{r_1^4}\cdot\mathrm{e}^{-4\beta' r_1}\cdot\frac{c\tau}{2}\cdot r_1\int_0^{2\pi}R_{01}^2R_{02}^2\mathrm{d}\varphi\end{aligned} \tag{6.101}$$

可见，在衰减不起明显作用的距离内，海底散射声强$\overline{I}_b$ 和距离的 4 次方成反比，即 $\overline{I}_b$ 随时间 t 呈 4 次方衰减。这说明海底散射声强比海面和体积散射声强下降得更快。

此外，海底混响级为

$$\mathrm{RL}=10\lg\left(\frac{\overline{I_b}}{I_0}\right)=10\lg\left(\frac{W_a\gamma_1}{4\pi I_0}\cdot\frac{\alpha_b\cos\theta}{4\pi}\cdot\frac{1}{r_1^4}\cdot\mathrm{e}^{-4\beta' r_1}\cdot\frac{c\tau}{2}\cdot r_1\int_0^{2\pi}R_{01}^2R_{02}^2\mathrm{d}\varphi\right) \tag{6.102}$$

式中，$\mathrm{SL}=10\lg\dfrac{W_{\mathrm{a}}\gamma_1}{4\pi I_0}$为指向性声发射器轴向声源级；$S_{\mathrm{b}}=10\lg\dfrac{\alpha_{\mathrm{b}}\cos\theta}{4\pi}$为海底散射强度；$A=\left(r_1\cdot\dfrac{c\tau}{2}\right)\int_0^{2\pi}R_{01}^2R_{02}^2\mathrm{d}\varphi=\left(r_1\cdot\dfrac{c\tau}{2}\right)\Phi$为等效海底混响面积。对于简单形状的换能器，$\Phi$值可在表 6.1 中查到。那么式（6.102）可表示为

$$\mathrm{RL}=\mathrm{SL}+S_{\mathrm{b}}-40\lg r_1-40\beta' r_1\lg\mathrm{e}+10\lg A \tag{6.103}$$

由式（6.103）可以看出，海底混响级 RL 与声源级 SL、散射声强 S_{b}、发射脉冲宽度 τ、发射-接收换能器的等效组合束宽 Φ 等成正比。此外，海底平均混响强度和距离的 4 次方成反比，说明海底混响强度比海面和体积混响强度下降得更快。

综合以上三种混响类型，表 6.2 列出了其混响特性比较，可以得出如下结论。

表 6.2　三种混响特性比较

	体积混响	海面混响	海底混响
散射体性质	海水介质中的气泡、水生生物等散射体	海面不平整性及气泡层	海底起伏、粗糙及其附近的散射体
散射体形状	$\dfrac{c\tau}{2}$ 厚度的球壳层	高度为 h 的圆柱体	平面上的圆环
平均散射声强 $\overline{I}$	$\overline{I_{\mathrm{v}}}=\dfrac{W_{\mathrm{a}}\alpha_{\mathrm{v}}\gamma_1}{(4\pi)^2 r_1^2}\dfrac{c\tau}{2}\mathrm{e}^{-4\beta' r_1}\times\int_0^{2\pi}\int_0^{\pi}R_1^2R_2^2\sin\theta\mathrm{d}\theta\mathrm{d}\varphi$	$\overline{I_{\mathrm{s}}}=\dfrac{W_{\mathrm{a}}\alpha_{\mathrm{s}}\gamma_1 h}{(4\pi)^2 r_1^3}\dfrac{c\tau}{2}\mathrm{e}^{-4\beta' r_1}\times\int_0^{2\pi}R_{01}^2R_{02}^2\mathrm{d}\varphi$	$\overline{I_{\mathrm{b}}}=\dfrac{W_{\mathrm{a}}\alpha_{\mathrm{b}}\gamma_1 h}{(4\pi)^2 r_1^4}\dfrac{c\tau}{2}\mathrm{e}^{-4\beta' r_1}\times\int_0^{2\pi}R_{01}^2R_{02}^2\mathrm{d}\varphi$
等效混响体积 V/面积 A	$V=\left(r_1^2\cdot\dfrac{c\tau}{2}\right)\psi$	$A=\left(r_1\cdot\dfrac{c\tau}{2}\right)\Phi$	$A=\left(r_1\cdot\dfrac{c\tau}{2}\right)\Phi$
等效组合束宽	$\psi=\int_0^{2\pi}\int_0^{\pi}R_1^2R_2^2\sin\theta\mathrm{d}\theta d\varphi$	$\Phi=\int_0^{2\pi}R_{01}^2R_{02}^2\mathrm{d}\varphi$	$\Phi=\int_0^{2\pi}R_{01}^2R_{02}^2\mathrm{d}\varphi$
随时间 t/距离 r 的衰减规律	r^{-2} 或 t^{-2}	r^{-3} 或 t^{-3}	r^{-4} 或 t^{-4}

（1）混响强度和发射声功率 W_{a} 成正比，目标的回波强度也和 W_{a} 成正比。这是由于混响和目标回波都是声波入射到散射体引起声波再辐射而迭加的结果。因此，在混响干扰背景下，提高 W_{a} 来提升声呐系统的信号-混响比是不可行的。

（2）混响强度和脉冲宽度 τ 成正比。这是由于 τ 改变混响体积或混响面积的大小。为了抑制混响，应该发射窄脉冲。需要指出的是，在以上体积混响、海面混响和海底混响的理论推导中均假定了脉冲宽度不是太大，即 $\tau\ll t$，$1-\mathrm{e}^{-2\beta' c\tau}\cong 2\beta' c\tau$。然而，当脉冲宽度 τ 充分增加后，上述的正比关系将不成立，而且逐渐趋于和 τ 无关，这称为饱和现象。此外，脉冲宽度 τ 不能太小，否则接收机的带宽要增加，从而无法充分包括散射体。因此，τ 的选取要综合考虑。

（3）混响强度和声呐系统的空间指向性有关。这是由于指向性有可能改变混响体积和混响面积。因而，提高发射端和接收器的指向性有可能影响混响强度。一方面，如果接收器无方向性，即 R_2=1，对于体积混响而言，$\gamma_1\psi$ 为常数，则体

积混响强度与发射指向性无关。发射指向性变化使入射声强增加（或减小），对应散射体积减小（或增加），那么总散射功率不变。然而，对于海面混响和海底混响而言，$\gamma_1\Phi$ 不是常数，则其混响强度仍然与发射指向性有关。发射指向性变化不能抵消散射面积变化，那么总散射功率发生改变。因此，提高发射器指向性能够抑制海面混响和海底混响，但不能抑制体积混响。另一方面，如果发射器无指向性，即 $R_1=1$，对于体积混响，有 $\gamma_{12}=\gamma_2$，即等于接收器的集中系数，则 $\eta=\dfrac{1}{\gamma_2}<1$。可见，接收器的指向性增强，则 η 减小，也就是 $\overline{I_{\mathrm{v}}}$ 减小。同样，对于海面混响和海底混响，随着接收器的指向性增强，$\overline{I_{\mathrm{s}}}$、$\overline{I_{\mathrm{b}}}$ 也将减小。因此，提高接收器指向性能够抑制体积混响、海面混响和海底混响，从而提升信号-混响比。而提高发射端指向性可以抑制海面混响和海底混响，但不能抑制体积混响。在声呐系统中，接收基阵由于空间指向性而抑制了空间噪声（包括混响）的干扰，提高了信噪比，称为空间增益。这是声呐设计中一个很重要的问题。

（4）混响强度随距离的增大而衰减。体积混响、海面混响、海底混响的散射强度衰减规律分别为

$$\overline{I_{\mathrm{v}}}\sim\frac{A_{\mathrm{v}}}{r^2},\overline{I_{\mathrm{s}}}\sim\frac{A_{\mathrm{s}}}{r^3},\overline{I_{\mathrm{b}}}\sim\frac{A_{\mathrm{b}}}{r^4} \tag{6.104}$$

而且有 $A_{\mathrm{b}}>A_{\mathrm{s}}>A_{\mathrm{v}}$。图 6.21 中曲线 1、2、3 分别代表 $\overline{I_{\mathrm{v}}}$、$\overline{I_{\mathrm{s}}}$ 和 $\overline{I_{\mathrm{b}}}$ 的衰减规律，虚线代表实际情况下所得的曲线。一般情况下，海面混响、海底混响和体积混响不能被完全分开。图 6.21 中虚线是上述三种混响的迭加。被测目标的回波信号在近距离时被海底混响掩蔽，在远距离时被海面混响或体积混响掩蔽。而在深海条件下，海底混响就不必考虑，但要考虑体积混响的作用。如上所述，混响是一种干扰，将掩蔽回声信号。声学系统在某些条件下（如浅海）应用时，混响的掩蔽作用决定了其回声探测的作用距离（称为混响限制距离）。混响预报的任务就是根

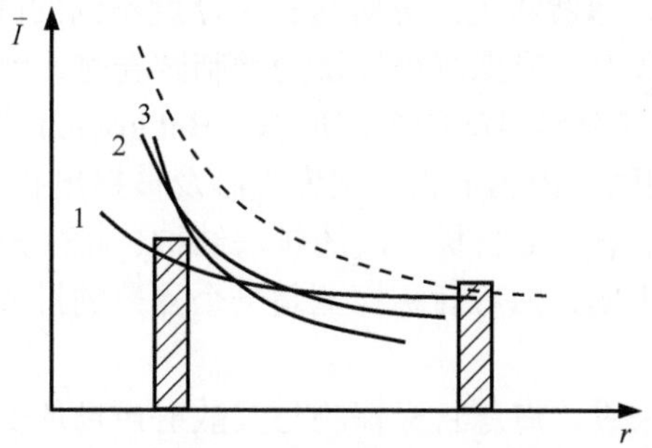

图 6.21 体积混响、海面混响、海底混响的散射强度衰减规律图

曲线 1 代表 $\overline{I_{\mathrm{v}}}$；曲线 2 代表 $\overline{I_{\mathrm{s}}}$；曲线 3 代表 $\overline{I_{\mathrm{b}}}$；虚线代表实际情况下所得的曲线

据声学换能器的类型、尺寸、放置方法和具体海区的水文要素、声传播条件等，确定混响类型和相应的声学系统参数，从而预报混响限制距离。有关讨论将在第8章做进一步介绍。

（5）体积混响、海面混响、海底混响的强度均与其声散射系数有关。国外曾进行大量的海上考察工作，得出以下结果[7]：

$$\alpha_{\mathrm{v}} = 10^{-9} \sim 10^{-5}\ (\mathrm{m}^{-1})$$

$$\alpha_{\mathrm{s}} = 10^{-6} \sim 10^{-3}\ (\mathrm{m}^{-1})$$

$$\alpha_{\mathrm{b}} = 10^{-3} \sim 10^{-2}$$

可见，声散射系数分布的范围很广。声散射系数一般随着频率的增大而增大，随深度的增大而减小，但也不是线性关系，并与入射角、水文要素、气象条件等有关。这些现象都说明了海洋中声散射机制的复杂性。

6.4 海豚目标探测

齿鲸类动物声呐具有优越的目标探测能力，主要由两部分组成：位于头部前额的声发射系统及位于头部下颌区域的声接收系统。在目标探测过程中，海豚通过声源发出声脉冲，经由前额软组织结构、鼻道、气囊与上颌骨等调控形成声波束。指向性声波作用于目标，产生回波。海豚能利用目标回波的时频信息判别目标。目标回波信息与目标的尺寸及声发射过程密切相关。海豚目标探测过程是动态的，能够根据目标特性及距离，动态调控声脉冲间隔和强度。

海豚可利用目标尺寸、形状、结构与材质等作为判别标准，进行目标区分。Kellogg[8]在1955年发现宽吻海豚（*Tursiops truncatus*）能通过发出声脉冲判别鱼的尺寸，从而择优选取食物，证明了海豚判别目标的能力。海豚探测效率与目标的材质、尺寸相关。1967年，Evans和Powell[9]发现以75%检测准确率为标准，海豚能区分厚度分别为0.22 cm、0.32 cm与0.64 cm的铜盘。当厚度调整为0.22 cm、0.27 cm与0.16 cm时，海豚将无法分辨这三个厚度不同的圆盘。此外，目标类型也会影响海豚的探测效率。当探测目标换为钢制圆壳时，海豚对圆壳厚度的探测精度降低[10]。海豚还能分辨目标的内部形态。Bel’kovich和Borisov[11]的研究表明，海豚能区分外形相同而内部形态分别为实心及被抠出孔状结构的正方形目标。海豚可利用多样化的信息，如目标回波的频谱结构、幅度及相位差异进行目标辨别[12, 13]。这些研究都表明，海豚目标探测是一个复杂的过程，可为人工声呐设计提供重要信息。

从波动声学角度来看，海豚目标探测与其散射声场的变化有关。海豚目标探测是一个复杂的物理过程。假设波数为$k = \dfrac{\omega}{c}$（ω为角频率，c为弹性体声速）的

声波作用于半径为 a 的弹性圆柱体目标，在空间中某点(r, φ)产生的散射场声压可由下式表示[14-16]：

$$p_{\mathrm{s}} = \sum_{m} \left\{ A_m \sum_{n=0}^{\infty} (-\mathrm{j})^n \varepsilon_n b_n H_n^{(1)}(kr) \cos\left[n(\theta - \alpha_m) \right] \right\} \tag{6.105}$$

结合江豚头部的计算机断层扫描结果，可以构建其目标探测模型，得到目标回波，并分析其目标强度特性，如图 6.22 所示。

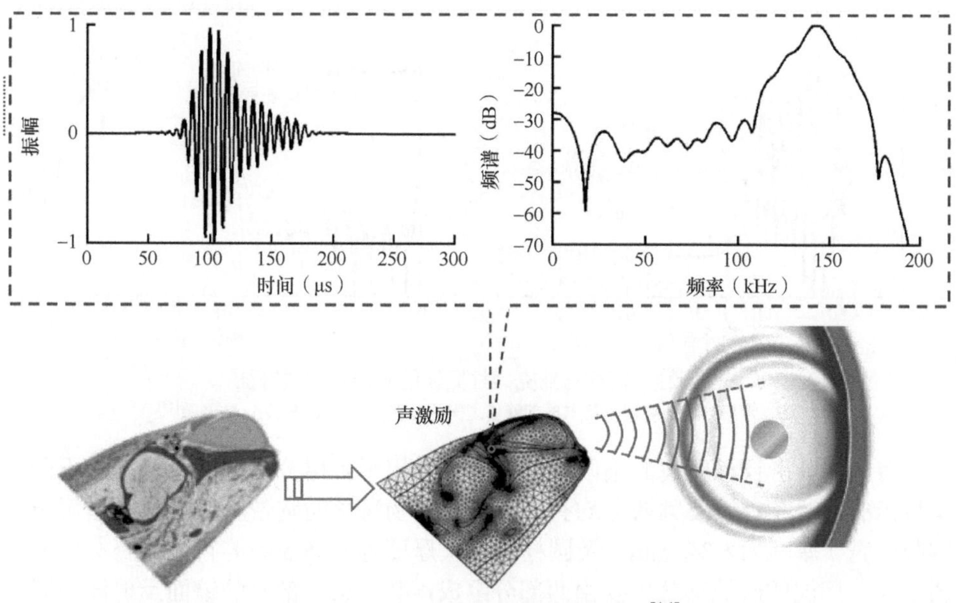

图 6.22　江豚目标探测模型构建过程[14]

图 6.23 给出了江豚目标探测模型探测钢柱和亚克力柱时得到的回波波形和频谱。回波波形的局部峰值称作 Highlight[17]。钢的声阻抗大于水的声阻抗，导致从钢柱表面返回强烈的镜反射，透入钢柱内部的能量较少。亚克力的声阻抗与水的声阻抗非常接近，导致从亚克力柱表面返回的镜反射弱，较多能量透入亚克力柱内部。因此，钢柱的回波强度在 50～100 μs 大于亚克力柱，但在 150～300 μs 则小于亚克力柱。在 100～150 μs，镜反射与其他路径到达的声波重叠，亚克力柱的回波强度增加并逐渐超过钢柱的回波强度。钢柱回波有 2 个局部峰值，而亚克力柱回波有 5 个局部峰值。两种材质的回波时域波形存在明显差异，回波频谱虽具有相似的轮廓，但频谱细节呈现明显差异。亚克力柱回波的频谱起伏大于钢柱。在–30 dB 范围内，钢柱回波信号的频谱只有两个峰，而亚克力柱回波信号的频谱具有三个峰。这些信息可能使江豚声呐系统能区分钢柱与亚克力柱。齿鲸类动物声呐数值模型可为定量分析目标探测回波的时频参数提供重要手段。

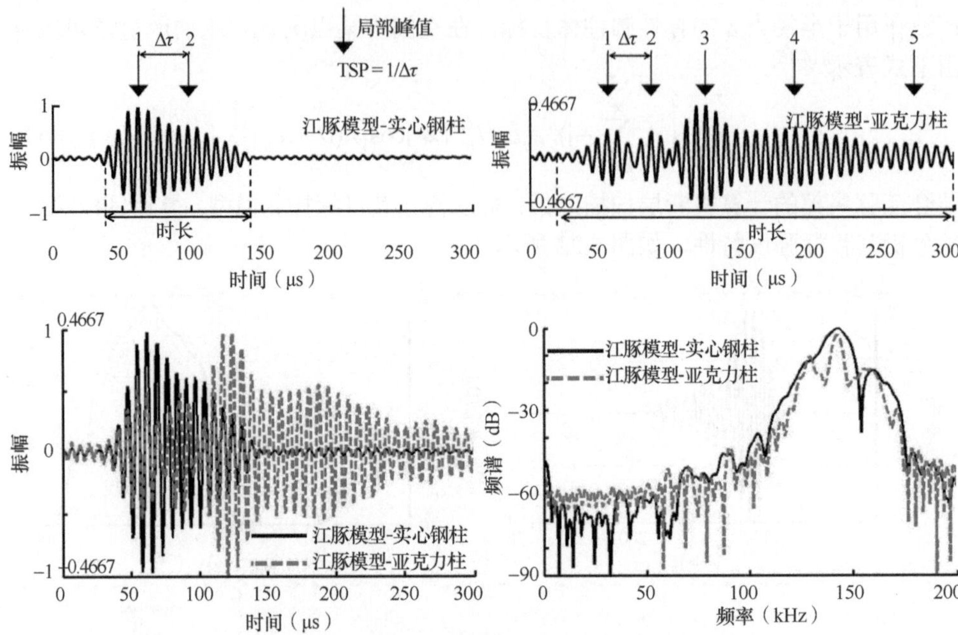

图 6.23　钢柱与亚克力柱回波的时域与频域特征

Δτ 表示第一局部峰值与第二局部峰值之间的时差，而 TSP 表示 Δτ 的倒数[14]

海豚能分析目标回波的不同成分，并寻找用于目标分辨的声学特征。不同材质目标的回波在时域及频域上均有所差异。宽吻海豚的宽带脉冲声信号作用于标准圆柱壳（厚度为 6.35 mm）及圆柱 2 壳（厚度为 6.05 mm）得到的目标回波见图 6.24。回波的时域部分主要由两部分组成，其中第一部分的镜面反射波与第二部分的散射波之间存在时差的倒数，被称作时间间隔音高（time separation pitch，TSP）。目标回波的谱线结构虽形状类似，但是谱线峰之间存在显著差异。海豚可能利用时域的 TSP 及频谱结构分辨不同目标。

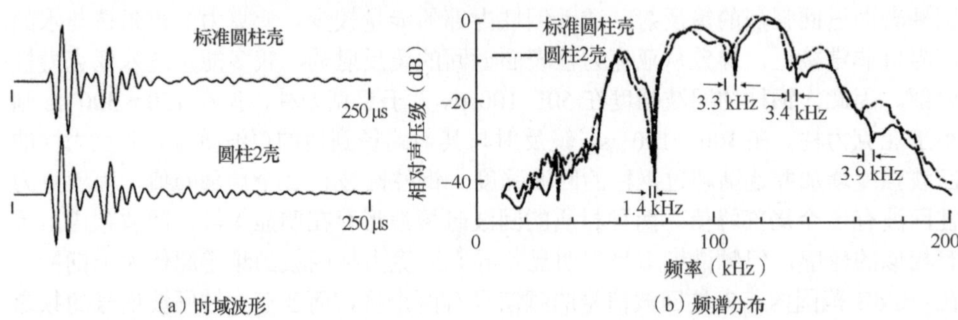

（a）时域波形　　（b）频谱分布

图 6.24　标准圆柱壳与圆柱 2 壳（比标准圆柱壳薄 0.3 mm）的回波时域波形与频谱分布[18]

海豚还可能利用 TSP 评估目标厚度。目标圆柱筒壁厚度之间差值减小，海豚的目标探测准确率会降低。以 75%探测准确率为标准，宽吻海豚对壁厚变化检测的有效率范围为–0.23～0.27 mm（图 6.25）。当圆柱筒的外径保持不变，内径增大或减小的幅度相同时，海豚的探测精度有所差异。海豚通过比较前壁和后壁的反射波时间延迟来区分壁厚。以标准圆柱壳为参考，壁厚分别增大与减小时，圆柱壳声波的频散特性会有差别，声波在薄柱壳中传播得更慢。与厚圆柱壳相比，薄圆柱壳回波的不同成分之间差异会更明显，更有利于分辨。当壁厚减小时，回波频谱会往低频偏移。而当壁厚增大时，回波频谱则会往高频偏移。海豚在目标探测过程中可能利用时域、频域信息改变判别目标。

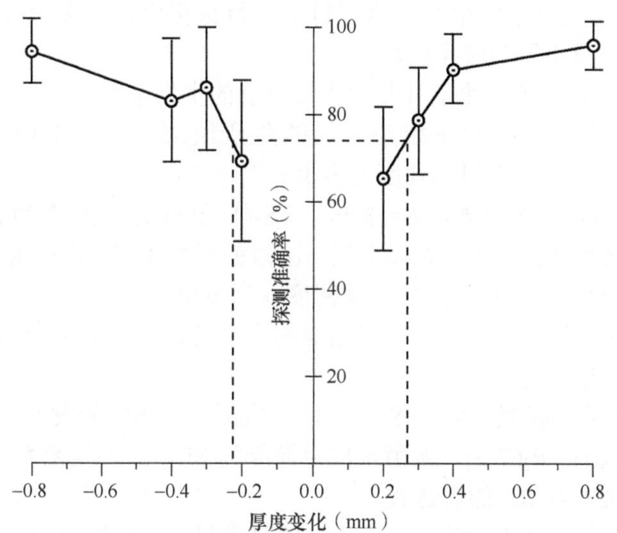

图 6.25　宽吻海豚的探测准确率随目标厚度的变化[18]

在实际探测中，海豚遇到的目标大多数是自由游动且不规则的。当海豚声呐信号从不同角度入射水下目标（鱼）时，目标回波强度和结构会有所差异。当海豚声呐信号从垂直于鱼的轴方向入射时，回波振幅大且反射波较少，有利于探测目标。当入射波偏离垂直方向时，回波结构变得复杂。海豚通过游动状态下的目标强度及信号变化来进行探测。

总之，海豚目标探测包含复杂的物理机制。海豚的多相介质组成声呐系统，将声脉冲调控成指向性声波束进行目标探测。在目标探测过程中，海豚自适应调节声波频率与波束空间分布，能利用回波的目标强度、回波时长、局部峰值数量、峰值频率、带宽等参数进行目标辨别。海豚在目标探测过程中，可能将目标回波的多种声学特征进行组合，以提高目标探测效率。考虑到多维度信息在探测过程中发挥的重要作用，海豚目标探测是一个综合判断的结果。

本章习题

1. 分析刚性球体散射声场特性。

2. 描述气泡产生共振的条件并说明共振时的气泡声散射情况。

3. 假设每个生物单元有相同的散射系数，试分析生物集群的声散射系数。

4. 请写出半径为 a 的刚性球体（$ka \gg 1$）目标强度的表达式。在高频远场条件下，利用能量守恒关系推导刚性球体目标强度 TS 的表达式。

5. 入射频率为 50 kHz，对于 a=0.2 m、L=2 m 的圆柱，其正横方向的目标强度和端部方向的目标强度分别为多少？

6. 如何在实验室水池中测量水下目标的目标强度？在实验过程中应注意哪些事项以保证测量结果的可靠性？

7. 如何利用声学方法来估计某片水域鱼群的生物量？

8. 某鱼群由 N=1000 条相距较远的鱼所组成，其中单条鱼的目标强度 TS_0=−20 dB，则该鱼群总目标强度为多少？

9. 某流域的花鲈平均体长 L=15 cm，TS-体长回归公式中参数 m 取 30，则单条花鲈的目标强度 TS_0 为多少？其中某一区段的平均面积后向散射系数 S_a=3.20×10^{-7} m^{-1}，则其对应的平均渔业资源量密度 ρ 为多少？

10. 海洋混响是如何形成的？根据混响产生的原因，混响分为哪几类？就其混响特性进行比较。

11. 若海水的体积散射强度 S_v 与空间位置无关，声呐的发射、接收指向性函数分别为 $R_1(\theta, \varphi)$和 $R_2(\theta, \varphi)$，发射轴向声源级为 SL，脉冲宽度为 τ，推导出不均匀海水的体积混响级 RL 的表达式。

12. 试从散射体性质、散射体形状、散射声强、混响体积/面积与随距离的衰减规律等方面比较体积混响、海面混响和海底混响。

13. 试讨论如何改变发射指向性和接收指向性来抑制体积混响、海面混响和海底混响。

参考文献

[1] 莫尔斯. 振动与声. 南京大学《振动与声》翻译组, 译. 北京: 科学出版社, 1974.

[2] 顾金海. 水声学基础. 北京: 国防工业出版社, 1981.

[3] 布列霍夫斯基赫, 雷桑诺夫. 海洋声学基础. 朱柏贤, 金国亮, 译. 北京: 海洋出版社, 1985.

[4] Cushing DH, Mitson RB, Ellis GH, et al. Measurements of the target strength of fish. Radio and Electronic Engineer, 1963, 25(4): 299-303.

[5] Furusawa M, Amakasu K. Proposal to use fish-length-to-wavelength ratio characteristics of backscatter from fish for species identification. The Journal of the Marine Acoustics Society of Japan, 2018, 45(4): 183-196.

[6] Urick RJ. Principles of Underwater Sound. New York: McGraw-Hill Book Company, 1983.

[7] Eyring CF, Christensen RJ, Raitt RW. Reverberation in the sea. The Journal of the Acoustical Society of America, 1948, 20(4): 462-475.

[8] Kellogg WN. Size discrimination by reflected sound in a bottle-nose porpoise. Journal of Comparative and Physiological Psychology, 1959, 52(5): 509.

[9] Evans WE, Powell BA. Discrimination of different metallic plates by an echolocating delphinid. Naval Undersea Warfare Center, 1967.

[10] Belkovich VM, Dubrovskiy NA. Sensory Bases of Cetacean Orientation. Leningrad: US Joint Publications Research Service, 1977.

[11] Bel'kovich VM, Borisov VI. Locational discrimination of figures of complex configuration by dolphins. Trudy Akusticheskogo Institute, 1971, 17: 19.

[12] Dubrovskiy NA, Krasnov OS. Discrimination of elastic spheres according to material and size by the bottlenose dolphin. Acoustics Institute, 1971, 17: 9-18.

[13] Nachtigall PE. Odontocete echolocation performance on object size, shape and material//Busnel R-G, Fish J F. Animal Sonar Systems. Berlin: 1980: 71-95.

[14] Feng W, Zhang Y, Wei C. A biosonar model of finless porpoise (*Neophocaena phocaenoides*) for material composition discrimination of cylinders. The Journal of the Acoustical Society of America, 2019, 146(2): 1362-1370.

[15] Doolittle RD, Überall H. Sound scattering by elastic cylindrical shells. The Journal of the Acoustical Society of America, 1966, 39(2): 272-275.

[16] Gaunaurd GC, Überall H. RST analysis of monostatic and bistatic acoustic echoes from an elastic sphere. The Journal of the Acoustical Society of America, 1983, 73(1): 1-12.

[17] DeLong CM, Au WW, Stamper SA. Echo features used by human listeners to discriminate among objects that vary in material or wall thickness: implications for echolocating dolphins. The Journal of the Acoustical Society of America, 2007, 121(1): 605-617.

[18] Au WW, Pawloski DA. Cylinder wall thickness difference discrimination by an echolocating Atlantic bottlenose dolphin. Journal of Comparative Physiology A, 1992, 170: 41-47.

第 7 章 海洋中的噪声

海洋中各种各样的声源引起噪声的总和称为海洋噪声。海洋中的噪声是水下声传播的一种干扰背景场。海洋噪声来源很广，包括海底地震、气枪震源、海浪的飞溅与击岸、海洋降雨、潮水、生物（如鲸豚、鱼类、鼓虾等）、舰船等，水下噪声源如图 7.1 所示，频率覆盖从几赫兹到几十万赫兹。为了研究方便，将常遇

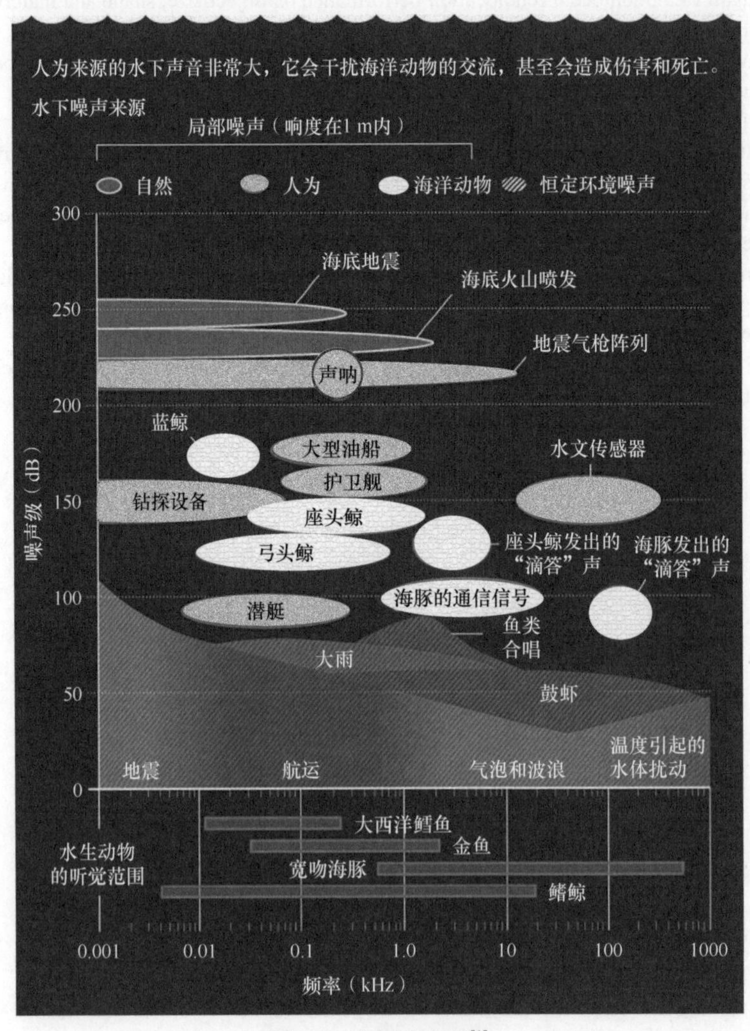

图 7.1 水下噪声源[1]

到的海洋噪声分为两大类：工业噪声和海洋环境噪声。

实际上，噪声的认定是相对的，根据需求而定。当其干扰声学设备工作，影响设备性能时，就被视为噪声（如海洋环境噪声和舰船自噪声）。然而，当目标（如舰船等）的辐射噪声被探测方的声学设备接收而实现探测功能时，噪声则被视为信号来处理。因而，无论是对作为背景干扰的噪声，还是对作为有用信号的噪声，均需作深入了解，才能制定有效的抗干扰方案，并提高声学系统的探测能力。海洋中噪声的研究与海洋中声场的研究同样重要。本章首先讨论噪声频谱分析，然后分别介绍舰船噪声、海洋环境噪声，最后初步介绍海洋生物噪声。

7.1　噪声频谱分析

海洋中自然噪声一般被视为平稳随机过程，可以通过长时间测量来研究其变化规律。如图 7.2 所示，一水听器测量了厦门港内的噪声声压信号 $p(t)$。噪声声压有效值 p_e 等于介质阻抗为单位值时平均声强 $\overline{I}$ 的平方根，即

$$p_e = \sqrt{\overline{I}} = \sqrt{\lim_{T\to\infty}\int_{-T/2}^{T/2} p^2(t)\mathrm{d}t} \tag{7.1}$$

式中，$\overline{I} = \lim_{T\to\infty}\int_{-T/2}^{T/2} p^2(t)\mathrm{d}t$。根据信号系统原理，实际水下噪声在满足傅里叶变换的条件下可以由其时域信号求解频谱密度函数。水下噪声的频谱有线谱和连续谱两类。

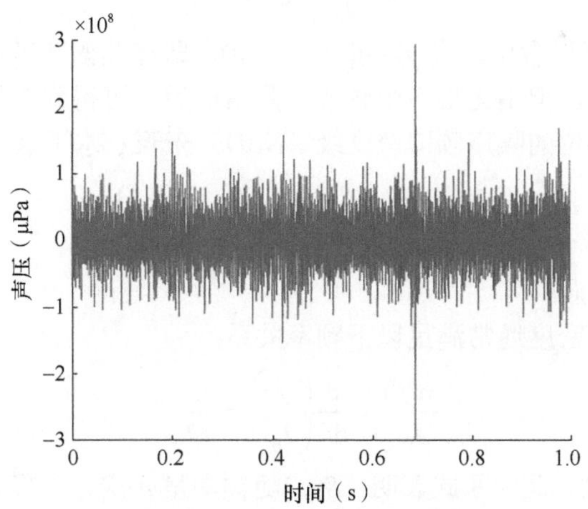

图 7.2　厦门港内的噪声声压信号

水下噪声的线性频谱在时域上具有周期、准周期特征，在数学上用傅里叶级数来表示。如图 7.3（a）所示，f_1、f_2、…、f_n 为频率分量，p_{e1}、p_{e2}、…、p_{en} 和 I_1、I_2、…、I_n 分别为对应的声压有效值和平均功率。

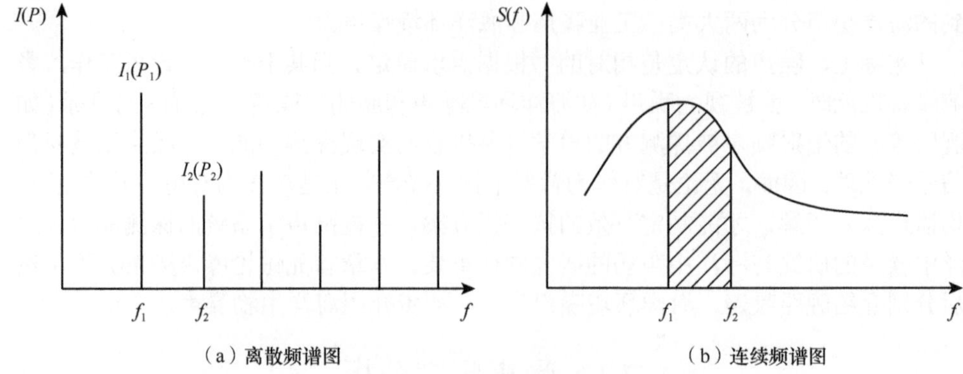

图 7.3　水下噪声频谱图

然而，水下噪声的连续频谱在时域上具有瞬态、非周期特征，在数学上用傅里叶积分来表示。假设中心频率 f_1、f_2、…、f_n 的带宽分别为 Δf_1、Δf_2、…、Δf_n，ΔI_1、ΔI_2、…、ΔI_n 为各频带内对应的平均声强。令 $\Delta f_i \to 0$，则水下声强的频谱密度为

$$S(f) = \lim_{\Delta f_i \to 0} \frac{\Delta I_i}{\Delta f_i} = \frac{\mathrm{d}I}{\mathrm{d}f} \tag{7.2}$$

由 $S(f)$可得到连续频谱曲线，如图 7.3（b）所示。由于 $\Delta f \to 0$ 频谱曲线为连续的，由海洋噪声的连续谱，可以得到带宽内$[f_1, f_2]$的总声强为

$$I = \int_{f_1}^{f_2} S(f)\mathrm{d}f \tag{7.3}$$

从式（7.3）可以看出，当 $f_2 \to f_1$ 时，$I \to 0$，即连续谱某确定频率分量上的声强贡献是充分小的，但由无限多个频率分量累加后，可得到有限的声强值。实际应用中采用分贝单位的噪声频谱密度级（NSD）来表示水下噪声的大小，即

$$\mathrm{NSD} = 10\lg \frac{\mathrm{d}}{\mathrm{d}f}\left(\frac{I}{I_0}\right) = 10\lg \frac{S(f)}{I_0} \tag{7.4}$$

式中，I_0 为参考声强。

水下噪声频谱密度通常满足以下频率关系：

$$\frac{S(f)}{I_0} = \frac{\mathrm{d}}{\mathrm{d}f}\left(\frac{I}{I_0}\right) = \frac{a}{f^n} \tag{7.5}$$

式中，a、n 为常数。此关系式表明，$S(f)$随频率呈 n 次方下降。对于给定的频率 f_0，由式（7.5）可得噪声频谱密度 $S(f) = S(f_0)\left(\frac{f_0}{f}\right)^n$，其中 $S(f_0)$为 f_0 处的噪声频谱密度。由此可得海洋环境噪声频谱密度级为

$$\mathrm{NSD}=10\lg\frac{\mathrm{d}}{\mathrm{d}f}\left(\frac{I}{I_0}\right)=10\lg a-10n\lg f \tag{7.6}$$

可以看出，噪声频谱密度级 NSD 随着频率增大而下降。对于每倍频程增加，噪声频谱密度级 NSD 下降 $10n\lg2$。如图 7.4 所示，当 n=2 时，噪声频谱密度级 NSD 每倍频程下降约 6 dB，而当 n=3 时，噪声频谱密度级 NSD 每倍频程下降约 9 dB。

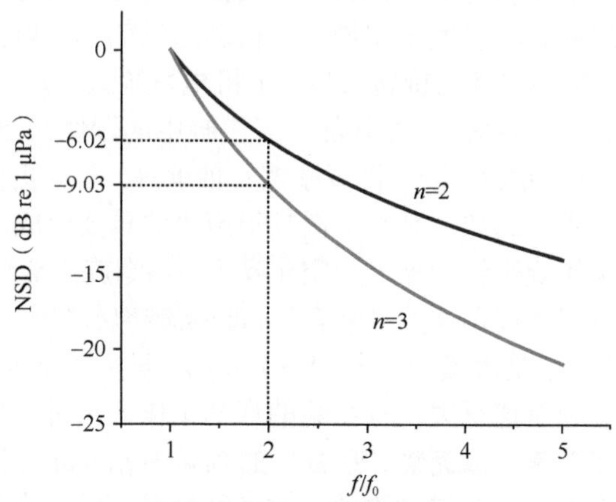

图 7.4　噪声频谱密度的频率特性曲线

对于均匀噪声频谱密度而言，即 $S(f)$不随频率而变化，水听器工作带宽 Δf 的噪声声强 I_{N} 为 $S(f)\Delta f$，则海洋环境噪声级为

$$\mathrm{NL}=10\lg\frac{I_{\mathrm{N}}}{I_0}=10\lg\frac{S(f)\Delta f}{I_0}=10\lg\frac{S(f)}{I_0}+10\lg\Delta f \tag{7.7}$$

7.2　舰船噪声

海洋工业噪声是由海上船舶及海洋工程（如打桩、海上风电、爆破等）所产生的水下噪声。在近海和港口，工业噪声要比平均噪声大很多。例如，远处行船是频率为 100 Hz 左右的主要噪声源。

在海洋工业噪声中，舰船噪声是重要的组成部分。舰船在航行中会产生强烈的水下噪声。因此，研究舰船噪声主要有两个目的：一是降低舰船的噪声辐射，避免被对方声呐探测，从而实现自我保护；二是降低舰船的自噪声对自身声呐设备的干扰，特别是当舰船航速提高时，这种干扰会大大增强。

虽然舰船辐射噪声和舰船自噪声的声源基本相同，但二者在声呐系统中的作用是不一样的。舰船辐射噪声是信号，而自噪声是干扰。舰船辐射噪声为远场噪声，而自噪声为近场噪声。舰船辐射噪声的传播距离较远，而自噪声的传播路径复杂且可变，这些路径会对船载声呐所接收到噪声的大小和种类产生重要影响。

因此，研究舰船噪声是为了探究其来源、生成机制及有关频谱特性，以便设计有效的抗干扰方案并提高水声设备的探测能力。

7.2.1 舰船的辐射噪声

舰船辐射噪声可分为三大类：①舰船机械产生的机械噪声；②螺旋桨运动产生的螺旋桨噪声；③水流辐射噪声和水动力过程引起的水动力噪声。

机械噪声是舰船内各种机械工作导致的振动通过船体辐射到海水介质中而产生。机械噪声来源包括不平衡的旋转部件（电机电枢等）、作重复的不连续性运动的部件（齿轮、涡轮机叶片等）、往复部件（汽缸中的爆燃）、结构引起的流体空化和湍流（泵、管道、凝汽器等）、机械摩擦（轴承等）等。机械噪声频谱特性表现为强线谱与弱连续谱的迭加，是水下低频噪声段的重要组成部分之一。

螺旋桨噪声包括螺旋桨转动噪声和空化噪声。当螺旋桨旋转时，其叶片拍击、切割水流会产生具有明显周期性的“唱音”，即螺旋桨转动噪声。螺旋桨“唱音”包含明显的线状谱分量，是潜艇低频段（1～100 Hz）噪声的主要成分。螺旋桨“唱音”的频率还与舰型和航速有关。有经验的声呐工作人员可根据“唱音”的音调来判断舰船的舰型和航速。螺旋桨“唱音”的频谱为$f_m=mns$，其中n是螺旋桨叶片数；s是螺旋桨转速；m是谐波次数。频谱特性是声呐识别目标和估计目标速度的重要依据之一。

此外，螺旋桨击水时会产生湍流，引起流体质点运动速度的随机起伏。当螺旋桨旋转时，叶片尖上和表面上的负压使空化气泡大量产生。空化气泡在产生和破灭瞬间都将发出短暂的声脉冲，从而形成宽带的空化噪声。螺旋桨空化噪声是舰船辐射噪声高频段的主要成分，如图 7.5 所示。空化噪声由大量尺寸不等的气泡随机破裂引起，为连续谱。此外，空化噪声与航速有关。当航速低于临界航速时，空化噪声级很低。当航速增大至临界航速以上时，空化噪声级急剧

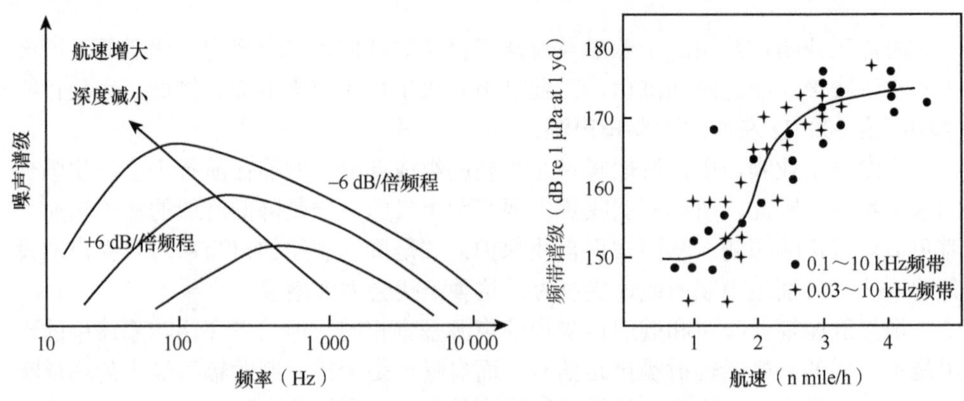

图 7.5　空化噪声谱随航速变化的关系曲线[2]

升高，增值可达 20～50 dB。当航速继续增大时，空化噪声级基本趋于稳定，仅以 1.5～2.0 dB/kn 的速度缓慢升高。另外，在航速一定时，螺旋桨噪声与深度有关，深度增大时螺旋桨噪声降低。

水动力噪声通常指在舰船高速航行时，由于舰体表面与海水介质摩擦，在换能器导流罩或舰艏附近发出的噪声。水动力噪声来源包括水流冲击激励壳体振动或壳体上某些结构（叶片、空穴腔体等）共振、湍流产生的流噪声、航船拍浪声（船首、船尾）、船上循环系统进水口和排水口的辐射噪声等。

以上三种噪声中，机械噪声和螺旋桨噪声在多数情况下是舰船噪声的主要组成部分，机械噪声和螺旋桨噪声哪一种更为突出视频率、航速和深度而定。对于给定的航速和航深，存在一个临界频率。当频率低于此临界频率时，噪声谱的主要成分是机械噪声和螺旋桨噪声的线谱。然而，当频率高于此临界频率时，噪声谱的主要成分是螺旋桨空化的连续谱。一般情况下，舰船水动力噪声小于机械噪声和螺旋桨噪声。但在特殊条件下，如结构部件或空腔被激励成谐振源时，水动力噪声可能在其频段内成为主要噪声源。

图 7.6 是舰船螺旋桨分别在低航速和高航速下产生的辐射噪声谱，$n(f)$为辐射噪声谱级。低频部分主要为机械噪声和螺旋桨“唱音”的线谱。随着频率升高，这些谱线降低，而连续谱先升高后下降。在连续谱背景上迭加有一条或一组高频谱线，是由螺旋桨叶片共振或减速器引起的。在高航速时，螺旋桨噪声谱增大且谱线向低频移动，而空化噪声的连续谱更为重要。

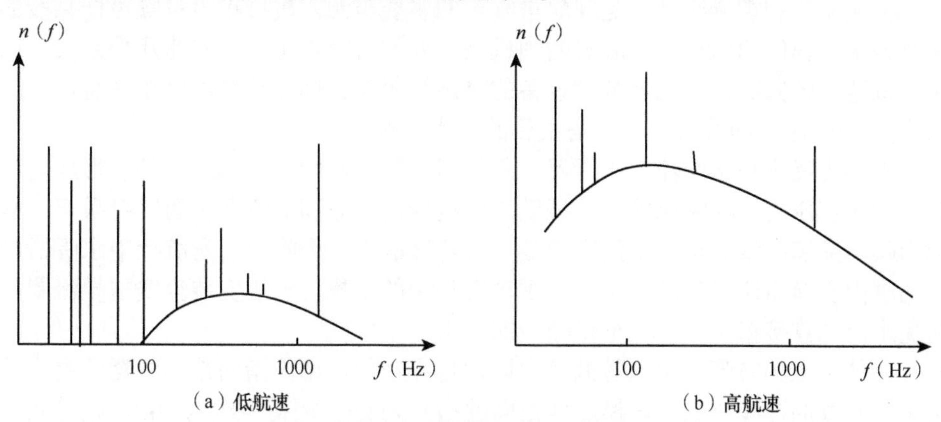

图 7.6　舰船辐射噪声谱示意图

舰船辐射噪声谱级是描述辐射噪声强弱的重要参数，往往由实际测量获得，其定义为

$$\mathrm{SL} = 10\lg\frac{I_{\mathrm{N}}}{I_0 \Delta f} \tag{7.8}$$

式中，Δf 为换能器工作带宽；I_0 为参考声强；I_{N} 为距离声源声学中心 1 m 处的

噪声声强。在远场测得噪声谱级后，需要进行传播损失修正，归算到距离声源声学中心 1 m 处，并计算出 1 Hz 带宽内声强。表 7.1 给出了各类舰船典型辐射声源级[2]。表格数据仅供参考，近期实际数据可能比表格数据要低得多。

表 7.1　各类舰船典型辐射声源级[2]　（单位：dB）

频率（kHz）	货船（10n mile/h）	客船（15n mile/h）	战舰（20n mile/h）	巡洋舰（20n mile/h）	驱逐舰（20n mile/h）	猎潜舰（15n mile/h）
0.1	133	143	157	150	144	138
0.3	123	133	147	140	134	128
1	112	122	136	129	123	117
3	102	112	126	119	113	107
5	98	108	122	115	109	103
10	92	102	116	109	103	97
25	84	94	108	101	95	89

7.2.2　舰船的自噪声

类似舰船辐射噪声，机械噪声、螺旋桨噪声和水动力噪声也是舰船自噪声的三种主要噪声源。每种噪声源振动产生的声波，通过不同的声传播路径到达接收换能器。因此，自噪声大小与换能器安装的位置有关。一般来说，将换能器安装于舰艏，以减弱主机和螺旋桨的噪声。

机械噪声和螺旋桨噪声是舰船自噪声的主要声源。机械噪声是噪声低频段的单频分量。在低速航行时，舰船的辅机是主要的自噪声源，与航速几乎无关。在船舶减速、转向时，舵机及减速设备的噪声较明显。螺旋桨噪声仅在高航速、高频/浅海和船尾方向等情况下才是主要的自噪声源。

水动力噪声是水流流经水听器、水听器支架座和船体外部结构等所形成的噪声，如湍流压力、流激起的壳体振动、结构周围空化和涡流产生的辐射噪声。水动力噪声随速度增长很快。流噪声是一种特殊的水动力噪声，是航行中水听器与水的摩擦及撞击所导致。为了减小水动力噪声的干扰，一般安装流线型导流罩，避免水流的直接撞击和防止空化噪声的产生。

为使用上的方便，引入等效各向同性自噪声级。用无指向性水听器的测量结果来表示舰船自噪声级。设换能器指向性指数为 DI，测得声级为 NL′，则等效各向同性自噪声级 NL 满足

$$\mathrm{NL}=\mathrm{NL}'-\mathrm{DI} \tag{7.9}$$

各种测量情况下的噪声数据需要折算到等效无指向性条件下，即等效各向同性自噪声级，然后再进行比较。

图 7.7 给出了工作在 10 kHz 以及更低频率的驱逐舰的相对自噪声级随航速的变化曲线[2]。当航速很低时，驱逐舰的相对自噪声级和海洋环境噪声背景级很接

近。在 15～25 kn 的航速下，相对自噪声级随航速显著上升，上升率约为 1.5 dB/kn，这表明在总噪声级中，水动力噪声与螺旋桨噪声占主要分量。

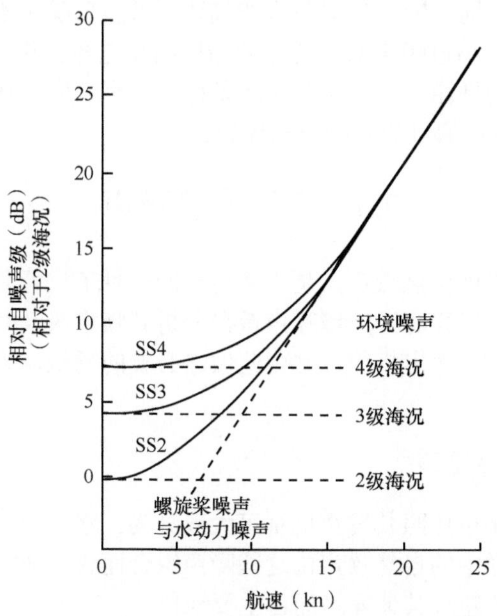

图 7.7　驱逐舰的相对自噪声级随航速的变化曲线[2]

图 7.8 给出了第二次世界大战期间测得的潜艇的平均自噪声谱级及噪声级随航速的增长曲线[2]。自噪声谱级在高频段与深海环境噪声级相近。但是由于机械

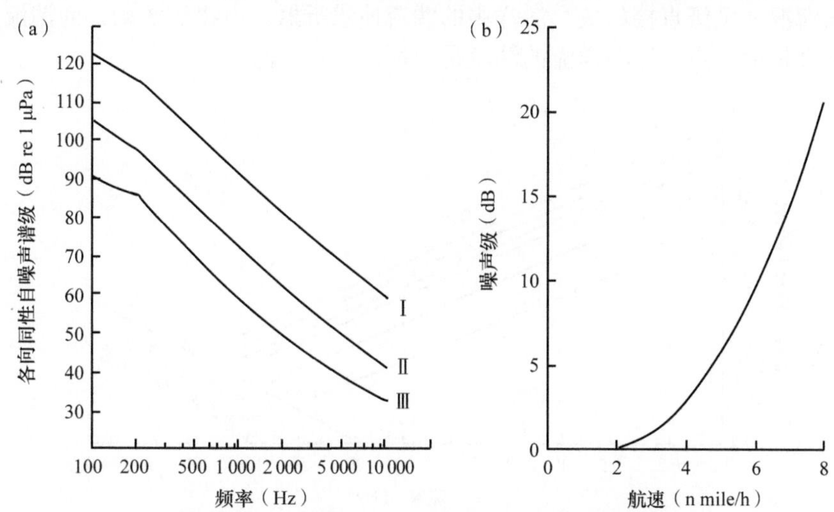

图 7.8　潜艇的平均自噪声谱级（a）及噪声级随航速的增长曲线（b）[2]

（a）JP-1 型数据，在潜望镜深度下，航速为 2 kn，前向方位，Ⅰ、Ⅱ、Ⅲ分别对应潜艇在嘈杂、正常和安静三种状况下工作的自噪声谱级；（b）以 2 kn 航速为参考的噪声级增长曲线

噪声的影响，随着频率降低，噪声级上升较快。此外，噪声级随着航速迅速增长，体现了螺旋桨空化的影响。当然，现代舰艇的辐射噪声及相应的自噪声级，比起早期舰艇有显著的不同，图 7.8 只是大致描述了潜艇自噪声谱级的基本特征。在实际应用中，为了减小自噪声的干扰，舰船声呐在选择工作频率时，应考虑 NL 随频率提高而下降的规律。在近距离探测条件下，声呐应选择较高的工作频率，这时 NL 的下降超过声信号的高频传输损失。

7.3 海洋环境噪声

海洋环境噪声也称自然噪声，是水声传播的一种干扰背景场。海洋环境噪声的频谱分布相当宽。研究海洋环境噪声旨在分析其噪声级及时空统计特性与环境因素之间的依赖关系，找出规律，并由此做出必要的预报，为声学设备设计与研制提供重要环境参数。

7.3.1 海洋中的自然噪声

海洋中的自然噪声按照其发声机制可大致分为：水动力噪声、海洋生物噪声和海洋热噪声。海洋中的自然噪声由这些噪声组合而成。在海洋特定区域，这些噪声中的一个或几个超过其他噪声而占主要地位。

水动力噪声主要由潮汐、海浪、湍流、风等形成的水动力而产生。潮汐和海面波浪引起海水压力变化，在浅海是水听器的主要低频噪声源。海面波浪噪声是 500～25 000 Hz 的噪声源。如图 7.9 所示，根据克努森（Knudson）曲线[3]，波浪噪声与海况、风级直接相关。海洋中的湍流使水听器、电缆等颤动，而湍流压力的变化会辐射噪声。深海洋流的湍流是一种低频噪声源。

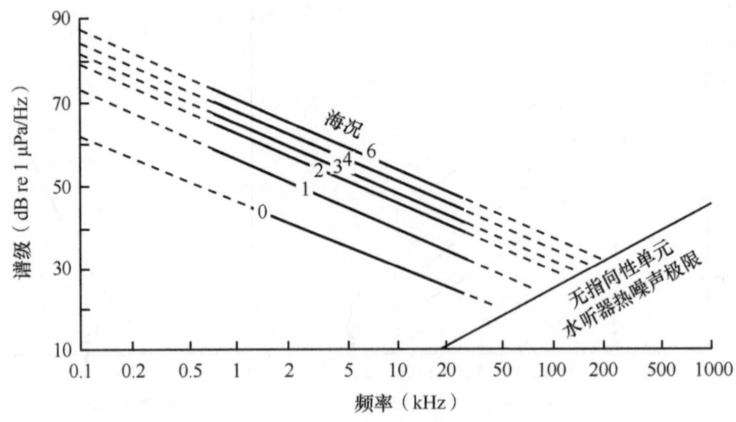

图 7.9 克努森水动力噪声谱[3]

海洋热噪声是由于海水热骚动而产生分子运动，从而发出噪声。这种分子骚动与水的绝对温度成正比，故称之为热噪声。在 50～200 kHz 的频段范围内，此类噪声是海洋环境噪声的重要组成成分之一。一般来说，热噪声的强度级要比其他噪声的强度级小得多，往往可以忽略不计。然而，热噪声决定了海水噪声的最低极限，即使没有其他噪声，海洋热噪声也一直存在。

海洋生物噪声是由海中的鱼、鼓虾和其他生物发出的声音。鱼群是主要的生物噪声源，其噪声有季节性和昼夜规律性的变化。生物噪声往往开始于黄昏之前，随后越来越强，在日落后一个小时左右达到最高峰，在高峰上维持一个小时左右，然后逐渐减弱，到午夜或午夜后不久又回到一般噪声级。鼓虾噪声的季节性变化不大，但总体上夜间比白天强，峰值也多半在黄昏时分。特别应指出的是，海豚、鲸鱼等海洋哺乳动物利用发声来进行信息交流。鲸豚有完善的声呐结构，用于导航、识别和彼此通信联系。例如，海豚可发出几 kHz 至几百 kHz、周期的或带宽可调的声脉冲。因此，海豚、抹香鲸等回声定位引起了研究者的广泛重视，是仿生学中很有意义的研究课题。有关的海洋生物噪声机制，特别是海豚发声机制已在第 4 章中做了初步介绍。

海洋中各种自然噪声的生成是复杂的过程，有着深刻的物理根源，需要加强对其机制的研究来提升我们对海洋声学的理解。这里以湍流产生声现象为例，从波动声学理论方面进行初步探讨。在湍流场中，流体质点的运动速度和压力都是分别在平均流速和平均压力的基础上以随机方式起伏，即满足：

$$\begin{aligned} \boldsymbol{u} &= \overline{\boldsymbol{u}} + \boldsymbol{u}' \\ p &= \overline{p} + p' \end{aligned} \tag{7.10}$$

式中，$\boldsymbol{u}$、$\overline{\boldsymbol{u}}$、$\boldsymbol{u}'$ 分别为流速、平均流速和流速扰动矢量；p、$\overline{p}$、p' 分别为压力、平均压力和压力扰动量。在微扰近似下，$|\boldsymbol{u}'| \ll |\overline{\boldsymbol{u}}|$，$p' \ll \overline{p}$。若把水听器置于湍流场中，水听器除了接收声压信号，还接收因压力起伏 p' 而产生的噪声干扰。

Lighthill[4]研究了湍流产生噪声的物理过程。设在无限均匀介质空间中，某一有限区域内的介质处于湍流状态，其平均速度为零。在该区域以外，海水处于静止状态。对于海水介质，切向应力很小，在以下分析中忽略不计。因此，流体的运动方程可写为

$$\frac{\partial \vec{\boldsymbol{u}}}{\partial t} + (\nabla \cdot \boldsymbol{u})\boldsymbol{u} = -\frac{1}{\rho}\nabla p \quad \text{或} \quad \frac{\partial u_i}{\partial t} + u_j \frac{\partial u_i}{\partial x_j} = -\frac{1}{\rho}\frac{\partial p}{\partial x_i} \quad (i, j=1, 2, 3) \tag{7.11}$$

连续性方程满足：

$$\frac{\partial \rho}{\partial t} + \nabla \cdot (\rho \boldsymbol{u}) = 0 \quad \text{或} \quad \frac{\partial \rho}{\partial t} + \frac{\partial (\rho u_j)}{\partial x_j} = 0 \tag{7.12}$$

由于

$$\frac{\partial(\rho u_i)}{\partial t}=\rho\frac{\partial u_i}{\partial t}+u_i\frac{\partial\rho}{\partial t} \tag{7.13}$$

把式（7.11）和式（7.12）代入式（7.13），得

$$\frac{\partial(\rho u_i)}{\partial t}=-\frac{\partial p}{\partial x_i}-\rho u_j\frac{\partial u_i}{\partial x_j}-u_i\frac{\partial(\rho u_j)}{\partial x_j}=-\frac{\partial p}{\partial x_i}-\frac{\partial(\rho u_i u_j)}{\partial x_j} \tag{7.14}$$

显然，忽略第二项并联立连续性方程，可以得到理想介质的波动方程。对于湍流而言，式（7.14）可改写为

$$\frac{\partial(\rho u_i)}{\partial t}+\frac{\partial(\rho u_i u_{j+}p_{ij})}{\partial x_j}=0 \tag{7.15}$$

式中，应力张量 $p_{ij}=p\delta_{ij}$，单位张量 $\delta_{ij}=\begin{cases}0, i\neq j\\1, i=j\end{cases}$。令 $T_{ij}=p_{ij}+\rho u_i u_j-c_0^2\rho\delta_{ij}$，代入 $\frac{\partial^2\rho}{\partial t^2}+\frac{\partial^2(\rho u_j)}{\partial t\partial x_j}=0$，可得

$$\nabla^2 p-\frac{1}{c_0^2}\frac{\partial^2 p}{\partial t^2}=-\frac{\partial^2 T_{ij}}{\partial x_i\partial x_j} \tag{7.16}$$

式（7.16）即湍流状态下的波动方程，描述介质中有湍流扰动时声波的传播。与理想介质波动方程比较，式（7.16）多出了 $\frac{\partial^2 T_{ij}}{\partial x_i\partial x_j}$ 项，其被称为源函数项。在湍流区域中，密度的空间变化和速度的起伏 $T_{ij}\cong\rho u_i u_j$ 引起了噪声辐射，因此可视为无规则分布于空间的双偶极子声源激发的湍流噪声。利用流体力学的相似性理论，噪声声强与起伏速度的关系[5]为

$$I\sim u'^8 \tag{7.17}$$

可见，噪声强度和典型流速的 8 次方成比例，且随着流速增大而迅速增大。

一般而言，可以借鉴空气动力学噪声理论来研究海洋湍流噪声。但也有差别，水流速度比气流速度小，且在高速下会产生空化现象。随着水下高速航行器的发展，湍流噪声的研究日显重要。海洋中存在大量高速游动的动物，如旗鱼、金枪鱼、剑鱼、海豚、鲨鱼等。这些动物可以在高速游动的同时保持低噪声，这种现象是值得深入研究的。仿生降噪机制研究具有重要的科学意义和实用价值。

7.3.2 深海环境噪声谱

克努森对 0.1～25 kHz 的深海环境噪声做了总结，给出了克努森曲线，如图 7.9 所示。后续研究进行了改进和补充。目前，Wenz[6]总结的深海噪声谱曲线具有代表

性（图 7.10）。在一般情况下，Wenz 谱级图能够描述环境噪声的普遍规律。

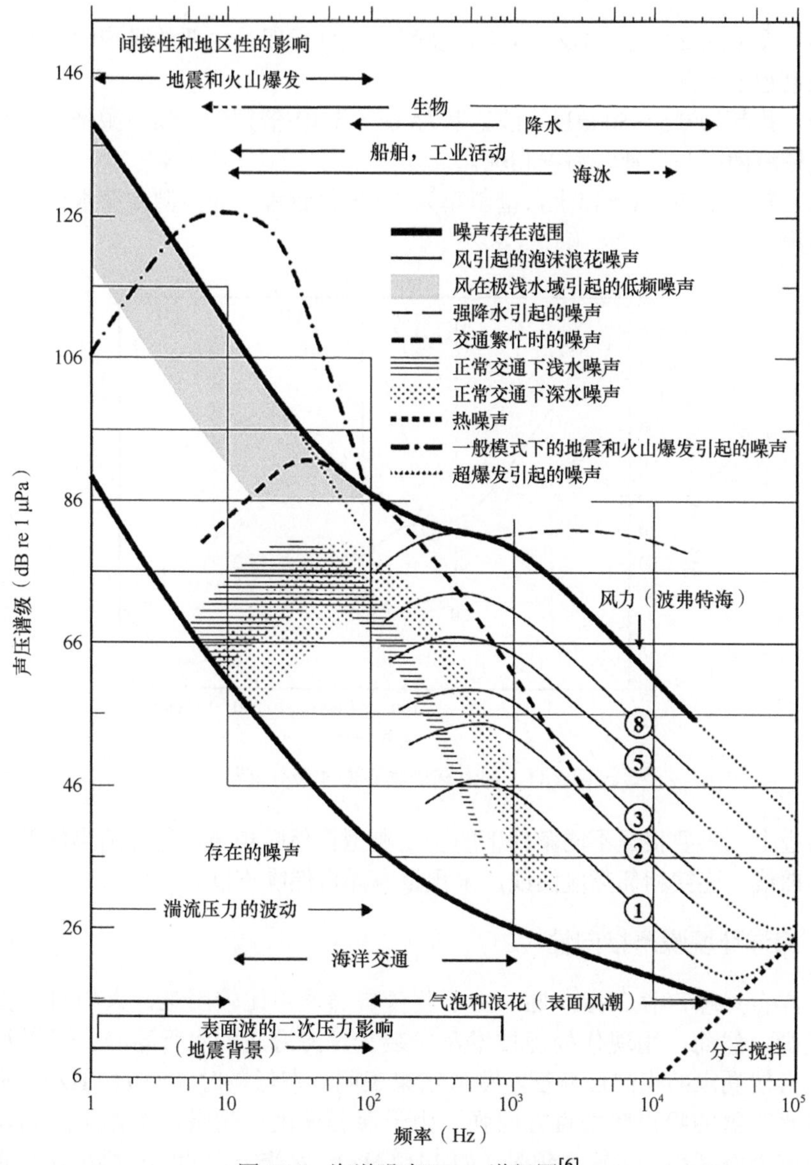

图 7.10　海洋噪声 Wenz 谱级图[6]

深海环境噪声谱分区特性如图 7.11 所示。噪声谱由以下斜率不同的五部分组成。

（1）频带在 1 Hz 以下，该噪声来源于海水压力或是地球内部的地震扰动。

（2）频带为 1～20 Hz，谱斜率为–10～–8 dB/倍频程。可能的噪声源是海洋湍流。

（3）频带为 20～500 Hz，噪声谱变平。远处行船是主要的噪声源，因此与航运的频繁程度有关。

（4）频带为 0.5～50 kHz，谱斜率为–6～–5 dB/倍频程。噪声源是离测量点不远的粗糙海面，与风速、海况相关。

（5）频率在 50 kHz 以上，谱斜率为 6 dB/倍频程。噪声源是海水介质分子热运动噪声。

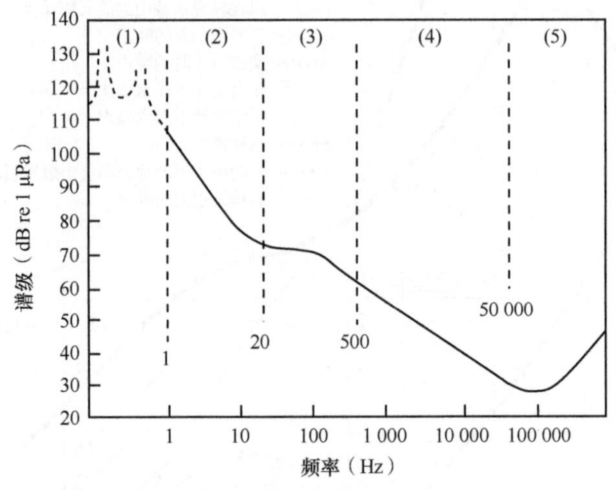

图 7.11　深海环境噪声谱 5 段分区[2]

工程上，需要根据不同条件下的平均典型自然噪声谱，选择适当的航运和风速条件曲线，连接相邻频段曲线，来预报海洋自然噪声谱。

7.3.3　海洋环境噪声指向性

海洋自然噪声存在指向性。由于测量自然噪声比较困难，人们对其指向性了解较少。然而，用现代处理技术及安装在深海海底的水听器阵，可以得到深海海底自然噪声的指向性特征。测量结果表明，在低频时（如 112 Hz），水平方向到达水听器的噪声比垂直方向强。由于海面波浪产生噪声的作用，其差别随着风力增大而减小。在较高频时（如 1414 Hz），水平方向的噪声强度比垂直方向弱，波浪噪声使其差别随风力增大而增大，如图 7.12 所示。由此可见，自然噪声源分布是不均匀的。低频的噪声源位于很远的地方，主要通过水平路径传到水听器，而高频的噪声源大多接近海面。

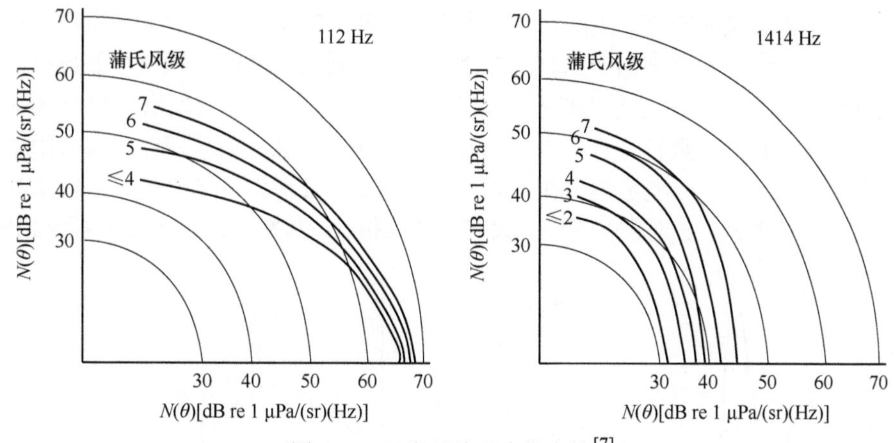

图 7.12　深海环境噪声指向性[7]

7.4　海洋生物噪声

海洋是一个大自然的声信号库，包含生物声信号、物理过程（如风、海流等过程）产生的声信号、地质活动（如地震）产生的声信号。这些多样性的过程产生的声信号特性各异，分布于不同的频段。许多海洋生物都进化出产生、接收及处理声信号的能力。海洋哺乳动物、鱼类等生物能够通过其听觉系统感知海洋环境外部声场的变化，从而做出最佳决策，选择安全的栖息地。海豚利用其声呐系统进行导航、捕食与交流，提升生存概率。随着人类的资源开发逐步从陆地深入海洋，人为工业活动产生的船舶噪声、油气勘探噪声、打桩噪声等干扰使得海洋环境日益嘈杂。海洋生物噪声的特性是海洋声学研究的重要内容，对水下噪声控制、海洋生态环境保护具有重要的意义。

7.4.1　大黄鱼噪声

大黄鱼（*Larimichthys crocea*）作为我国特有的地方性海水经济鱼类，在我国海洋鱼类体系中具有举足轻重的地位[8]。福建省大黄鱼养殖产量占全国的 80%以上，全产业链产值超百亿，已成为国家粮食战略的重要内容。大黄鱼养殖作为福建海洋养殖支柱产业之一，对推进海洋渔业高质量发展意义重大。

大黄鱼主要栖息在黄海南部、东海沿岸和近海砂泥底质的底层水域。大黄鱼的鱼鳔较大，通常横跨鱼体的整个腹腔，被两侧对称的肌肉（又称声肌）所包围。声肌起源于大黄鱼腹部下侧的肌肉组织，并插入鱼鳔背侧的中心肌腱位置。在大黄鱼的发声过程中，声肌快速收缩，使鱼鳔产生振动，从而发出声信号[9]。

大黄鱼的发声行为在其索饵、洄游、集群、生殖及防御等行为中发挥着重要作用。尽管许多其他鱼类也使用声音进行交流，但石首鱼的独特之处在于其发声机制的多样性、发出声音的多样性及声音检测结构的变化，根据其发声信号的特征可以描述为类鼓声、类呱呱声、类敲打声、类咯咯声和类咕噜声[10]。而大黄鱼作为石首鱼的一种，发声信号通常由一系列连续脉冲组成，通过信号的时频特征差异可以将监测到的大黄鱼发声信号分为两种，如图 7.13 所示，脉冲 Ⅰ 周期数较少且频率分布较低，脉冲Ⅱ周期数较多且频率分布较高。整体发声脉冲信号覆盖频率范围主要在几千赫兹以下，主要能量集中在 100～1000 Hz。大黄鱼发声信号的峰值频率与体长具有负相关关系，在通常情况下，大黄鱼体长越长，其发声信号的峰值频率越低。

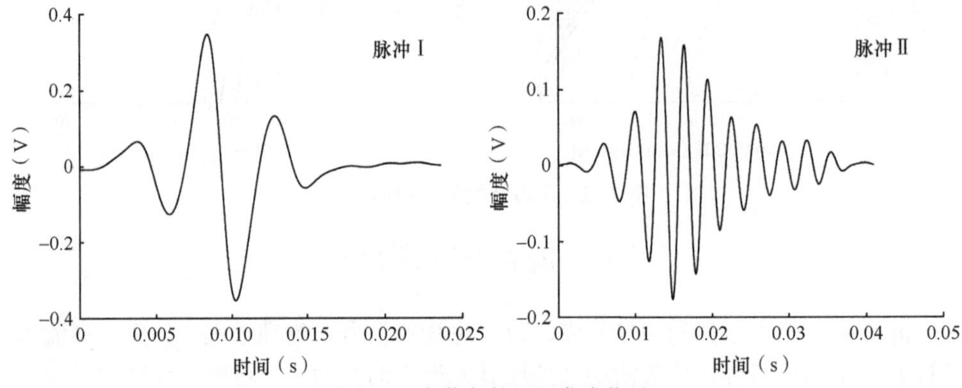

图 7.13　大黄鱼的不同发声信号

大黄鱼发声类型主要包括繁殖发声和惊扰发声。繁殖发声主要出现在大黄鱼的繁殖季节，该发声行为在黄昏和傍晚达到顶峰。在繁殖期，大黄鱼发声信号的声学特征（如峰值频率、–3 dB 带宽、发声时间和单次发声信号脉冲个数等）会随着繁殖时期的情况发生改变[11]。如图 7.14 所示，T1 阶段为激素处理前，T2 阶段为激素处理后至抱卵前，T3 阶段为产卵期第一天，T4 阶段为产卵期第二天，可以看出，大黄鱼发声信号在不同繁殖时期的声学特征具有显著差异。此外，惊扰发声则出现在大黄鱼警报、疼痛等状态。惊扰发声在自然状态下产生较少，该状态下的发声主要是因为大黄鱼感知到周围环境产生的压力。

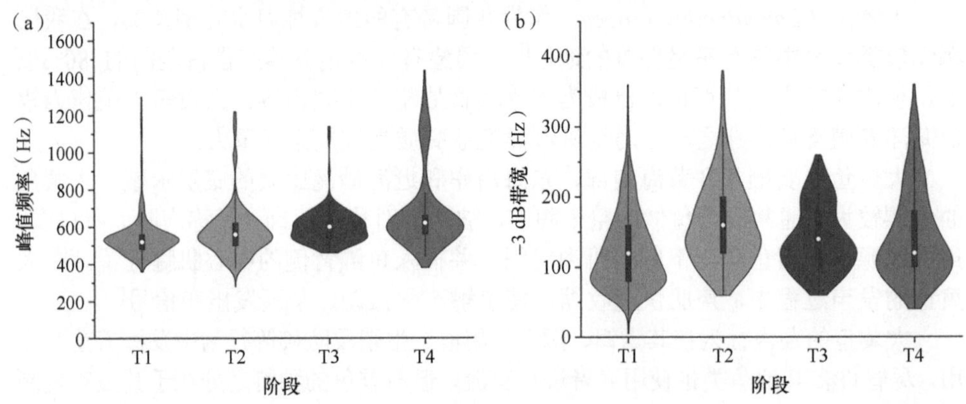

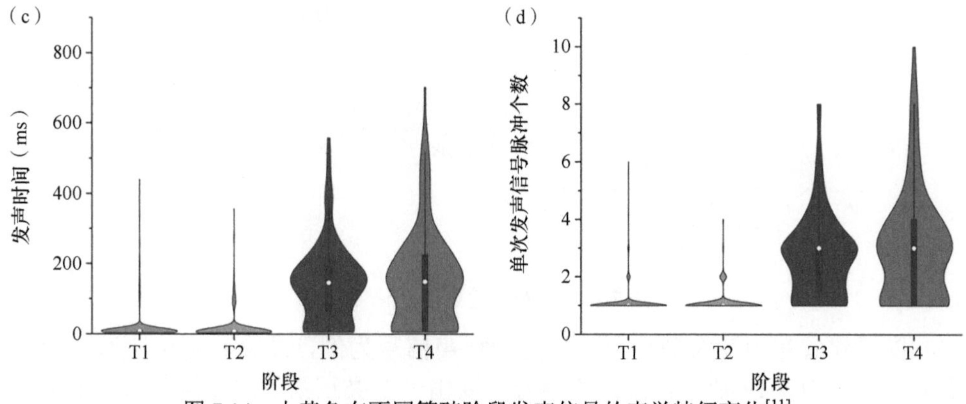

图 7.14　大黄鱼在不同繁殖阶段发声信号的声学特征变化[11]

7.4.2　鼓虾噪声

鼓虾是海洋甲壳类发声动物的典型代表。鼓虾是鼓虾科动物的统称，包括 48 属超 700 种，其中鼓虾属（*Alpheus*）和合鼓虾属（*Synalpheus*）两个属的鼓虾因为能够产生高强度的声信号而备受关注[12-16]。鼓虾不仅物种丰富，还具有很高的生态多样性。鼓虾广泛分布于热带和温带的浅海区域，少数种类生活在寒温带或者深海区域[17, 18]。

发声行为是鼓虾重要的行为特征，主要用于捕食、守卫领地与信息交流等。鼓虾的发声源于独特的大螯。大螯的结构如图 7.15 所示，主要包括定趾和动趾两部分，定趾具有一个凹陷状的囊腔，动趾具有一个与囊腔相匹配的柱塞。

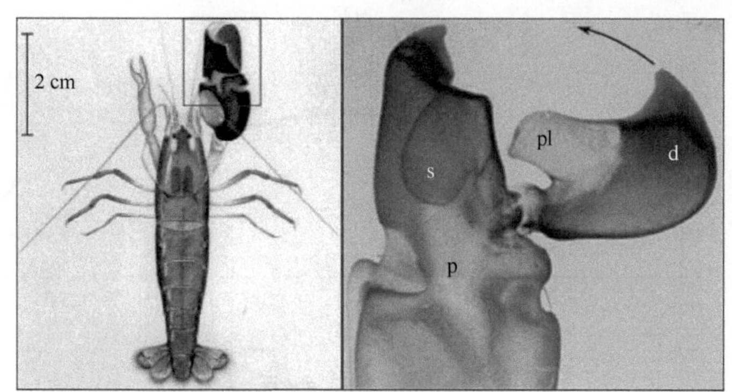

图 7.15　鼓虾大螯结构[19]

s：插座；pl：柱塞；d：指趾；p：支柱

鼓虾的发声过程涉及复杂的多物理场耦合作用，如图 7.16 所示。当鼓虾快速闭合大螯时，柱塞滑入囊腔并迫使其中的液体喷射而出，形成一股向前的高速射流，流速可达近 30 m/s。高速射流产生空化效应，气泡微核膨胀，形成空化气泡。当射流快速消散后，空化气泡瞬间塌陷，并激发出高强度的声脉冲信号[19-21]。

图 7.16 鼓虾高速射流空化效应

以福建省东山湾海域一个典型的鼓虾声信号为例，观察其时域波形与功率谱特征。如图 7.17 所示，鼓虾声信号主要由一个类正弦的前置信号和一个类冲激的脉冲信号构成。信号时域长度约为 0.3 ms，峰值频率为 3.8 kHz，–3 dB 带宽为 5.7 kHz，频谱能量可扩展至 200 kHz 以上。虽然鼓虾声信号的特征会随着种类、体型等因素的不同而稍有变化[22-24]，但总体而言，鼓虾声信号普遍具有强冲激、宽频带的特性。

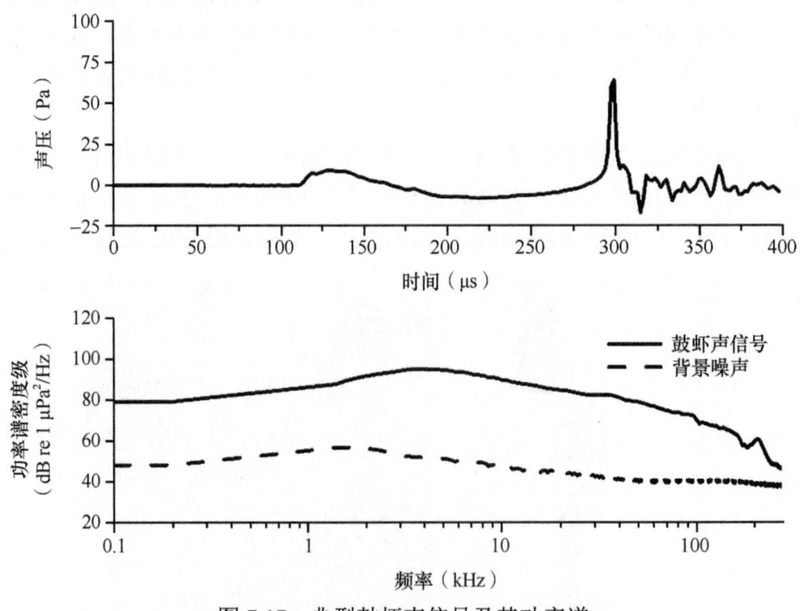

图 7.17 典型鼓虾声信号及其功率谱

鼓虾声信号是浅海水下噪声的主要来源，尤其对于中频段噪声（0.5～25 kHz）而言[25]。鼓虾个体一般不会表现出连续的发声行为。但由于鼓虾群体的数量较大，其产生的声信号会形成近乎持续不断的水下噪声场。鼓虾噪声能够令水下环境噪声水平在中频段增加约 20 dB[25]。在浅海中，鼓虾噪声有时会严重干扰探测器件、通信声呐器件等水声设备的正常工作，这正是开展鼓虾噪声研究的主要原因之一[14, 15]。

此外，鼓虾噪声是海洋声景的重要组成部分，可以指引鱼类、牡蛎等生物的幼体选择合适的栖息地，因而具有重要的生态意义[26, 27]。

鼓虾的发声行为会受到温度、潮汐与光照等因素的影响，导致鼓虾噪声呈现显著的季节、月相及昼夜周期性。大体上，鼓虾噪声水平呈现夏季比冬季强（温度因素）、新月较满月强（潮位因素）、夜晚比白天强（光照因素）的特点[15, 28, 29]。除上述节律性以外，鼓虾的发声行为还受到海水酸碱度、含氧量等生态环境要素的影响[30, 31]。鼓虾声信号的变化能够提供有关生态环境的状态信息。因此，鼓虾声信号为生态系统监测提供了声学手段[31, 32]。

7.4.3　海豚噪声

海豚可以通过发射回声定位信号进行水下探测、定位和摄食，并且能够使用通信声信号进行群体交流等。现有研究表明，宽吻海豚的声信号，从时频域特性上可分为以下三大类。

（1）海豚的回声定位信号（echolocation click）。如图 7.18 所示，宽吻海豚的回声定位信号是由多个窄脉冲组成的脉冲串序列。一般具有 4～8 个周期，持续时间长 40～70 μs，峰值的声源级高达 210～225 dB，信号的中心频率为 110～130 kHz，频带宽度范围为 35～60 kHz。中心频率和声信号强度呈线性相关关系。高强度的回声定位信号的中心频率为 100 kHz，甚至更高，而低强度的回声定位信号的中心频率一般为 30～60 kHz。

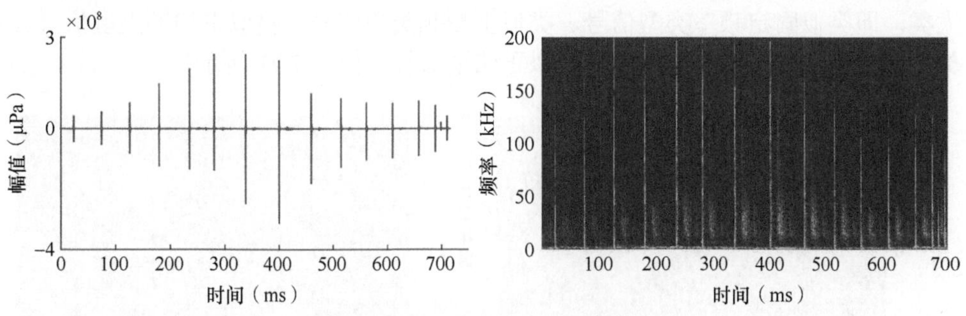

图 7.18　宽吻海豚的回声定位信号

（2）海豚的通信信号（whistle），也称哨叫声、口哨声等。海豚通信信号是一种调幅和调频脉冲，用于群体之间的社交行为，如个体识别、信息传达、情感表达等。如图 7.19 所示，宽吻海豚的通信信号的频带相对较窄且能量集中，持续时间长短不一，从几百毫秒到几秒。

（3）海豚的应急突发信号（burst pulse）。如图 7.20 所示，宽吻海豚的应急突发信号出现概率比较低，相对比较难采集。

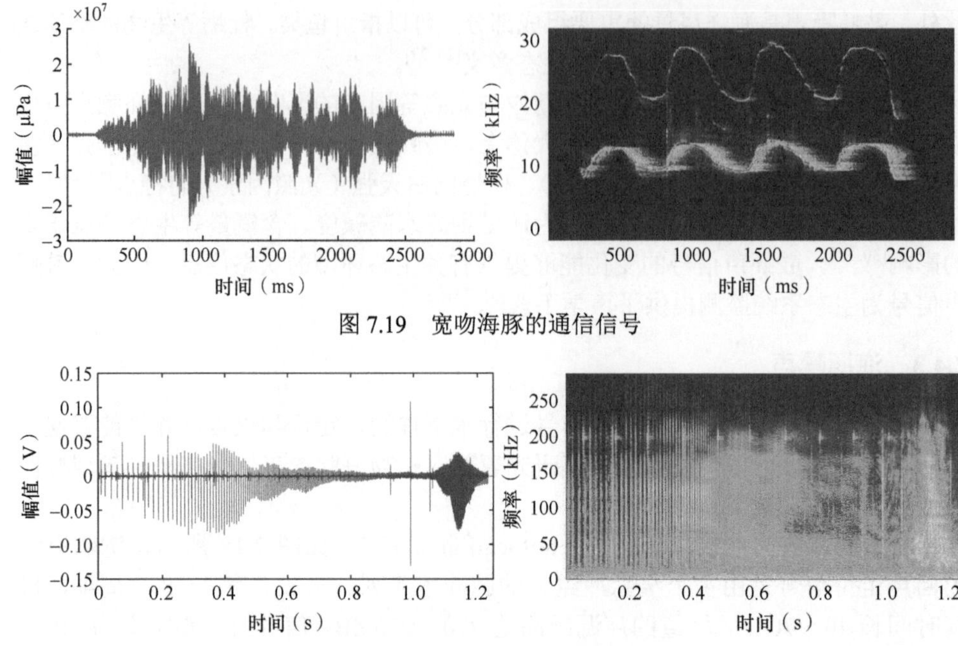

图 7.19 宽吻海豚的通信信号

幅值（V）
时间（s）
频率（kHz）
时间（s）

图 7.20 宽吻海豚的应急突发信号

在海豚通信信号的分类研究上，Driscoll[33]、Bazúa-Durán 和 Au[34]经过对多种海豚通信信号的大量采集以及频谱形状轨迹的统计归类，把海豚通信信号分为六大类，即类似固定频率类型信号、类似上扫频类型信号、类似下扫频类型信号、类似凹型信号、类似凸型信号和类似正弦型信号，如图 7.21 所示。

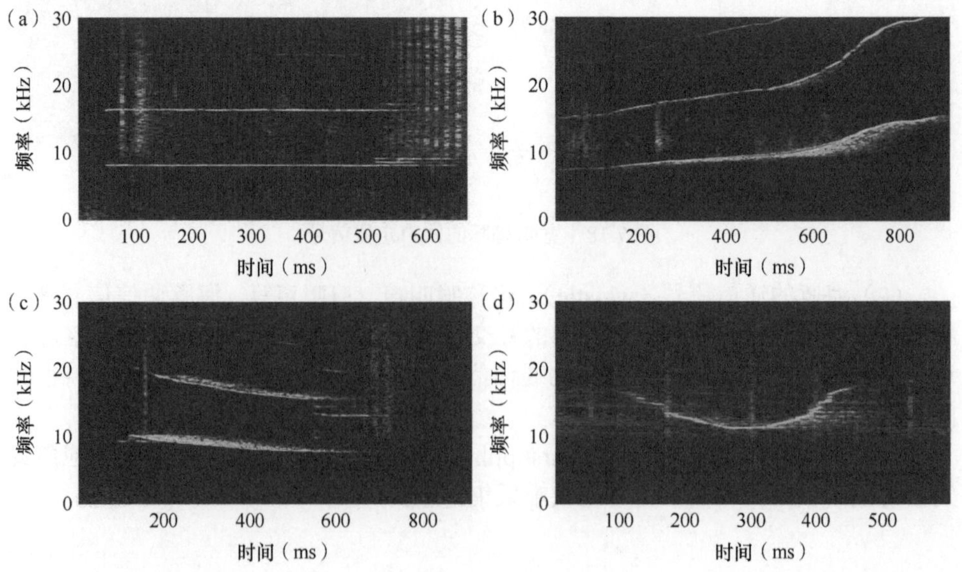

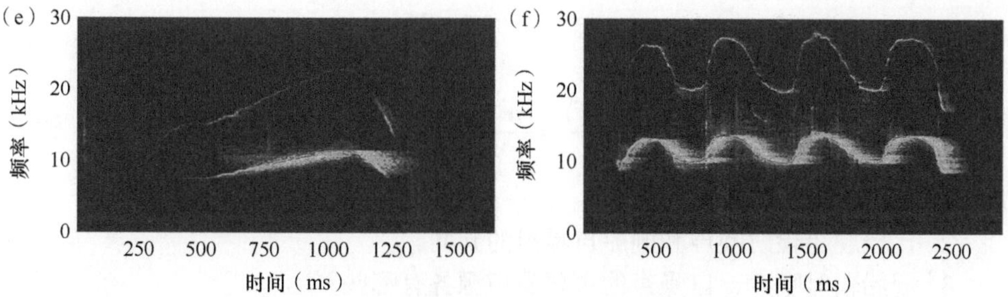

图 7.21　宽吻海豚六种通信信号的频谱图[35]

(a) 类似固定频率类型信号；(b) 类似上扫频类型信号；(c) 类似下扫频类型信号；(d) 类似凹型信号；(e) 类似凸型信号；(f) 类似正弦型信号

表 7.2 中海豚通信信号的特征主要是通过宽吻海豚六大类通信信号频谱曲线随着时间的变化趋势来确定。Bazúa-Durán 和 Au[36]及 Bazúa-Durán[37]从 2001 年起在夏威夷群岛跟踪长吻原海豚，并经过多年努力采集到多达上万段的长吻原海豚通信信号，验证了六种分类的可行性。此外，Seekings 等[38]通过对中华白海豚通信信号频谱轨迹的分析，把通信信号分为五种类型。Oswald 等[39]对海豚通信信号进行分析统计，提出了一种可以实时鉴定海豚通信信号的方法。厦门大学对人工圈养的宽吻海豚通信信号进行了分类和统计，并比较了宽吻海豚在自由游动及人工训练两种状态下通信信号的不同[35]。

表 7.2　海豚通信信号六大类型的主要特征

信号类型	主要特征
类似固定频率类型信号	整段信号的最大频率变化量不超过 1 kHz，或者信号频率范围（高度）不超过信号周期（宽度）的 1/4。在整段通信信号中，频率很少保持在一个恒定的数值
类似上扫频类型信号	信号的频率主要呈现上升趋势。如果有拐点存在，则下降部分不超过整段通信信号频率范围的一半
类似下扫频类型信号	信号的频率主要呈现下降趋势。如果有拐点存在，则上升部分不超过整段通信信号频率范围的一半
类似凹型信号	整段信号的频谱形状轨迹中至少存在一个拐点，在拐点前先主要呈现下降趋势，继而主要呈现上升趋势，上升与下降的部分占整段通信信号频率范围的一半以上
类似凸型信号	整段信号的频谱形状轨迹中至少存在一个拐点，在拐点前先主要呈现上升趋势，继而主要呈现下降趋势，上升与下降的部分占整段通信信号频率范围的一半以上
类似正弦型信号	信号形状类似正弦信号，信号的频谱形状轨迹在上升后下降，然后起伏向前延伸（或先降后升），其中至少出现两个拐点，并且至少有三段起伏部分，占整段通信信号频率范围的一半以上

可见，海豚声信号的采集、处理及特征分析为海豚声学研究提供了重要的生物数据库，在海豚声呐机制及其仿生学研究中发挥着重要作用。

本 章 习 题

1. 对于噪声频谱密度满足$\dfrac{S(f)}{I_0}=\dfrac{a}{f^n}$的频率衰减率而言，如果$n$=2.5，则噪声频谱级每倍频程下降多少分贝？

2. 比较舰船辐射噪声和舰船自噪声的异同。

3. 舰船辐射噪声、自噪声的主要噪声源各有哪些？

4. 为了减小自噪声，舰船声学设备应如何选择工作频率？

5. 海洋中的自然噪声源有哪些？试分析 Wenz 谱级图的噪声谱分区特性。

6. 试讨论大黄鱼、鼓虾的生物噪声信号特性。

7. 从时频特性上，海豚声信号有哪些类别，其功能是什么？

参 考 文 献

[1] Jones N. Ocean uproar: saving marine life from a barrage of noise. Nature, 2019, 568(7752): 158-162.

[2] Urick RJ. Principles of Underwater Sound. New York: McGraw-Hill Book Company, 1983.

[3] Knudsen VO, Alford RS, Emling JW. Underwater ambient noise. Journal of Marine Research, 1948, 7(3): 410-429.

[4] Lighthill MJ. Studies on magneto-hydrodynamic waves and other anisotropic wave motions. Philosophical Transactions of the Royal Society of London A, 1960, 252(1014): 397-430.

[5] Lighthill MJ. On sound generated aerodynamically I. General theory. Proceedings of the Royal Society of London. Series A, Mathematical and Physical Sciences, 1952, 211(1107): 564-587.

[6] Wenz GM. Acoustic ambient noise in the ocean: spectra and sources. The Journal of the Acoustical Society of America, 1962, 34(12): 1936-1956.

[7] Axelrod EH, Schoomer BA, Von Winkle WA. Vertical directionality of ambient noise in the deep ocean at a site near Bermuda. The Journal of the Acoustical Society of America, 1965, 37(1): 77-83.

[8] Liu M, De Mitcheson YS. Profile of a fishery collapse: why mariculture failed to save the large yellow croaker. Fish and Fisheries, 2008, 9(3): 219-242.

[9] Fine ML, Parmentier E. Mechanisms of fish sound production//Ladich F. Sound Communication in Fishes. Vienna Springer, 2015: 77-126.

[10] Ramcharitar J, Gannon DP, Popper AN. Bioacoustics of fishes of the family Sciaenidae (*Croakers* and *Drums*). Transactions of the American Fisheries Society, 2006, 135(5): 1409-1431.

[11] Zhou YL, Xu XM, Zhang XH, et al. Vocalization behavior differs across reproductive stages in cultured large yellow croaker *Larimichthys crocea* (Perciformes: Sciaenidae). Aquaculture, 2022, 556: 738267.

[12] Anker A, Ahyong ST, Noël PY, et al. Morphological phylogeny of alpheid shrimps: parallel preadaptation and the origin of a key morphological innovation, the snapping claw. Evolution, 2006, 60(12): 2507-2528.

[13] Sha ZL, Wang YR, Cui DL. The Alpheidae from China Seas. Singapore: Springer, 2019.

[14] Johnson MW, Everest FA, Young RW. The role of snapping shrimp (*Crangon* and *Synalpheus*) in the production of underwater noise in the sea. The Biological Bulletin, 1947, 93(2): 122-138.
[15] Everest FA, Young RW, Johnson MW. Acoustical characteristics of noise produced by snapping shrimp. The Journal of the Acoustical Society of America, 1948, 20(2): 137-142.
[16] Kaji T, Anker A, Wirkner CS, et al. Parallel saltational evolution of ultrafast movements in snapping shrimp claws. Current Biology, 2018, 28(1): 106-113.
[17] 崔冬玲, 沙忠利. 鼓虾科分类学研究进展. 海洋科学, 2015, 39(8): 110-115.
[18] Scioli JA, Anker A. Description of *Alpheus gallicus*, a new deep-water snapping shrimp from Galicia Bank, northeastern Atlantic (Malacostraca, Decapoda, Alpheidae). Zootaxa, 2020, 4731(3): 347-358.
[19] Versluis M, Schmitz B, von der Heydt A, et al. How snapping shrimp snap: through cavitating bubbles. Science, 2000, 289(5487): 2114-2117.
[20] Au WW, Banks K. The acoustics of the snapping shrimp *Synalpheus parneomeris* in Kaneohe Bay. The Journal of the Acoustical Society of America, 1998, 103(1): 41-47.
[21] Versluis M, von der Heydt A, Lohse D, et al. On the sound of snapping shrimp. Physics of Fluids, 2001, 13(9): S13.
[22] Schmitz B. Sound production in Crustacea with special reference to the Alpheidae//Wiese K. The Crustacean Nervous System. Berlin, Heidelberg: Springer, 2002: 536-547.
[23] Song Z, Salas AK, Montie EW, et al. Sound pressure and particle motion components of the snaps produced by two snapping shrimp species (*Alpheus heterochaelis* and *Alpheus angulosus*). The Journal of the Acoustical Society of America, 2021, 150(5): 3288-3301.
[24] Kim BN, Hahn J, Choi BK, et al. Snapping shrimp sound measured under laboratory conditions. Japanese Journal of Applied Physics, 2010, 49(7S): 07HG04.
[25] Hildebrand JA. Anthropogenic and natural sources of ambient noise in the ocean. Marine Ecology Progress Series, 2009, 395: 5-20.
[26] Simpson SD, Meekan MG, Jeffs A, et al. Settlement-stage coral reef fish prefer the higher-frequency invertebrate-generated audible component of reef noise. Animal Behaviour, 2008, 75(6): 1861-1868.
[27] Lillis A, Eggleston DB, Bohnenstiehl DR. Oyster larvae settle in response to habitat-associated underwater sounds. PLOS ONE, 2013, 8(10): e79337.
[28] Bohnenstiehl DR, Lillis A, Eggleston DB. The curious acoustic behavior of estuarine snapping shrimp: temporal patterns of snapping shrimp sound in sub-tidal oyster reef habitat. PLOS ONE, 2016, 11(1): e0143691.
[29] Lillis A, Mooney TA. Snapping shrimp sound production patterns on Caribbean coral reefs: relationships with celestial cycles and environmental variables. Coral Reefs, 2018, 37(2): 597-607.
[30] Lai KS, Goh ZZ, Ghazali SM. The effects of temperature and pH change on the snapping sound characteristic of *Alpheus edwardsii*. Journal of Environmental Biology, 2021, 42: 832-839.
[31] Watanabe M, Sekine M, Hamada E, et al. Monitoring of shallow sea environment by using snapping shrimps. Water Science and Technology, 2002, 46(11-12): 419-424.
[32] Monczak A, McKinney B, Mueller C, et al. What's all that racket! Soundscapes, phenology, and biodiversity in estuaries. PLOS ONE, 2020, 15(9): e0236874.
[33] Driscoll AD. The whistles of Hawaiian spinner dolphins. Stenella Longirosris, 1995. Santa Cruz: University of California at Santa Cruz.
[34] Bazúa-Durán C, Au WW. The whistles of Hawaiian spinner dolphins. The Journal of the Acoustical Society of America, 2002, 112(6): 3064-3072.
[35] 魏翀, 许肖梅, 张宇, 等. 圈养宽吻海豚自由游动状态和训练期间通讯信号比较研究. 声学

学报, 2014, 39(4): 452-458.

[36] Bazúa-Durán C, Au WW. Geographic variations in the whistles of spinner dolphins (*Stenella longirostris*) of the Main Hawai'ian Islands. The Journal of the Acoustical Society of America, 2004, 116(6): 3757-3769.

[37] Bazúa-Durán C. Differences in the whistle characteristics and repertoire of Bottlenose and Spinner Dolphins. Anais da Academia Brasileira de Ciências, 2004, 76: 386-392.

[38] Seekings PJ, Yeo KP, Chen ZP, et al. Classification of a large collection of whistles from Indo-Pacific humpback dolphins (*Sousa chinensis*). OCEANS'10 IEEE SYDNEY. IEEE, 2010: 1-5.

[39] Oswald JN, Barlow J, Norris TF. Acoustic identification of nine delphinid species in the eastern tropical Pacific Ocean. Marine Mammal Science, 2003, 19(1): 20-37.

第8章 声 呐 方 程

前述章节介绍海洋声学的基本理论，对海水的声学特性、声波在海洋中的折射与传播、海洋中的声散射与目标强度做了介绍，也分析了海洋中的混响、水下噪声等。可以看出，这些因素都会对海洋声学系统的工作性能产生重要影响。声学设备在海水介质中进行目标探测、定位和导航时，各个因素都不同程度地起作用。为了综合考虑这些因素对声能量的影响，就需要引入声呐方程。如果不需要描述复杂的声场物理过程，而是仅从能量或幅度的角度，声呐方程可以将海水介质、目标和声学设备的作用综合在一起，可建立简洁的声强关系式，这无疑对于水声设备设计与性能评估有重要的应用价值。可见，海洋声学为声呐方程建立严格的理论基础，而声呐方程为海洋声学提供可应用的技术手段。本章从声能角度，分析声强在水下声发射、传播、探测目标和接收过程中的变化，建立声呐方程并探讨其应用，最后初步介绍海豚生物声呐。

8.1 声呐方程的建立

8.1.1 声呐

声呐是利用水下声信息进行探测、识别、定位、导航和通信的系统。声呐与雷达在许多方面有共同之处。例如，声呐方程是从雷达方程借鉴而来。声呐方程是综合考虑水声各要素对声呐设备设计和应用所产生影响的关系式。

声呐系统按其工作方式可分为主动声呐和被动声呐。如图 8.1 所示，主动声

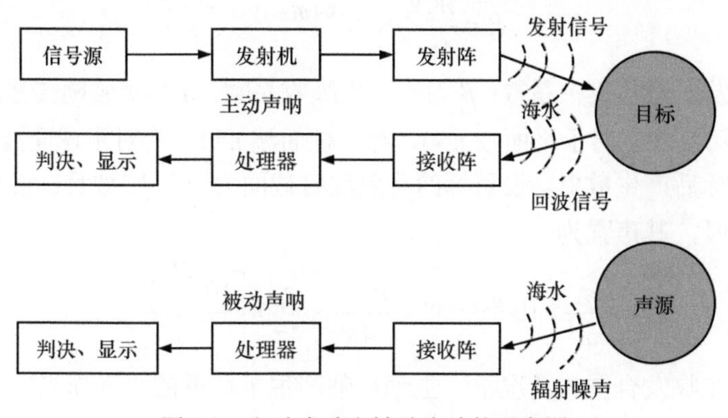

图 8.1　主动声呐和被动声呐的示意图

纳由信号源通过发射阵向海水介质发射声波。发射信号在传播时受到海洋信道（即声信息传输的海洋空间）的影响，遇到目标后产生回波信号。回波信号经过信道后返回声呐接收系统。接收阵除了接收到回波信号，还接收到两种干扰，一种是与发射信号无关的环境噪声干扰；另一种是由发射信号引起的混响干扰。而被动声呐并不发射信号，水下目标声源的辐射噪声经过海洋信道后被接收阵接收，同时被接收的还有噪声干扰。显然，主动声呐和被动声呐都需要在干扰下通过处理器检测出回波信号，做出判决和显示才能完成工作。

8.1.2 主动声呐方程

在主动声呐中，发射基阵发射声信号。声信号在海水介质中传播后入射到目标上产生回波信号。回波信号在海水介质中传播后返回接收基阵接收并由处理器处理，如图 8.2 所示。以下对主动声呐声强变化的物理过程进行分析。

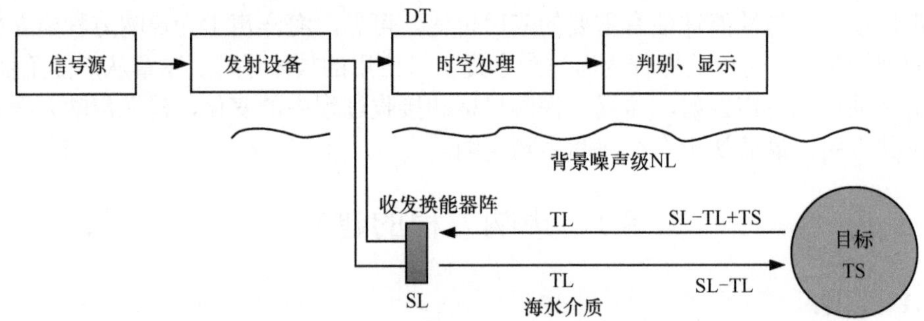

图 8.2　主动声呐声强变化的示意图

SL：声源级；TS：目标强度；TL：传播损失；DT：检测阈

一般而言，主动声呐工作于噪声和混响背景下。假设声功率为 W_a 的发射器发射声波，则其在声轴方向上距离 $r \gg 1$ 处产生的入射声强为

$$I_i = \frac{W_a \gamma_1}{4\pi r^n} \times 10^{-0.1\beta(r-1)} \tag{8.1}$$

式中，γ_1 为发射器的集中系数；β 为海水声吸收系数；n 为声强随传播距离 r 的扩展率，根据第 2 章，对于平面波 n=0，对于柱面波 n=1，而对于球面波 n=2。入射声波遇到目标后产生散射。设目标的有效散射截面为 σ_s，则被目标散射的回波返回到接收点时，其声强为

$$I_r = \frac{I_i \sigma_s}{4\pi r^n} \times 10^{-0.1\beta(r-1)} = \frac{W_a \gamma_1}{4\pi} \times \frac{\sigma_s}{4\pi} \times \left[\frac{10^{-0.1\beta(r-1)}}{r^n}\right]^2 \tag{8.2}$$

可以看出，在收发合置的情况下，主动声呐产生了往返的声强损失。

主动声呐接收换能器同时接收到回波信号、海洋噪声和混响干扰，那么其接

收到的信号与噪声之比（即信噪比 SNR）满足：

$$\mathrm{SNR}=10\lg\frac{I_\mathrm{r}}{I_\mathrm{N}}=10\lg\frac{W_\mathrm{a}\gamma_1}{4\pi I_0}+10\lg\frac{\sigma_\mathrm{s}}{4\pi}-10\lg\left[10^{0.2\beta(r-1)}r^{2n}\right]-10\lg\frac{I_\mathrm{N}}{I_0} \tag{8.3}$$

式中，I_N 为水听器接收到的噪声或混响干扰强度；I_0 为参考声强，即均方根声压为 1 μPa 的平面波声强，$I_0=\frac{(10^{-6})^2}{\rho c}\approx 0.67\times10^{-22}$ W/cm^2，其中 ρ 和 c 分别为水的密度和声速。由上述过程可以看出，声强变化与声源、目标、传播特性、外界干扰等声呐要素密切相关，下面对这些因素进行讨论。

1）声源级

式（8.3）中第一项$10\lg\frac{W_\mathrm{a}\gamma_1}{4\pi I_0}$为声源级 SL，描述了主动声呐发射声信号的强弱，可定义为

$$\mathrm{SL}=10\lg\frac{W_\mathrm{a}\gamma_1}{4\pi I_0}=10\lg\frac{I_\mathrm{i}(r=1)}{I_0}=170.77+10\lg W_\mathrm{a}+\mathrm{DI_T} \tag{8.4}$$

式中，$I_\mathrm{i}(r=1)$为发射器声轴方向上距离声源中心 1 m 处的声强，一般在远场进行声强测量而后折算到 1 m 的距离；$\mathrm{DI_T}=10\lg\gamma_1$ 为发射指向性指数。

可见，发射器的声源级反映了其辐射声功率的大小。由发射器的辐射声功率和发射指向性指数可以确定声源级。对于无指向性声源而言，$\mathrm{DI_T}=0$，$\mathrm{SL}=170.77+10\lg W_\mathrm{a}$。$\mathrm{DI_T}$ 表示在相同辐射声功率和距离上，指向性发射器声轴上声级高出无指向性发射器声级的分贝数。$\mathrm{DI_T}$ 提高声源级，相应也提高回声信号强度，从而提高接收信号的信噪比。$\mathrm{DI_T}$ 越大，则声能在声轴方向集中的程度越高，从而使声呐的作用距离越远。常用船载声呐的辐射声功率为百瓦到万瓦，发射指向性指数为 10 dB 到 30 dB，那么船载声呐声源级为 200 dB 到 240 dB。

2）目标强度

式（8.3）中第二项$10\lg\frac{\sigma_\mathrm{s}}{4\pi}$为目标强度。第 6 章给出的目标强度定义为

$$\mathrm{TS}=10\lg\frac{\sigma_\mathrm{s}}{4\pi}=10\lg\frac{I_\mathrm{r}(r=1)}{I_\mathrm{i}} \tag{8.5}$$

式中，$I_\mathrm{r}(r=1)$为距离目标声学中心 1 m 处的回波声强；I_i 为目标处入射声波的声强；σ_s 为散射截面。目标强度可以采用比较法在远场条件下测量。

根据第 6 章海洋中的声散射，悬浮颗粒、气泡等的散射声场可以通过求解波动方程来确定，而不规则形状目标的散射声场可以通过求解亥姆霍兹积分来确定。海洋中目标的散射回波与入射波特性（频率、波阵面形状）和目标特性（几何形

状、组成材料）有关。刚性不动球体的目标强度 $TS = 10\lg\frac{a^2}{4}$ 表明目标尺寸越大，散射截面 σ_s 越大，目标强度也就越大。

3）传播损失

式（8.3）中第三项 $10\lg\left[10^{0.2\beta(r-1)}r^{2n}\right]$ 为考虑波阵面扩展和声吸收的双程传播损失。传播损失定量描述声波传播一定距离后的声强衰减，可定义为

$$TL = 10\lg\frac{I(r=1)}{I(r)} = n\times10\lg r + \beta(r-1) \approx n\times10\lg r + 10^{-3}\times\beta' r \tag{8.6}$$

式中，$I(r=1)$为距离声源等效声中心 1 m 处的声强；I 为距声源 r 处的声强。r 的单位为 m，β'的单位为 dB/km。由于 $r\gg1$，则 $I(r=1)>I$，因此 TL 总是正的。

根据 n 取值不同，式（8.6）适用于多类传播条件的传播损失。

（1）n=0，为平面波，无界空间中声波的波阵面不扩展。声波沿 r 方向传播，满足一维波动方程，并在无穷远处满足辐射边界条件，进而可得其声场解为

$$p(r) = A_1 e^{j(wt-kr)} \tag{8.7}$$

式中，A_1 是平面波声压幅值，且不随距离 r 变化。根据传播损失定义：

$$TL = 10\lg\frac{I(r=1)}{I(r)} \tag{8.8}$$

式中，$I(r=1)$是距离声源等效声中心 1 m 处的声强；$I(r)$是距离声源等效声中心 r 处的声强。根据声学基础，平面波声强与 A_1^2 成正比，而不随 r 变化，即 $I(r=1)=I(r)$，进而有 TL=0。

（2）n=1，为柱面波，无界空间中声波的波阵面以柱面沿着径向距离增大而扩大。根据第 3 章海洋中的声传播理论，声波沿径向传播满足柱坐标系下的波动方程，并在无穷远处满足辐射边界条件，进而可得其声场解为

$$p(r,t) = A_1 H_0^{(2)}(kr)e^{j\omega t} \tag{8.9}$$

式中，A_1 是柱面波声压幅值；$H_0^{(2)}(kr)$ 是零阶第二类汉克尔函数。当观测点远离声源时，有 $kr\gg1$，$H_0^{(2)}(kr)\approx\sqrt{\frac{2}{\pi kr}}e^{-j\left(kr-\frac{\pi}{4}\right)}$，即柱面波声压随距离 r 呈 1/2 次方衰减。根据声强与声压的关系，计算可知柱面波声强随着距离 r 呈一次方衰减，即 $I(r)=\frac{I(1)}{r}$，进而柱面波传播损失为 $TL = 10\lg\frac{I(1)}{I(r)} = 10\lg r$。

（3）n=2，为球面波，无界空间中声波的波阵面以球面沿着径向距离增大而扩大。声波沿径向传播满足二维球坐标系下的波动方程，并在无穷远处满足辐射边界条件，进而可得其声场解为

$$p(r,t)=\frac{A_1}{r}\mathrm{e}^{\mathrm{j}(\omega t-kr)} \tag{8.10}$$

式中，A_1 是球面波声压幅值。可知，球面波声压随距离 r 呈一次方衰减，则球面波声强随着距离 r 呈二次方衰减，即 $I(r)=\frac{I(1)}{r^2}$，进而球面波传播损失为 TL=20lg$r$。根据第 4 章海洋中的声折射，如能求得现场的聚焦因子 F，就可依下式对几何扩展损失做修正：

$$\mathrm{TL_g}=20\lg r-10\lg F \tag{8.11}$$

当 $F>1$ 时，$\mathrm{TL_g}$ 下降；当 $F<1$ 时，$\mathrm{TL_g}$ 上升。实验指出，在深海声道的会聚区，声强可以比球面规律声强高出 25 dB，常被作为增大声呐作用距离的一种工作方式。相反，在负声速梯度和反声道情况下，将出现声影区，$F\to 0$，$\mathrm{TL_g}$ 很大。

（4）$n=2$，声波在海表面附近传播。根据第 5 章海洋层状介质中的声传播，直达波与海面的反射波会发生迭加而产生干涉现象。在近场菲涅尔区内，声压振幅随距离呈起伏变化。当直达声与海面反射声同相迭加时，声压幅值达到极大值，满足 $|p|_{\max}\approx\frac{2}{R}$。当直达声与海面反射声反相迭加时，声压幅值达到极小值，满足 $|p|_{\min}\approx\frac{2hz}{R^3}$。但在远场，声压随距离增大而不断衰减，满足 $|p|\approx\frac{2khz}{R^2}$。声强随着距离呈 4 次方衰减，从而导致 TL 是球面波的两倍。

此外，声波在有界空间中传播，随着传播距离不同还会发生波形转化。

（1）对于深海表面声道，根据第 4 章海洋中的声折射，由无指向性声源产生的声射线，只有其初始掠射角满足 $\alpha_0\leqslant\alpha_{0\max}$，才能被限制在表面声道内。声传播在过渡距离以内可视为球面扩展，即声强随距离呈二次方衰减。然而，当声传播距离充分大于过渡距离时，声波为柱面波扩展，即声强随距离呈一次方衰减。Baker[1]给出了 TL 的经验公式：

当 $r\leqslant\sqrt{0.122H}$（近距离）时，

$$\mathrm{TL}=20\lg r+60+(\alpha+\alpha_{\mathrm{L}})r \tag{8.12}$$

当 $r>\sqrt{0.122H}$（远距离）时，

$$\mathrm{TL}=10\lg r+5\lg H+50.9+(\alpha+\alpha_{\mathrm{L}})r \tag{8.13}$$

式中，r 的单位为 km；声道层厚度 H 的单位为 ft①；$\alpha_{\mathrm{L}}=\frac{29.26f}{\sqrt{[(1452+3.5t)H]}}1.4^n$，其中 n 为海况级数；$\alpha=\frac{1.943f^{1.5}}{32.768+f^2}+\frac{1.1}{1+(32.768/f)^2}\left(\frac{0.650\,53f^2f_t}{f_t^2+f^2}-\frac{0.026\,847f^2}{f_t}\right)$，

① ft 为非法定计量单位，1 ft=30.48 cm。

单位为$\frac{\text{dB}}{\text{km}}$；$f_t = 21.9\times 10^{\left(\frac{6t+118}{t+273}\right)}$。

（2）对于深海声道，声波在过渡距离以内可视为球面扩展，而声传播距离充分大于过渡距离后，声波为柱面波扩展。在过渡距离以外的 TL 为

$$\text{TL}=10\lg r+10\lg r_0+10^{-3}\times\alpha r \tag{8.14}$$

式中，r_0 为过渡距离；α 的单位为 dB/km。其中，r_0 的测量值差别很大，Urick[2]测量的结果为 1.46～3.64 km，Thorp[3]测量的结果为 36.4～136.7 km，Webb 和 Tucker[4]测量的结果为 2.73 km，而 Sussman 等[5]测量的结果为 82～228 km。

（3）对于浅海均匀声道，根据第 5 章海洋层状介质中的声传播，随着传播距离增大，声传播依次表现为球面扩展衰减、3/2 次方衰减、柱面衰减等特性。Marsh 和 Schulkin[6]根据 100 Hz 至 10 kHz 频率范围内约 10 万次测量，概括出如下浅海传播的 TL 半经验公式。

（a）当 $r<R$ 时，

$$\text{TL}=20\lg r+\alpha r+60-k_{\text{L}} \tag{8.15}$$

式中，$R=\sqrt{\frac{H+L}{8}}$ 为距离参数（kyd①）；H 为海水深度（ft）；L 为浅海的混合层深度（ft）。

（b）当 $R\leqslant r\leqslant 8R$ 时，

$$\text{TL}=15\lg r+\alpha r+a_{\text{T}}\left(\frac{r}{H}-1\right)+5\lg H+60-k_{\text{L}} \tag{8.16}$$

式中，a_{T} 为浅海衰减系数（dB）；k_{L} 为浅海近场传播异常（dB）。a_{T} 和 k_{L} 与海况、海底类型有关，详见表 8.1 和表 8.2。

表 8.1　浅海近场传播异常[7]　（单位：dB）

频率（kHz）	海况											
	0 级		1 级		2 级		3 级		4 级		5 级	
	沙底	泥底	沙底	泥底	沙底	泥底	沙底	泥底	沙底	泥底	沙底	泥底
0.1	7.0	6.2	7.0	6.2	7.0	6.2	7.0	6.2	7.0	6.2	7.0	6.2
0.2	6.2	6.1	6.2	6.1	6.2	6.1	6.2	6.1	6.2	6.0	6.2	6.0
0.4	6.1	5.8	6.1	5.8	6.1	5.8	6.1	5.8	6.1	5.8	4.7	4.5
0.8	6.0	5.7	6.0	5.6	5.9	5.6	5.3	5.0	4.3	3.9	3.9	3.6
1.0	6.0	5.6	5.9	5.5	5.7	5.3	4.6	4.2	4.1	3.7	3.8	3.4
2.0	5.8	5.4	5.3	4.9	4.2	3.8	3.8	3.4	3.5	3.1	3.1	2.8
4.0	5.7	5.1	3.9	3.5	3.6	3.1	3.2	2.8	2.9	2.4	2.6	2.2
8.0	4.3	3.8	3.3	2.8	2.9	2.5	2.6	2.2	2.3	1.9	2.1	1.7
10.0	3.9	3.4	3.1	2.6	2.7	2.2	2.4	2.0	2.2	1.7	2.0	1.6

① kyd 为非法定计量单位，1 kyd=914.4 m。

表 8.2　浅海衰减系数[7]　（单位：dB）

频率（kHz）	海况											
	0 级		1 级		2 级		3 级		4 级		5 级	
	沙底	泥底	沙底	泥底	沙底	泥底	沙底	泥底	沙底	泥底	沙底	泥底
0.1	1.0	1.3	1.0	1.3	1.0	1.3	1.0	1.3	1.0	1.3	1.0	1.3
0.2	1.3	1.7	1.3	1.7	1.3	1.7	1.3	1.7	1.3	1.7	1.4	1.7
0.4	1.6	2.2	1.6	2.2	1.6	2.2	1.6	2.2	1.7	2.4	2.2	3.0
0.8	1.8	2.5	1.8	2.5	1.9	2.6	2.2	3.0	2.4	3.8	2.9	4.0
1.0	1.8	2.7	1.9	2.7	2.1	2.9	2.6	3.7	2.9	4.1	3.1	4.3
2.0	2.0	3.0	2.4	3.5	3.1	4.4	3.3	4.7	3.5	5.0	3.7	5.2
4.0	2.3	3.6	3.5	5.2	3.7	5.5	3.9	5.8	4.1	6.2	4.3	6.4
8.0	3.6	5.3	4.3	6.3	4.5	6.7	4.7	6.9	5.0	7.3	5.1	7.5
10.0	4.0	5.9	4.5	6.8	4.8	7.2	5.0	7.5	5.2	7.8	5.3	8.0

（c）当 $r>8R$ 时，

$$\mathrm{TL}=10\lg r+\alpha r+a_{\mathrm{T}}\left(\frac{r}{H}-1\right)+10\lg H+64.5-k_{\mathrm{L}} \tag{8.17}$$

可见，TL 半经验公式给出了浅海声传播的近距离球面扩展、中等距离 3/2 次方扩展、远距离柱面扩展的衰减规律。

4）噪声干扰

假设式（8.3）中第四项 $10\lg\dfrac{I_{\mathrm{N}}}{I_0}$ 为海洋环境噪声干扰强度。海洋环境噪声由大量各向同性的噪声组成，是对声呐设备的一种背景干扰。海洋环境噪声与声呐信号无关，不随着声传播距离的增大而变化。具有接收指向性的接收器所接收的噪声强度为

$$10\lg\frac{I_{\mathrm{N}}}{I_0}=10\lg\frac{I_{\mathrm{N}}}{I_{\mathrm{n}}}\frac{I_{\mathrm{n}}}{I_0}=\mathrm{NL}-\mathrm{DI_R} \tag{8.18}$$

式中，$\mathrm{DI_R}=10\lg\dfrac{I_{\mathrm{n}}}{I_{\mathrm{N}}}$ 为接收指向性指数，表示无指向性水听器与有相同轴向灵敏度的指向性水听器的均方电压的比值。$\mathrm{DI_R}$ 反映接收系统抑制背景噪声的能力。通常，对于收发合置的换能器，可认为 $\mathrm{DI_R}=\mathrm{DI_T}$。另外，$\mathrm{NL}=10\lg\dfrac{I_{\mathrm{n}}}{I_0}$ 为海洋环境噪声级，是度量平稳的、各向同性的海洋环境噪声强弱的物理量，是多种噪声源共同作用的结果。按照发声的机制，海洋噪声可分为水动力噪声、海洋热噪声、海洋中的工业噪声、海洋生物噪声等。在特定的海洋区域，这些噪声中的一个或者几个起主要作用。

根据第 7 章海洋中的噪声，海洋环境中的噪声源包括以下几项。

（1）水动力噪声主要是由海浪、海流、潮汐、地震、风等形成的水动力而产生的噪声。其中，潮汐、地震和湍流都是低频噪声的主要来源，而高频噪声主要由海面波浪产生。

（2）海洋热噪声由海水分子热运动而形成。在 50～200 kHz 频段，海洋热噪声是海洋环境噪声的重要成分之一，决定了海水环境噪声的最低极限。

（3）海洋工业噪声是海上船舶及各种海洋工程所产生的噪声。在近海和港口，人为噪声高出平均噪声很多。远处行船是几百赫兹频段的主要噪声源。

（4）海洋生物噪声是鱼和其他海洋生物（如枪虾、鲸豚等）发出的声音。鱼群是重要的生物噪声源，其噪声具有季节性和昼夜变化性。

深海环境噪声谱可以用 Wenz 谱级图进行描述。在工程上，根据现实条件，结合 Wenz 谱级图，可以预报海洋噪声谱级。

另外，假设式（8.3）中第四项$10\lg\dfrac{I_N}{I_0}$为混响干扰强度。混响干扰是非平稳的、非各向同性的，与声信号有关。根据混响的产生原因可以将其分为体积混响、海面混响和海底混响。其中，体积混响是由于海水介质中各种散射体和不均匀性对声波散射所形成，海面混响是由于起伏的海面、海面附近的气泡层等对声波散射而形成，海底混响是由于海底对声波散射而形成。各混响干扰声强随着声功率的增大而增大，但随着传播距离的增大而减小。接收器所接收的轴向混响级为

$$10\lg\frac{I_N}{I_0}=\mathrm{RL} \tag{8.19}$$

在测量上，可以用等效平面波混响级来确定 RL。将一声强为 I_N 的平面波轴向入射到水听器上，水听器输出电压值。再将水听器移置于混响场中，声轴指向目标，水听器再次输出电压值。如果水听器两次的输出电压值相同，则用该平面波的声强度量混响声强 I_N。由于混响级用声轴向的声强来度量，因此不需要考虑接收器的接收指向性的影响。

根据第 6 章海洋中的混响，海洋中体积混响、海面混响、海底混响的混响级分别满足：

$$\mathrm{RL}=\mathrm{SL}+S_v-40\lg r-40\beta' r\lg e+10\lg\left(r^2\cdot\frac{c\tau}{2}\right)\psi \tag{8.20}$$

$$\mathrm{RL}=\mathrm{SL}+S_s-40\lg r-40\beta' r\lg e+10\lg\left(r\cdot\frac{c\tau}{2}\right)\Phi \tag{8.21}$$

$$\mathrm{RL}=\mathrm{SL}+S_b-40\lg r-40\beta' r\lg e+10\lg\left(r\cdot\frac{c\tau}{2}\right)\Phi \tag{8.22}$$

式中，S_v、S_s、S_b 分别为体积散射强度级、海面散射强度级和海底散射强度级。可

以看出，三种混响的混响级 RL 都与声源级 SL、发射信号的脉冲宽度 τ、发射-接收换能器的等效组合束宽（ψ, Φ）等成正比，随距离衰减。

8.1.3　被动声呐方程

在被动声呐中，目标声源（如舰艇、海豚等）辐射声信号。声信号在海水介质中传播后和噪声同被接收基阵接收，而后进行信号处理，如图 8.3 所示。以下对被动声呐声强变化的物理过程进行分析并建立方程。

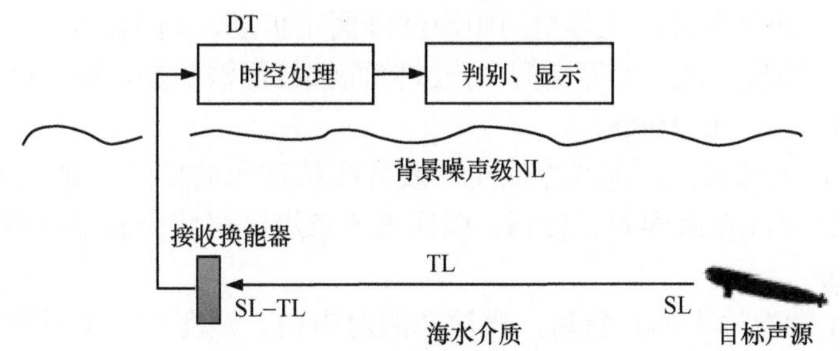

图 8.3　被动声呐声强变化的示意图

被动声呐是以目标声源辐射出的声波为探测信号，属于单程传输，工作在噪声背景下。假设声功率为 W_a 的目标发射声波，被动声呐在声轴方向上距离目标 $r \gg 1$ 处接收声波，其声强为

$$I_i = \frac{W_a \gamma_1}{4\pi r^n} \times 10^{-0.1\beta(r-1)} \tag{8.23}$$

式中，γ_1 为目标声源发射器的集中系数；β 为海水声吸收系数；n 为声强随传播距离 r 的扩展率，其取值由具体声传播条件确定。被动声呐中目标声源和声接收器是收发分置的，因而声波产生了单程的传输损失。

被动声呐同时接收到信号和噪声干扰，那么接收到的信号与噪声之比（即信噪比 SNR）满足：

$$\mathrm{SNR} = 10\lg\frac{W_a \gamma_1}{4\pi I_0} - 10\lg\left[10^{0.1\beta(r-1)} r^n\right] - 10\lg\frac{I_N}{I_0} \tag{8.24}$$

式中，I_N 为水听器接收到的噪声干扰强度；I_0 为参考声强。由上述过程可看出，接收到的声强与目标声源、传播特性、背景噪声等声源要素有关。

1）*声源级*

式（8.24）中第一项 $10\lg\frac{W_a \gamma_1}{4\pi I_0}$ 为距离目标 1 m 处的目标声源级 SL，描述了目标辐射声波的强弱。在被动声呐中，目标作为声源并不产生声反射或散射作用，即无目标强度 TS。

2）传播损失

式（8.24）中第二项$10\lg\left[10^{0.1\beta(r-1)}r^n\right]$为考虑波阵面扩展和声吸收的单程声传播损失 TL，满足：

$$\mathrm{TL}=n\times10\lg r+\beta(r-1) \tag{8.25}$$

式中，n 的取值由以下具体声传播条件确定。

（1）n=0，为平面波，无界空间中声波阵面不扩展，则 TL=0。

（2）n=1，为柱面波，无界空间中声波阵面按柱面波扩展。根据第 3 章海洋中的声传播理论，有 TL=10lg$r$。

（3）n=2，为球面波，无界空间中声波阵面按球面波扩展，则 TL=20lg$r$。

（4）n=4，声波在海面附近传播。根据第 5 章海洋层状介质中的声传播，远场满足 TL=40lg$r$。

根据第 4 章海洋中的声折射，声波在深海声道、浅海均匀声道等传播，随着传播距离不同还会发生波形转化，从而导致 n 有不同的取值，对应的传播损失表达式与主动声呐相同，见式（8.12）～式（8.17）。

3）噪声干扰

式（8.24）中第三项$10\lg\dfrac{I_{\mathrm{N}}}{I_0}$为海洋环境噪声干扰强度。在被动声呐中，背景干扰为环境噪声，其强度被接收器的接收指向性所抑制，具体接收到的噪声强度为

$$10\lg\frac{I_{\mathrm{N}}}{I_0}=\mathrm{NL}-\mathrm{DI_R} \tag{8.26}$$

式中，$\mathrm{DI_R}$ 为接收指向性指数，表示无指向性水听器与有相同轴向灵敏度的指向性水听器的均方电压的比值，反映接收系统抑制背景噪声的能力；NL 为海洋环境噪声级，是度量平稳的、各向同性的海洋环境噪声强弱的物理量。根据第 7 章海洋中的噪声，海洋噪声的声源可分为水动力噪声、海洋热噪声、海洋中的工业噪声和海洋生物噪声。

8.1.4 声呐方程的建立

1）主动声呐方程的建立

从以上分析可以看出，主动声呐在工作时会同时接收到回声信号、海洋噪声和混响干扰。回声信号强度由回声信号级 EL=SL+TS−2TL 确定。背景干扰包括海洋噪声干扰 NL−$\mathrm{DI_R}$ 和混响干扰 RL。联合以上主动声呐参数可得不同干扰情况下

的信噪比 SNR：

$$\begin{aligned}&\text{海洋环境干扰时，}\mathrm{SNR}=\mathrm{SL}+\mathrm{TS}-2\mathrm{TL}-(\mathrm{NL}-\mathrm{DI_R})\\&\text{混响干扰时，}\mathrm{SNR}=\mathrm{SL}+\mathrm{TS}-2\mathrm{TL}-\mathrm{RL}\end{aligned}\tag{8.27}$$

显然，水听器输入信噪比 SNR 为回声信号级与背景干扰级之差。定义声呐设备刚好能正常工作的最低信号功率和噪声功率的比值为检测阈，即

$$\mathrm{DT}=10\lg\frac{I_{\mathrm{i}}(\text{刚好能正常工作的最低信号功率})}{I_{\mathrm{N}}(\text{水听器输出端的噪声功率})}\tag{8.28}$$

根据式（8.27），当输入信噪比小于检测阈时，声呐系统不能正常工作。在噪声干扰条件下，检测阈更低的声呐设备，需要更低的信号功率就能完成检测功能，其处理能力更强，声呐性能也更好。因此，主动声呐正常工作的基本原则是：回声信号级–背景干扰级≥检测阈。若回声信号级–背景干扰级＜检测阈，回波信号会被干扰信号掩盖，则主动声呐不能正常工作。联立式（8.27）和式（8.28），可以得到噪声干扰下的主动声呐方程为

$$\mathrm{DT}=\mathrm{SL}+\mathrm{TS}-2\mathrm{TL}-(\mathrm{NL}-\mathrm{DI_R})\tag{8.29}$$

混响干扰下的主动声呐方程为

$$\mathrm{DT}=\mathrm{SL}+\mathrm{TS}-2\mathrm{TL}-\mathrm{RL}\tag{8.30}$$

值得指出的是，相比于单个接收换能器，有些主动声呐系统采用水听器基阵和波束形成技术来降低噪声干扰，从而获得较大的空间处理增益和较高的目标方位分辨率。那么用单个接收换能器的 $\mathrm{DI_R}$ 描述声呐的指向性增益就不太充分。在这种情况下，可由基阵-波束形成所组成的空间处理器及其空间增益 GS，代替单个换能器的 $\mathrm{DI_R}$，随后经时-频处理器获得时间处理增益 GT，使检测阈 $\mathrm{DT}_{\text{阵列}}$ 满足目标判决的要求。因此，主动声呐也可表示为

$$\mathrm{DT}_{\text{阵列}}=\mathrm{SL}+\mathrm{TS}-2\mathrm{TL}-(\mathrm{NL}-\mathrm{GS})+\mathrm{GT}\tag{8.31}$$

2）*被动声呐方程的建立*

从以上被动声呐参数分析可以看出，

$$\mathrm{SNR}=\mathrm{SL}-\mathrm{TL}-(\mathrm{NL}-\mathrm{DI_R})\tag{8.32}$$

被动声呐接收到的信号强度由信号级 EL=SL−TL 确定，而噪声干扰级为 $\mathrm{NL}-\mathrm{DI_R}$。水听器输入信噪比 SNR 为信号级 EL 与噪声干扰级 $\mathrm{NL}-\mathrm{DI_R}$ 之差。类似主动声呐，被动声呐检测阈 DT 定义为：设备刚好能正常工作的最低信号功率和噪声功率的比值。当输入信噪比小于检测阈时，被动声呐不能做出目标存在的判决。在噪声干扰条件下，检测阈更低的被动声呐设备，只需更低的信号功率就能完成检测功能，其探测能力更强，声呐性能也更好。因此，被动声呐正常工作的基本原则是：回声信号级–噪声干扰级≥检测阈。若回声信号级–噪声干扰级＜检测阈，目标信号会被噪声干扰信号掩盖，则被动声呐不能正常工作。因此，可以得到噪声干扰下的被动声呐方程为

$$DT = SL - TL - (NL - DI_R) \tag{8.33}$$

有些被动声呐采用水听器基阵和波束形成技术来降低噪声干扰。在这种情况下，可由接收基阵-波束形成所组成的空间处理器及其空间增益 GS 代替单个接收换能器的 DI_R，进一步采用时-频处理器获得信号处理增益 GT，使检测阈 $DT_{阵列}$ 满足目标判决的要求。因此，采用这种阵列技术后的被动声呐可表示为

$$DT_{阵列} = SL - TL - (NL - GS) + GT \tag{8.34}$$

8.2 声呐参数与组合声呐参数

每一项影响声呐设备工作的因素都可称为声呐参数。声呐方程将海水介质、目标和设备各因素（或声呐参数）联系在一起。

在主动声呐中，声波由声学换能器设备发射，在海洋介质中产生传播损失，遇到目标后产生回波，再经过信道传播损失后，连同噪声和混响被接收换能器所接收。式（8.3）描述了主动声呐各个环节的声强贡献。因此，主动声呐参数包括声源级 SL、发射指向性指数 DI_T、传播损失 TL、目标强度 TS、接收指向性指数 DI_R、噪声级 NL、混响级 RL 和检测阈 DT。其中，关于声呐设备的声呐参数包括 SL、DI_T、DI_R、DT，关于海水介质的声呐参数包括 TL、RL、NL，而关于探测目标的声呐参数是 TS。

在被动声呐中，声呐系统并不发射信号。目标声源的声信号经过海洋介质的传播损失后被接收换能器接收，同时被接收的还有噪声。式（8.24）描述了被动声呐各个环节的声强贡献。因此，被动声呐参数包括目标声源级 SL、传播损失 TL、接收指向性指数 DI_R、噪声级 NL 和检测阈 DT。其中，关于声呐设备的声呐参数包括 DI_R、DT，关于海水介质的声呐参数包括 TL、NL，而关于目标声源的声呐参数是 SL。

根据主动声呐方程和被动声呐方程，这些声呐参数的物理意义和定义如表 8.3 所示。

表 8.3 声呐参数的参考位置及定义

参数	参考位置	定义
声源级 SL	在声轴上距离声源中心 1 m 处	$10\lg\frac{声源强度}{参考强度^*}$
传播损失 TL	距离声源等效声中心 1 m 处和在目标或接收器上	$10\lg\frac{在距离声源等效声中心1\,m处的信号强度}{在目标或接收器上的信号强度}$
目标强度 TS	距离目标声学中心 1 m 处	$10\lg\frac{距离目标声学中心1\,m处的回声强度}{入射强度}$
噪声级 NL	在水听器处	$10\lg\frac{噪声强度}{参考强度^*}$
接收指向性指数 DI_R	在水听器输出端	$10\lg\frac{由等效无指向性水听器产生的噪声功率}{由实际水听器产生的噪声功率}$

续表

参数	参考位置	定义
混响级 RL	在水听器输出端	$10\lg\dfrac{\text{在水听器输出端的混响功率}}{\text{由参考强度}^{*}\text{信号产生的功率}}$
检测阈 DT	在水听器输出端	$10\lg\dfrac{\text{刚好能正常工作的最低信号功率}}{\text{在水听器输出端的噪声功率}}$

* 参考强度是均方根声压为 1 μPa 的平面波的强度

在实际的工程应用中，可能还需要用到若干声呐参数的组合，即组合声呐参数，会使工程应用比较简单。表 8.4 给出了常用的组合声呐参数。

表 8.4　常用的组合声呐参数

名称	参数	附注
回声信号级	SL–2TL+TS	接收换能器测得的回声强度
噪声掩蔽级	NL–DI+DT	在噪声掩蔽下，最小可检测的回声级
混响掩蔽级	RL+DT	在混响掩蔽下，最小可检测的回声级
回声余量	SL–2TL+TS–(NL–DI+DT)	当回声余量为零时，在规定检测阈下检测刚好实现
品质因数	SL–(NL–DI)	换能器端测得的声源级和噪声级之差
优质因数	SL–(NL–DI+DT)	在被动声呐中，等于允许的最大单程传播损失；在主动声呐中，在 TS=0 dB 时，等于允许的最大双程传播损失

回声信号级是主动声呐接收换能器测得的回声强度。从能量传递的角度，回声信号级就是传输到主动声呐接收换能器的回声信号的声级，其值等于声源级扣掉双程的传播损失，再加上目标强度的增量，即 SL−2TL+TS。对于被动声呐而言，信号级是传输到被动声呐接收换能器的信号声级，其值等于声源级扣掉单程的传播损失，即 SL−TL。

噪声掩蔽级是在噪声掩蔽下的最小可检测的回声级。检测阈 DT 是声呐系统正常工作所需要的最低信噪比，声呐系统接收到的信噪比只要超过了检测阈，就能够正常工作。NL−DI+DT 是在噪声干扰背景下声呐设备能正常工作所需要的最低信号级。可见，噪声掩蔽级 NL−DI+DT 实际上是一种信号级。

混响掩蔽级是在混响掩蔽下的最小可检测的回声级。RL+DT 是在混响干扰背景下主动声呐设备能正常工作所需要的最低信号级。因此，混响掩蔽级 RL+DT 也是一种信号级。

回声余量，顾名思义，就是主动声呐正常工作的回声增量，可以由回声信号级 SL−2TL+TS 和噪声掩蔽级 NL−DI+DT 的差值给出。当回声余量为零时，回声信号级和噪声掩蔽级相等，主动声呐刚好达到可以正常工作的状态。

从组合声呐参数的角度来看，如果要评估主动声呐设备能否正常工作，就要看回声信号级和噪声掩蔽级的大小关系。如果回声信号级 SL−2TL+TS 超过噪声掩蔽级 NL−DI+DT，主动声呐能在噪声干扰背景下正常工作。类似地，如果回声信号级 SL−2TL+TS 超过混响掩蔽级 RL+DT，主动声呐能在混响干扰背景下工作。如果要评估被动声呐设备能否正常工作，就要看信号级和噪声掩蔽级的大小关系。如果信号级 SL−TL 超过噪声掩蔽级 NL−DI+DT，被动声呐能在噪声干扰背景下工作。

组合参数的一个重要应用是确定主动声呐中噪声和混响哪种干扰是主要的。根据声呐的适用场合，分析回声信号级、混响掩蔽级和噪声掩蔽级这三个量随距离的变化曲线，根据三者的关系来判断主要背景干扰的类型。混响掩蔽级和噪声掩蔽级二者之间较大者构成主要背景干扰，从而选择对应的声呐方程。在回声信号级、混响掩蔽级和噪声掩蔽级随距离的变化曲线中，各向同性的噪声使噪声掩蔽级不随距离而变化，传播损失使回声信号级随着距离增大而下降，而混响干扰是主动声呐声源产生的，混响掩蔽级也会随着距离增大而下降，但混响掩蔽级下降得比回声信号级慢，所以混响掩蔽级和回声信号级会有交点。如图 8.4 所示，回声信号级和混响掩蔽级的交点距离是 R_r，回声信号级和噪声掩蔽级 I 的交点距离是 R_n。$R_r < R_n$，则声呐设备正常工作的距离 $r < R_r$，所以混响干扰是主要的，回声信号级要大于混响掩蔽级才能正常工作，应该选混响干扰的声呐方程。当噪声掩蔽级由 I 变为 II 时，回声信号级和噪声掩蔽级 II 的交点距离是 R_n' 。$R_n' < R_r$，则声呐设备正常工作的距离 $r < R_n'$ ，所以噪声干扰是主要的，回声信号级要大于噪声掩蔽级才能正常工作，应该选噪声干扰的声呐方程。选择哪种干扰的声呐方程，关键就是在于评估哪种干扰所需的最低信号级高。

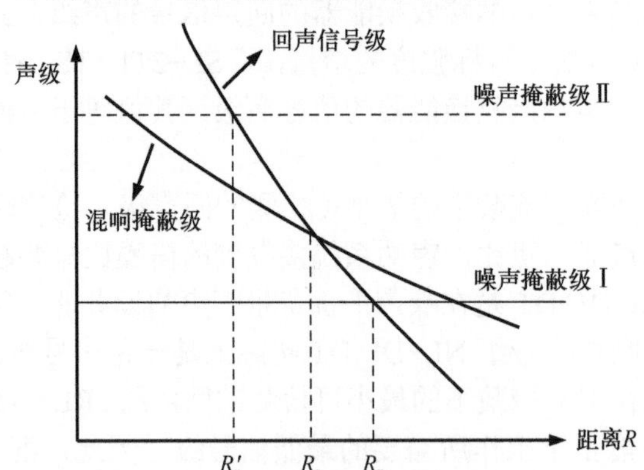

图 8.4 回声信号级、混响掩蔽级和噪声掩蔽级随距离的变化曲线[8]

R_n' -回声信号级和噪声掩蔽级 II 的交点距离；R_r-回声信号级和混响掩蔽级的交点距离；R_n-回声信号级和噪声掩蔽级 I 的交点距离

8.3 声呐方程的应用

声呐方程有两个基本用途，一是用于声呐系统的设计，二是用于声呐系统的性能预报。

声呐系统设计就是根据声呐系统所需要的战术性能指标（作用距离、测距和测向精度、方位和距离分辨率、跟踪距离和跟踪速度、搜索速度、环境条件、盲区、体积重量等），通过声呐方程的计算和试验来确定声呐系统的技术参数（声源级、收发换能器基阵增益、收发换能器指向性、脉冲宽度和重复频率、工作频率与带宽、灵敏度等）。声呐设计往往需要根据特定任务需求，寻找一组能保证所要求性能的声呐参数，如声呐性能常常用作用距离来描述，或在特定声传播条件下用传播损失来描述。主动声呐作用距离与背景干扰的类型有关。在噪声背景下，声呐作用距离随声功率增大而增大。但在混响背景下，声呐作用距离随声功率增大先增大，直至回波淹没在混响背景为止，即主动声呐作用距离受混响限制，这时由于回波信号强度与混响同时增大，继续增大声功率，主动声呐的作用距离不会再增大。可见，声呐设计需要综合考虑性能需求与声呐参数的选取，通过反复设计并应用声呐方程达到优化。

进一步，声呐设计如果所要求的性能包括两个或多个变量，则问题会更为复杂。例如，要求声呐以一定的搜索速率实现高精度探测，或要求在给定的时间内在尽可能大的区域搜得小目标，这样声呐方程既是作用距离的函数，又是波束宽度的函数。遇到这样的问题，就需要对声呐方程做一系列的试解，以便能找到最佳条件，比如工作频率和探测分辨率。高频意味着较高的探测分辨率，但带来较高的声吸收损失和较小的作用距离。低频将降低声吸收损失和增大作用距离，但探测目标的分辨率下降。新型声呐的设计思路就是如何实现在保障探测精度的条件下，降低声吸收损失，增大声呐作用距离。一种方法就是在低频情况下，尽可能提高指向性。然而，对于常规的规则形状（线阵、面阵等）的声呐而言，低频指向性和小型化往往存在不可调和的矛盾。低频高指向性要求声呐阵列尺寸显著大于波长，且其探测分辨率受到瑞利准则的限制，难以实现小尺寸声源的指向性声波束调控。因此，设计小尺寸、易调控的指向性声呐，成为海洋声学领域极具挑战且意义重大的研究课题。

下面通过一个简单例子说明声呐方程在声呐设计中的应用。

例 1　假设在某海区要建立一个主动、被动声呐监测岸站开展水下预警安防，声呐监测岸站的战术指标或应用性能指标包括：①作用距离指标（被动声呐 X_1 千米、主动声呐 X_2 千米）；②指向性（即声呐波束角）；③搜索海域的大小。

解：在落实具体声呐技术参数时，首先要对声呐监测岸站海域进行海洋环境调查，掌握以下基础资料：①该海区传播衰减数据；②该海区海底地形、地质；③海洋水下噪声、混响数据；④待监测目标（如潜艇、水下航行器等）噪声数据。

在上述原则性指标初步确定之后，就可以根据声呐方程进行有关技术参数的选择，例如：①接收基阵的尺寸，水听器数目及排列方式；②工作频段（包括发射器工作频段和接收器工作频段）；③发射器的声源级。

关于被动声呐监听目标的声呐作用距离，可以根据被动声呐方程确定：

$$\mathrm{TL} = \mathrm{SL}_{被} - (\mathrm{NL} - \mathrm{DI}_{\mathrm{R}}) - \mathrm{DT} \tag{8.35}$$

式中，$\mathrm{SL}_{被}$ 是从目标噪声数据中选择噪声级最小的或最常出现的目标所得的相应的声源级；海洋噪声级 NL 由实测数据确定；根据水听器接收基阵条件，确定接收指向性指数 DI_{R}；应用信号处理技术，得到从噪声背景中检测出有用信号的最低信噪比，确定检测阈 DT。要增大被动声呐的预警距离，DT 应尽可能小。因此，根据被动声呐方程（8.35），确定该海区最佳和最劣传播条件下的 TL，从而确定对应的声呐作用距离。

关于主动声呐，如果具体条件是属于背景噪声的限制，则主动声呐方程为

$$2\mathrm{TL} = \mathrm{SL} + \mathrm{TS} - (\mathrm{NL} - \mathrm{DI} + \mathrm{DT}) \tag{8.36}$$

式中，SL 是主动声呐发射声源级；TS 是待监测目标（如潜艇、水下航行器等）的目标强度。由于相同背景噪声下，主动声呐噪声掩蔽级 NL−DI+DT 与被动声呐相同，在设计上两个系统往往采用同一个监测装置。因此，根据主动声呐方程(8.36)，可以确定该海区主动声呐的作用距离。此外，根据基阵的工作频率、尺寸、基阵元的数目和排列方式，可以确定指向性指数，从而确定搜索区域大小。

根据这些初步选择和计算出来的声呐参数，进行具体方案设计论证，以进一步调整各参数。方案设计通过才能进行实验，根据实验结果进一步改进声呐设计和实验验证，直到满足声呐监测岸站的战术指标。

声呐方程的另一个用途是声呐设备性能预报。也就是说，声呐系统已经设计好，利用声呐方程来预报其在不同条件下的性能，如声呐作用距离预报。根据已经给定的声呐系统性能（检测阈 DT、指向性 DI、声源级 SL 等），再结合海区的传播条件、环境噪声、目标特性等参数，运用声呐方程预报设备的作用距离。下面通过一个例子说明。

例 2　设一个已设计好的主动声呐准备在某海区探测目标强度 TS 为 6 dB 的目标，需要估计其作用距离性能是否已达到要求。设此声呐工作频率为 12 kHz，DI 为 15 dB，DT 为 25 dB，SL 为 100 dB，声呐可以在噪声背景下工作，并由原始资料中查得该海区的海洋环境噪声级为 20 dB。

解：由主动声呐方程得

$$\mathrm{TL} = \frac{1}{2}(\mathrm{SL} + \mathrm{TS} - \mathrm{NL} + \mathrm{DI} - \mathrm{DT}) \tag{8.37}$$

已知 SL=100 dB、TS=6 dB、NL=20 dB、DI=15 dB、DT=25 dB。将以上各参量代入上式，则有 TL=38 dB。再根据该海区全年传播条件最劣的传播衰减实测数据，预报该主动声呐的作用距离。

此外，还能利用声呐方程进行混响预报，这对于大功率和低指向性系统十分必要。以下通过两个例子进行说明。

例 3　设声呐工作频率为 50 kHz，声源级为 120 dB，发射脉冲宽度为 1 ms，换能器为 0.3 m 长的柱状换能器，置于泥浆海底上方 30 m 处。海底散射强度与海底底质和掠射角的关系如图 8.5 所示。求离底的斜距为 180 m 时的海底混响级（不考虑声吸收损失）。

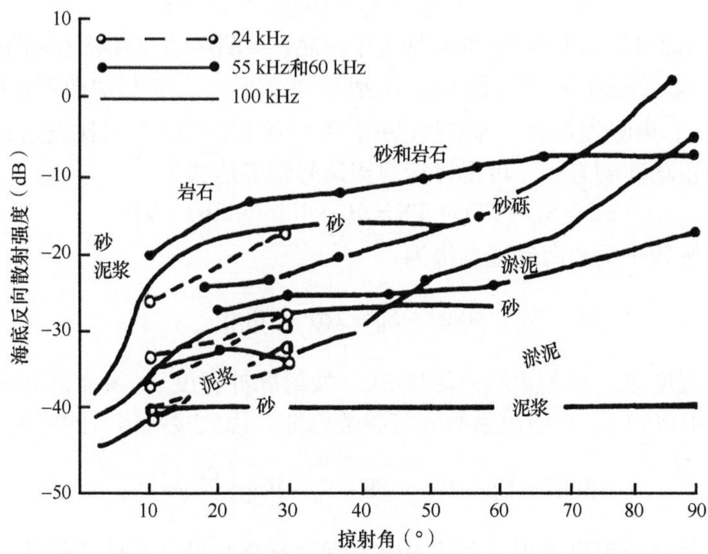

图 8.5　不同底质的海底散射强度随掠射角的变化[9]

解：如图 8.6 所示，声波掠射角为 $\theta=\arcsin(30/180)\approx9.6°$。

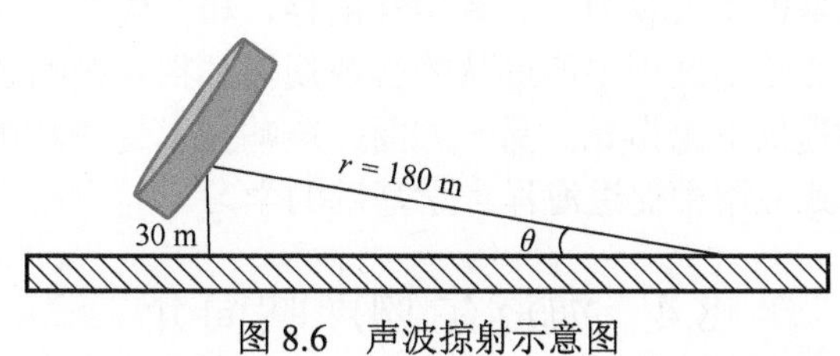

图 8.6　声波掠射示意图

海底散射强度由掠射角和泥浆海底条件在图 8.5 的曲线查得，即 $S_b=-35$ dB。已知声呐工作频率为 50 kHz，波长为 $\lambda=0.03$ m，换能器为 $L=0.3$ m 长的柱状换能器，则查得

$$10\lg\phi=10\lg\left(\frac{\lambda}{2\pi L}\right)+9.2=10\lg\left(\frac{0.1}{2\pi}\right)+9.2\approx-8.8$$

因此 $\phi=0.13°$。设声呐工作频率为 50 kHz 且发射脉冲宽度为 1 ms，可得混响面积为

$$A=\frac{c\tau}{2}\phi r=0.75\times 0.13\times 180=17.55\ \mathrm{m}^2$$

又已知声源级 SL=120 dB，由海底等效平面波混响级计算公式，可得离底的斜距为 180 m 时的海底混响级为

$$\mathrm{RL}=\mathrm{SL}-40\lg r+S_\mathrm{b}+10\lg A=7.23\ \mathrm{dB}$$

例 4　已知目标强度为 TS 的目标位于海底，探测声呐与目标之间的距离 r、海底散射强度 S_b、探测声呐声源级 SL、发射脉冲宽度 τ、换能器等效联合指向性 ϕ、海水中声速 c、声吸收系数 α 等参数已知，写出接收信号的信噪比表达式。

解：由主动声呐方程，可得目标回声信号级表达式为

$$\mathrm{EL}=\mathrm{SL}-2\mathrm{TL}+\mathrm{TS}=\mathrm{SL}-40\lg r-2\alpha r+\mathrm{TS}$$

主动声呐的等效平面波海底混响级为

$$\mathrm{RL}=\mathrm{SL}-40\lg r+S_\mathrm{b}-2\alpha r+10\lg\left(\frac{c\tau}{2}\phi r\right)$$

而海底散射强度 S_b、探测声呐声源级 SL、发射脉冲宽度 τ、换能器等效联合指向性 ϕ、海水中声速 c、声吸收系数 α 等参数已知，因此接收信号的信噪比为

$$\mathrm{SNR}=\mathrm{EL}-\mathrm{RL}=\mathrm{TS}-S_\mathrm{b}-10\lg\left(\frac{c\tau}{2}\phi r\right)$$

从上面的讨论可以看出，利用声呐方程进行声呐设计与性能预报能否满足实战需求，很大程度上取决于对声呐参数规律的了解程度。海水的声学特性、声波在海洋声道中的折射与传播、海洋中的声散射与目标强度、海洋中的混响、水下噪声等直接影响声呐参数的确定。本书重点介绍海洋声学基础知识，对声呐与声呐方程做了初步介绍。声呐技术与应用等具体内容，请读者参阅有关文献[10]。海洋声学与声呐技术是密切关联的，二者相互依存，相互转化。一方面，海洋声学理论揭示声波在海洋传播过程中所遵从的客观规律，揭示影响各声呐参数的物理机制，为声呐应用提供理论指导。另一方面，声呐技术为海洋声学明确研究对象与应用需求，在实践应用中促进海洋声学基础的学习。

8.4　海豚生物声呐简介

声呐方程不仅可用于描述人工声呐性能，还可用于描述海豚、抹香鲸等生物声呐性能。经过长期的自然选择，海豚进化出小巧且高效的生物声呐。基于复杂介质声传播原理的海豚声呐不受限于现有人工声呐的瑞利准则，其复杂介质声传播机制及仿生技术是声学领域的研究前沿。海豚生物声呐研究涉及海洋物理学、声学、生物学、仿生学和信息学等多学科交叉，对于生物仿生、信号处理、水下探测与通信等领域具有重要意义。

如图 8.7 所示，海豚利用回声定位探测目标实际上是一个声呐探测过程，包括声发射、声接收、目标探测与识别等，可以用如下生物声呐方程描述[11]：

$$\mathrm{DT} = (\mathrm{SL} - 2\mathrm{TL} + \mathrm{TS}) - (\mathrm{NL} + \mathrm{BW} - \mathrm{DI}) \tag{8.38}$$

式中，DT 为海豚声呐探测阈值；SL 为海豚发出的声脉冲信号的声源级；BW 为海豚声呐系统的带宽［$\mathrm{BW}=10\lg(\sigma f)$，其中 σf 为频带宽度，单位为 Hz］；DI 为海豚声呐接收指向性指数。本节将围绕上述声呐方程与海豚相关的声学参数，包括声源级、指向性指数、目标强度及探测阈值进行简单介绍。

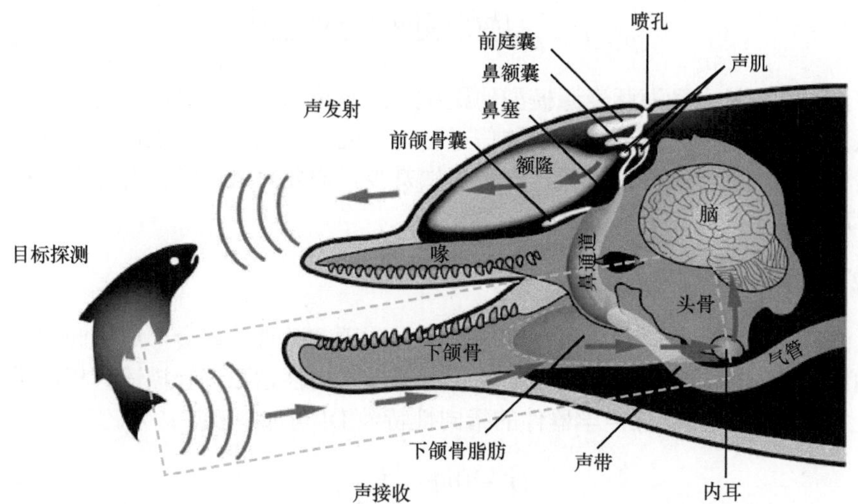

图 8.7 海豚声呐声发射、声接收、目标探测与识别示意图

8.4.1 声源级

海豚声呐可发出声源级高于 220 dB 的声脉冲信号。海豚的发声是由鼻道系统及相关气囊系统协同作用完成的。海豚头部前额有 4 个脂肪组织体嵌入在鼻道通气孔壁上。这些脂肪组织体及其相连接的唇状物构成海豚的声源。这些脂肪组织体被称作背滑囊，与唇状物形成复合结构的声唇。声唇的韧带起支撑作用，并且可以调整声唇形状。海豚声产生是通过高速气流冲击声唇，使其振动，进而产生声波。研究海豚声产生的物理过程需要求解流体力学-结构振动-声辐射等多物理过程。以下通过一个简化的数学模型讨论海豚声产生过程。

假设有一个半径为 a 的球形声源，在气压 p 作用下海豚声唇的一维振动方程可以表示为

$$M\ddot{\xi} + R\dot{\xi} + K\xi = pS\mathrm{e}^{\mathrm{j}\omega t} \tag{8.39}$$

式中，M、R、K 分别表示声唇质量、阻尼系数和弹性系数；S 为声唇面积；ω 为

角频率；ξ 表示声唇振动位移，其满足边界条件 $\left.\frac{\partial \xi}{\partial x}\right|_{x=a}=-p/E$；$p$ 为鼻道压力；E 为气流冲击强度。声唇振动后产生的声辐射由声波动方程来描述：

$$\frac{\partial^2 \xi}{\partial x^2}=\frac{1}{c^2}\frac{\partial^2 \xi}{\partial t^2} \tag{8.40}$$

海豚声源（即声唇）长度 a 为毫米量级，小于波长，可视为无指向性声源。对于亚波长声源（$ka \ll 1$），声压可近似为

$$p(r,t)=\rho c\frac{(ka)^2 a\xi(\omega)\cos(kr-\omega t)}{2r} \tag{8.41}$$

式中，r 是测量点到海豚声源模型的距离。海豚声源振动产生的辐射声压与$(ka)^2$成比例。由此可知，海豚声产生的信号时长、幅度、频率与声源尺寸、气流冲击强度相关。当前学术界对海豚声产生所知甚少，需要深入研究。海豚发声机制研究已超出本书的范围。

8.4.2 指向性指数

海豚在探测目标过程中发出的声信号在水平和垂直方向会形成指向性。海豚声呐系统的发射指向性和接收指向性可以通过指向性指数进行描述。相比于无指向性发射/接收，指向性声学器件的指向性特性 DI 可如下表述：

$$\mathrm{DI}=10\lg\left(\frac{E_0}{E_\mathrm{D}}\right) \tag{8.42}$$

式中，E_0 表示无指向性器件辐射或接收的总能量；E_D 则表示指向性器件辐射或接收的总能量。由于指向性器件在空间内受到噪声的干扰较无指向性器件小，DI 是一个正值。无指向性发射器件产生的声能可以表示为 I_0A，其中 I_0 为声强，A 则表示辐射空间的面积。在球坐标系下，距离为 r 处的 A 可表示为 $A=4\pi(r)^2$。那么，无指向性声源发出的声能则为

$$E_0=4\pi r^2 I_0 \tag{8.43}$$

而指向性器件发出的声能为

$$E_\mathrm{D}=\int\left[\frac{p(\theta,\varphi)}{p_0}\right]^2 I_0\mathrm{d}S \tag{8.44}$$

式中，θ 是垂直方向方位角；φ 是水平方向方位角；$\left[\frac{p(\theta,\varphi)}{p_0}\right]^2$ 表示声波束的空间分布特性；$p(\theta,\varphi)$ 是随方位角变化的声压；p_0 则表示空间中的声压最大值；面积微元为 $\mathrm{d}S=r^2\sin\theta\mathrm{d}\theta\mathrm{d}\varphi$。因此，在远场条件下，对于球坐标系，指向特性为

$$\mathrm{DI}=10\lg\frac{4\pi}{\int_0^{2\pi}\int_{-\pi/2}^{\pi/2}[p(\theta,\varphi)/p_0]^2\sin\theta\mathrm{d}\theta\mathrm{d}\varphi} \tag{8.45}$$

规则形状的发射与接收器件的指向特性可通过理论推导求得。例如，活塞辐射换能器的发射指向性 DI 可表示为

$$\mathrm{DI}=10\lg\left[\frac{(ka)^2}{1-\frac{J_1(2ka)}{ka}}\right] \tag{8.46}$$

式中，k 是波数；a 是辐射活塞声源半径；J_1 表示贝塞尔函数。

然而，海豚声呐发射指向性和接收指向性难以得到解析解，但可以通过数值求解得到。海豚声呐波束一般是先确定其–3 dB 带宽（$\theta_{-3\mathrm{dB}}$），而后通过指向性指数计算公式确定：

$$\mathrm{DI}=10\lg\left[\frac{0.509\pi}{\sin(\theta_{-3\mathrm{dB}}/2)}\right]^2 \tag{8.47}$$

不同齿鲸的发声频率和声源尺寸不同，其指向性呈现多样性。图 8.8 给出了不同齿鲸的波束指向性指数对比[7]。头部尺寸越大，其远场声波束的–3 dB 带宽越小。鼠海豚发出的回声定位信号属于典型的高频、窄带信号。宽吻海豚、白鱀豚、伪虎鲸及白鲸发出的定位脉冲属于宽带信号。此外，鼠海豚与白鲸的喙部长度相对小于另外三个种类，而喙部作为上颌骨的前突部分，会调控声波的传播与波束形成。综上而言，齿鲸声波束的远场指向性与头部大小存在一定的关系，即头部大小与其声波束宽度成反比。但齿鲸声源尺寸与声波束宽度的关系需要进一步研究。

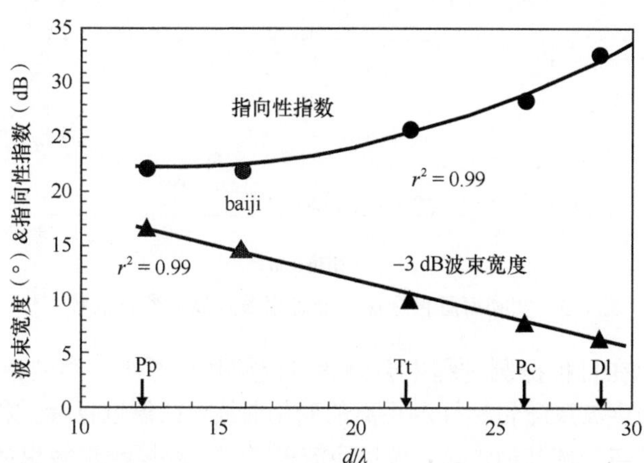

图 8.8　白鱀豚（baiji）、鼠海豚（Pp）、宽吻海豚（Tt）、伪虎鲸（Pc）与白鲸（Dl）等不同齿鲸的远场声波束指向性–3 dB 带宽和指向性指数对比[12]

d-齿鲸头部尺寸；λ-声波波长

8.4.3 目标强度

海豚在目标探测过程中，遇到的目标种类是多样化的，可能是单目标，如鱼和人工目标，也可能是目标群，如鱼群[13, 14]。海豚目标探测距离与目标尺寸、材质等物理特性相关。Zaslavskiy 等[15]以宽吻海豚目标探测响应行为的 90%准确率为标准，发现海豚对高 75 mm 的金属圆柱探测距离可达 11 m，而对高 115 mm 的塑料圆柱与木制圆柱的探测距离则分别为 7.3 m 与 6.8 m。探测目标的尺寸越大，海豚对目标的探测距离越大[16]。研究人员发现，材质的不同也会影响海豚探测距离。宽吻海豚对同一尺寸的橡胶材质、蜡制、铅制与钢制圆球的探测距离分别为 5.9 m、7.8 m、11.1 m 与 12.4 m[17, 18]。Murchison[19, 20]在开放水域开展实验，将不同目标强度的圆球放置于不同距离处，评估宽吻海豚的探测距离。随着距离的增大，海豚探测目标的准确率会相应降低。以海豚响应行为的 50%准确率为标准，宽吻海豚对 2.54 cm 直径的实心钢球和 7.62 cm 直径的充水不锈钢钢球的探测距离可分别达 72.3 m 和 76.6 m。Au 和 Snyder[21]利用同样的设置进行实验，发现宽吻海豚在 50%准确响应标准下的目标探测距离可至 113 m，指出 Murchison[19, 20]的实验可能受到了混响干扰。在一定范围内，距离不会影响宽吻海豚的探测准确率，如图 8.9 所示。然而，当探测距离超出这个范围时，海豚的目标探测准确率会逐渐降低。

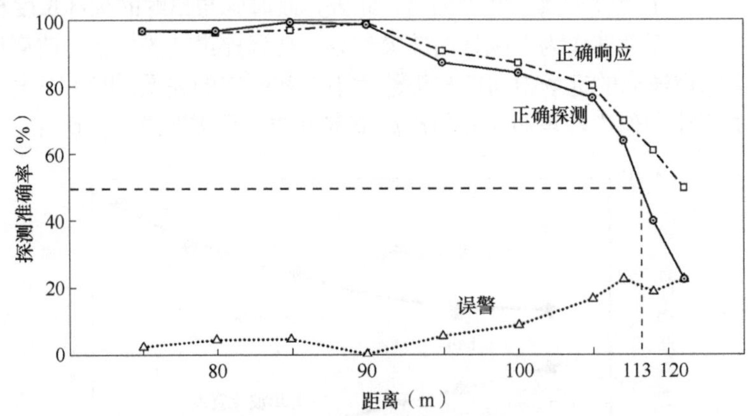

图 8.9 宽吻海豚目标探测准确率随距离的变化曲线[21]

此外，海豚在目标探测过程中会自适应调控其声源级、声波束特性。图 8.10 给出了鼠海豚的声波束随目标探测距离的变化曲线。在靠近目标过程中，鼠海豚会改变声脉冲信号与头部几何形态，调控声波束[22, 23]。环境噪声级也会影响齿鲸类动物的目标探测。Au 等[24]研究发现，白鲸在噪声增强时会变化声信号频率与信号能量。环境噪声会间接改变海豚声源级与带宽，并影响声接收指向性[25]，从而影响目标探测。Babkin 和 Dubrovskiy[16]的实验发现，宽吻海豚对单只鲭鱼的最远探测距离为 9.8 m，而对 4000 只鱼组成的鱼群的探测距离达 350 m。由此可见，海豚的目标探测是一个复杂的物理过程，与生物状态、环境及目标特性等密切相关。

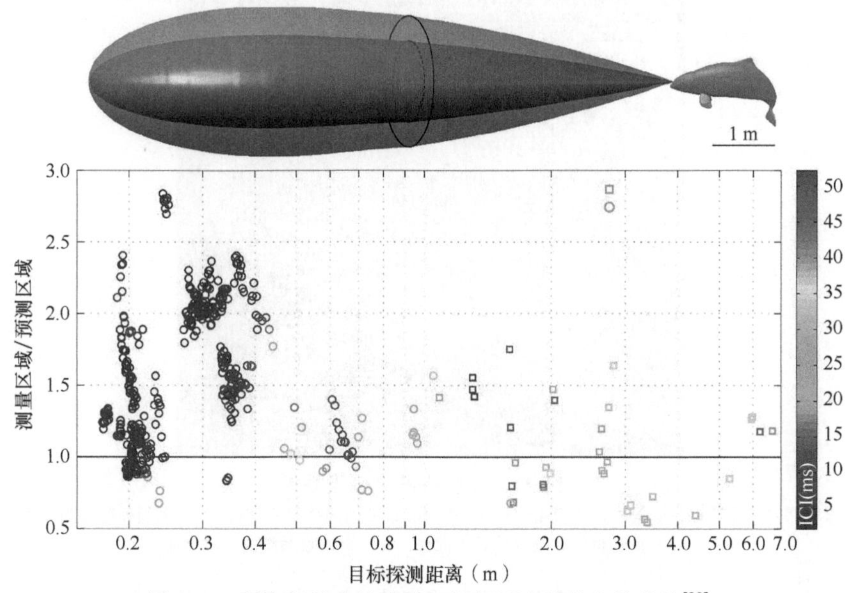

图 8.10　鼠海豚的声波束随目标探测距离的变化曲线[22]

ICI：inter-click intervals，click 信号的间隔

8.4.4　探测阈值

海豚的目标探测过程也需要通过声接收系统完成，海豚生物声呐探测阈值与声接收系统的多样性及听觉响应相关。如图 8.11 所示，江豚进化出一套独特的声

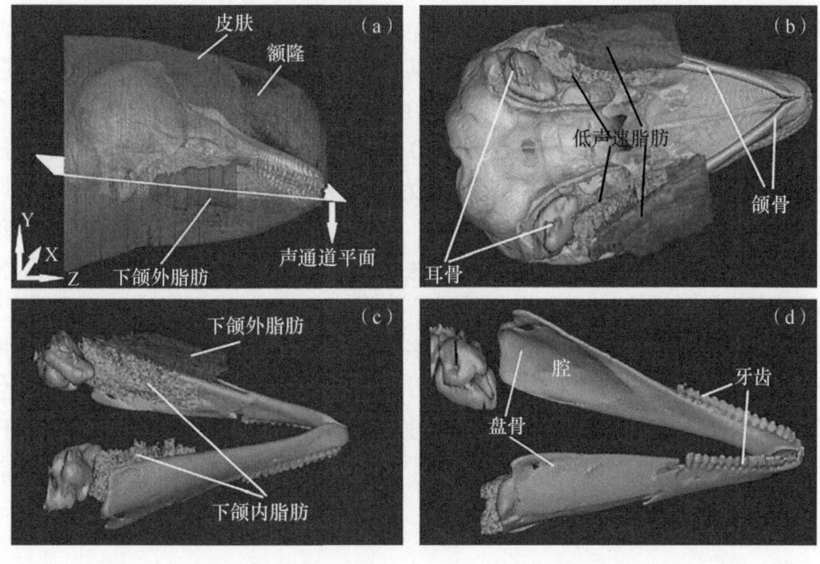

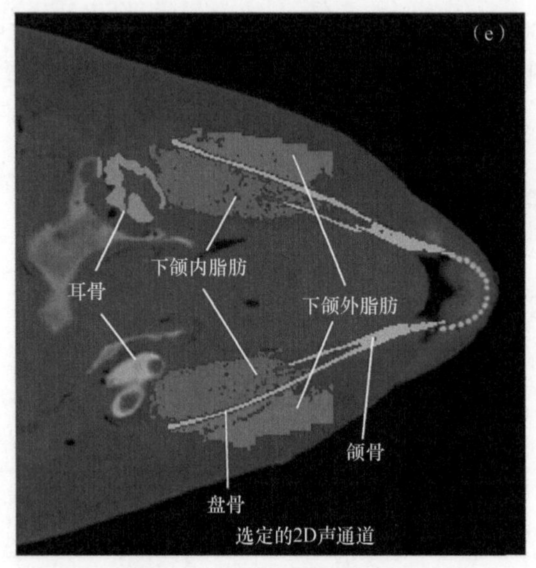

图 8.11　江豚头部声接收系统

(a) 江豚头部的三维计算机断层扫描成像重建；(b) 声接收系统的部分组成部分；(c) 下颌外脂肪和下颌内脂肪；(d) 盘骨位于下颌骨的后半部分；(e) 声接收系统的二维截面

接收系统，存在多个声接收通道。声接收可以通过位于下颌骨后侧盘骨处的声学脂肪进入听觉系统的接收通道完成。此外，声接收还可通过以左、右下颌骨区域之间的软组织为声接收通道完成。江豚还具有起始于喙部前侧的声接收通道，该声接收通道主要由两部分组成，即下颌骨与下颌骨内脂肪。声波从喙部进入下颌骨后会激发出沿着下颌骨传播的声波，随后传播至下颌骨内脂肪，并最终传播至听小骨。江豚声接收通道包含低声速脂肪，起波导作用。

多样性的声接收通道可将声波传输至内耳，从而使感知神经元产生振动，进而形成听觉电位响应。海豚的检测阈与其声接收系统接收到信号产生的听觉电位响应息息相关。海豚与人类一样，对不同声信号的响应有所差异。如图 8.12 所示，海豚听觉响应灵敏区域可从 5 kHz 至 150 kHz，响应阈值范围为 47～127 dB，其中听觉最灵敏频点为 45 kHz，听觉阈值为 47 dB。若接收到的信号处于听觉敏感频率范围内，则其目标检测阈可以降低，则探测距离也会增大。反之，若接收信号处于海豚听觉敏感频率范围外，就无法形成强的听觉诱发电位，则其检测阈将提高，从而使探测距离减小。

为探究齿鲸是如何利用目标回波的多样信息进行综合判断，科研人员引入了人工神经网络对目标声学特征进行组合，评估回波的不同信息组合条件下的探测效率[26-29]。结果表明，同时参考目标回波的时频信息时，目标识别效率高于只参考目标回波的频域信息[27, 28]。Delong 等[29]研究发现，海豚在探测过程中会综合分

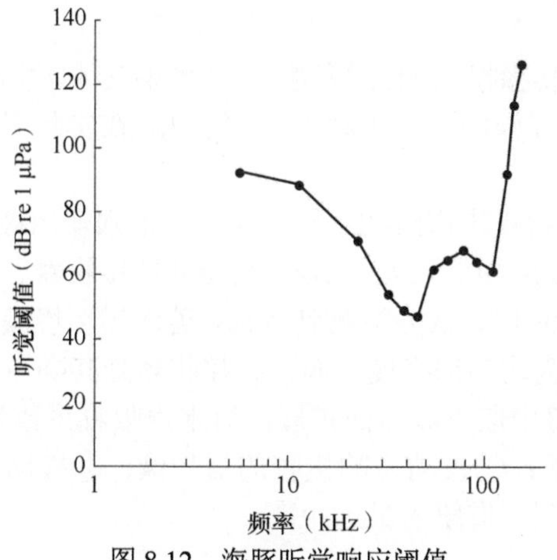

图 8.12　海豚听觉响应阈值

析回波信号的目标强度、时长、信号峰数量、峰值频率、中心频率及均方根带宽等参数，而不是简单使用某个特定特征进行目标辨别（图 8.13）。海豚通过复杂方式组合这些参数，从而做出目标判定[29]。

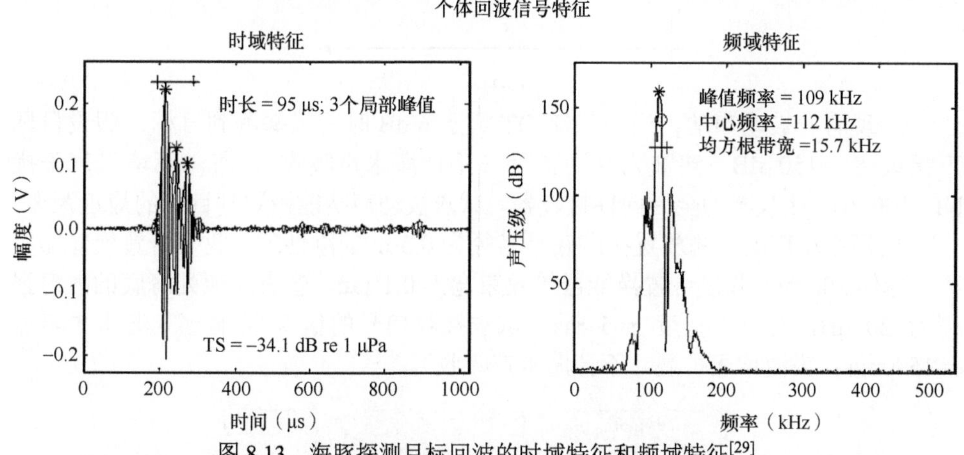

图 8.13　海豚探测目标回波的时域特征和频域特征[29]

上述研究均是通过齿鲸的声学行为判断其目标探测效率。然而，海豚声接收系统辨别目标回波的工作机制还亟待后续研究。当前研究对海豚声产生、声感知与目标识别机制所知甚少。感兴趣的读者可关注海豚生物声呐的前沿研究进展。

本 章 习 题

1. 什么是声呐？什么是主动声呐和被动声呐？
2. 写出主动声呐方程和被动声呐方程，在声呐方程中各项参数的物理意义是什么？

3. 写出海洋中声传播损失 TL 的表达式，并列举三种典型的声传播损失表达式。

4. 环境噪声和海洋混响都是主动声呐的干扰，在实际工作中如何确定哪种干扰是主要的？

5. 已知某潜艇辐射噪声谱级如下图所示。一潜水器用被动声呐探测该潜艇，声呐系统的工作通带为：500～2000 Hz，全指向性接收器。采用能量检测工作方式，当信噪比大于 6 dB 时，认为检测到目标。若海洋环境噪声和自噪声的总干扰噪声为各向同性，且为均匀谱密度分布，在接收器处其噪声频谱密度级为 60 dB（0 dB=μPa/1 Hz。计算中取声波球面扩展，海水声吸收系数为 1 dB/km，lg2=0.3，lg3=0.5，lg5=0.7）。求：①被动声呐接收的信号级；②被动声呐接收的噪声干扰级；③潜水器能够探测到潜艇的最远距离。

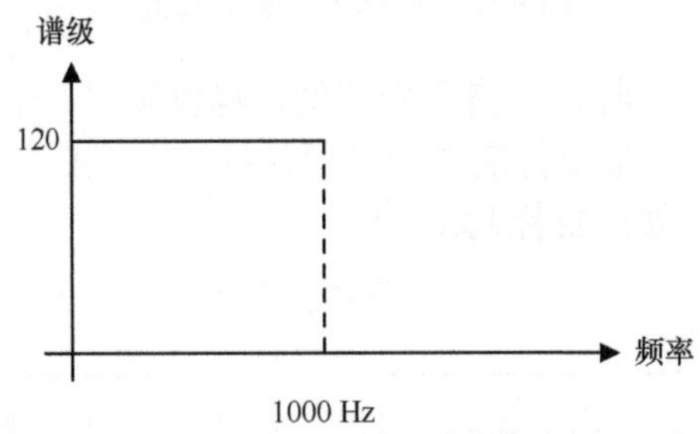

6. 现有一被动声呐，当信噪比 DT 大于 6 dB 时可以探测到目标，假设目标声源级 SL=150 dB，声波为球面扩展（不计海水声吸收），海洋环境噪声干扰 NL=100 dB，接收器为全指向性接收器，试求被动声呐能探测到目标的最远距离。

7. 用主动声呐探测放置在海底且半径为 0.5 m 的刚性球，收发合置换能器距离该球体 200 m，收发合置换能器等效束宽为 0.1 rad，查表知该处海底的散射强度为−20 dB，若脉冲宽度 τ=5 ms，试求接收信号的信号-混响比（海水中声速 c=1500m/s；声波球面扩展，不计海水声吸收）。

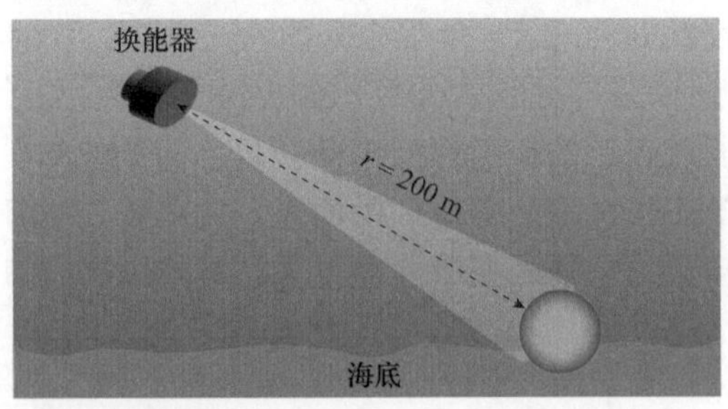

8. 试讨论海豚生物声呐方程。

参考文献

[1] Baker WF. New formula for calculating acoustic propagation loss in a surface duct in the sea. The Journal of the Acoustical Society of America, 1975, 57(5): 1198-1200.

[2] Urick RJ. Long range deep sea attenuation measurement. The Journal of the Acoustical Society of America, 1966, 34: 904-906.

[3] Thorp WH. Deep-ocean sound attenuation in the sub- and low-kilocycle-per-second region. The Journal of the Acoustical Society of America, 1965, 38: 648-654.

[4] Webb DC, Tucker MJ. Transmission characteristics of the sofar channel. The Journal of the Acoustical Society of America, 1970, 48: 767-769.

[5] Urick RJ. Principles of Underwater Sound. New York: McGraw-Hill Book Company, 1983.

[6] Marsh HW, Schulkin M. Shallow water transmission. The Journal of the Acoustical Society of America, 1962, 34: 863-864.

[7] Urick RJ. Principles of Underwater Sound. New York: McGraw-Hill Book Company, 1983.

[8] 刘伯胜, 雷家煜. 水声学原理. 哈尔滨: 哈尔滨工程大学出版社, 2010.

[9] McKinney CM, Anderson CD. Measurements of backscattering of sound from the ocean bottom. The Journal of the Acoustical Society of America, 1964, 36(1): 158-163.

[10] Hodges RP. Underwater Acoustics: Analysis, Design and Performance of Sonar. New York: John Wiley & Sons, 2011.

[11] Au WW, Snyder KJ. Long-range target detection in open waters by an echolocating Atlantic Bottlenose dolphin (*Tursiops truncatus*). The Journal of the Acoustical Society of America, 1980, 68(4): 1077-1084.

[12] Au WW, Kastelein RA, Rippe T, et al. Transmission beam pattern and echolocation signals of a harbor porpoise (*Phocoena phocoena*). The Journal of the Acoustical Society of America, 1999, 106(6): 3703.

[13] Au WW, Branstetter BK, Benoit-Bird KJ, et al. Acoustic basis for fish prey discrimination by echolocating dolphins and porpoises. The Journal of the Acoustical Society of America, 2009, 126(1): 460-467.

[14] Au WW, Benoit-Bird KJ, Kastelein R. Detection and discrimination of fish prey by echolocating odontocetes. The Journal of the Acoustical Society of America, 2006, 119(5): 3316.

[15] Zaslavskiy GL, Titov AA, Lekomtsev VM. Research on the sonar abilities of the bottlenose dolphin. Trudy Akusticheskogo Instituta, 1969, 8: 134.

[16] Babkin VP, Dubrovskiy NA. Range of action and noise stability of the echolocation system of the bottlenose dolphin in detection of various targets. Trudy Akusticheskogo Instituta, 1971, 17: 29.

[17] Belkovich VM, Dubrovskiy NA. Sensory Bases of Cetacean Orientation. New York: US Joint Publications Research Service, 1977.

[18] Dubrovskii NA, Titov AA. Echolocation discrimination of ball targets differing in size and material by dolphin-Afalina. Akusticheskij Zhurnal, 1975, 21(3): 469-471.

[19] Murchison AE. Detection range and range resolution of echolocating bottlenose porpoise (*Tursiops truncatus*)//Busnel R G, et al. Animal Sonar Systems. Boston: Springer, 1980: 43-70.

[20] Murchison AE. Range resolution by an echolocating bottlenosed dolphin (*Tursiops truncatus*). The Journal of the Acoustical Society of America, 1976, 60(S1): S5.

[21] Au WW, Snyder KJ. Long-range target detection in open waters by an echolocating Atlantic Bottlenose dolphin (*Tursiops truncatus*). The Journal of the Acoustical Society of America,

1980, 68(4): 1077-1084.

[22] Wisniewska DM, Ratcliffe JM, Beedholm K, et al. Range-dependent flexibility in the acoustic field of view of echolocating porpoises (*Phocoena phocoena*). Elife, 2015, 4: e05651.

[23] Wisniewska DM, Johnson M, Beedholm K, et al. Acoustic gaze adjustments during active target selection in echolocating porpoises. Journal of Experimental Biology, 2012, 215(24): 4358-4373.

[24] Au WW, Carder DA, Penner RH, et al. Demonstration of adaptation in beluga whale echolocation signals. The Journal of the Acoustical Society of America, 1985, 77(2): 726-730.

[25] Au WW, Moore PW. Receiving beam patterns and directivity indices of the Atlantic bottlenose dolphin *Tursiops truncatus*. The Journal of the Acoustical Society of America, 1984, 75(1): 255-262.

[26] DeLong CM, Au WW, Stamper SA. Echo features used by human listeners to discriminate among objects that vary in material or wall thickness: Implications for echolocating dolphins. The Journal of the Acoustical Society of America, 2007, 121(1): 605-617.

[27] Moore PWB, Pawloski DA. Interaural time discrimination in the bottlenose dolphin. The Journal of the Acoustical Society of America, 1993, 94(3): 1829-1830.

[28] Au WW, Andersen LN, Rasmussen AR, et al. Neural network modeling of a dolphin's sonar discrimination capabilities. The Journal of the Acoustical Society of America, 1995, 98(1): 43-50.

[29] Delong CM, Au WW, Lemonds DW, et al. Acoustic features of objects matched by an echolocating bottlenose dolphin. The Journal of the Acoustical Society of America, 2006, 119(3): 1867-1879.